復刊　基礎数学シリーズ……………………………7

線形代数学入門

奥川光太郎

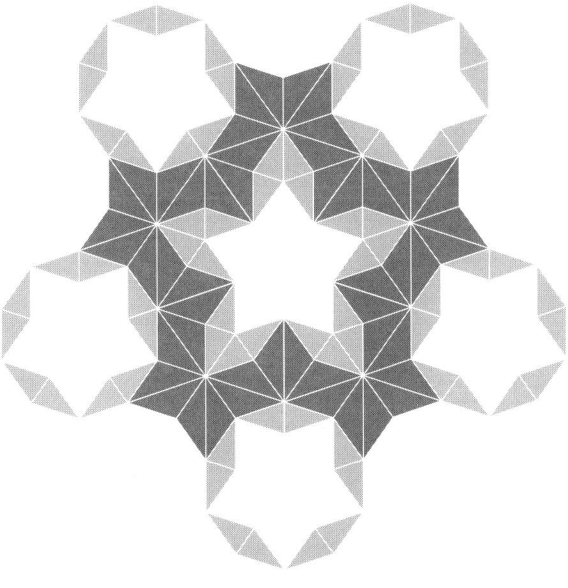

朝倉書店

小堀　憲
小松醇郎
福原満洲雄
編集

基礎数学シリーズ
編集のことば

近年における科学技術の発展は，極めてめざましいものがある．その発展の基盤には，数学の知識の応用もさることながら，数学的思考方法，数学的精神の浸透が大きい．理工学はじめ医学・農学・経済学など広汎な分野で，数学の知識のみならず基礎的な考え方の素養が必要なのである．近代数学の理念に接しなければ，知識の活用も多きを望めないであろう．

編者らは，このような事実を考慮し，数学の各分野における基本的知識を確実に伝えることを目的として本シリーズの刊行を企画したのである．

上の主旨にしたがって本シリーズでは，重要な基礎概念をとくに詳しく説明し，近代数学の考え方を平易に理解できるよう解説してある．高等学校の数学に直結して，数学の基本を悟り，更に進んで高等数学の理解への大道に容易にはいれるよう書かれてある．

これによって，高校の数学教育に携わる人たちや技術関係の人々の参考書として，また学生の入門書として，ひろく利用されることを念願としている．

このシリーズは，読者を数学という花壇へ招待し，それの観覚に資するとともに，つぎの段階にすすむための力を養うに役立つことを意図したものである．

ま え が き

線形代数の理論の素材や応用はひろく解析学，幾何学，代数学，その他にわたっている．本書は線形代数への入門を目指しているから，その素材や主要な応用をなるべく豊富に示しながら，理論の解説を進めることを企て，また，それらの取り扱いをできる限りていねいにするよう心掛けた．

応用例を選択するに当っては，なるべく簡単なもの，そして予備知識を要しないものをとり上げるべきであると考えたので，平面上の直線や2次曲線，あるいは，空間の直線，平面，2次曲面に関するものが多くなった．そのようになったのは，他面，それらは数学の基本的対象でもあり，そして線形代数の主要な素材にもなり，また，線形代数の諸概念はそのような幾何的対象と結びつきやすいからであるともいえる．

本書にとり上げた応用例とはちがった方面にも，線形代数の素材や重要な応用が極めて多いことを，ここに繰り返し特筆しておきたい．

1966 年 8 月

著　　者

目　　次

1. ベ　ク　ト　ル

1.1 ベ　ク　ト　ル

ある製品に対する3種の材料 M_1, M_2, M_3 の量 x_1, x_2, x_3 (kg) をひとまとめにして

$$\begin{bmatrix} x_1 \\ x_2 \\ x_3 \end{bmatrix}$$

のようにたて1列に書くことにする．M_1 10kg, M_2 3kg, M_3 2kg の製品 G_1 および M_1 9kg, M_2 3kg, M_3 3kg の製品 G_2 については

$$G_1 : \begin{bmatrix} 10 \\ 3 \\ 2 \end{bmatrix}, \quad G_2 : \begin{bmatrix} 9 \\ 3 \\ 3 \end{bmatrix}$$

となる．

一般に，n 個の数 $a_1, \cdots, a_n$ をひとまとめにして

$$\begin{bmatrix} a_1 \\ \vdots \\ a_n \end{bmatrix}$$

のように書くと，つごうのよいことが多い．数の個数が明白である場合には，これを (a_i) のように略記することがある．ここで

$$\begin{bmatrix} a_1 \\ \vdots \\ a_n \end{bmatrix} = \begin{bmatrix} a_1' \\ \vdots \\ a_n' \end{bmatrix}$$

とは

$$a_1 = a_1', \cdots, a_n = a_n'$$

であることを意味するものと規約する．

はじめの例にもどり，製品 G_1, G_2 の各材料の合計量を算出するには

$$\begin{bmatrix} 10 \\ 3 \\ 2 \end{bmatrix} + \begin{bmatrix} 9 \\ 3 \\ 3 \end{bmatrix} = \begin{bmatrix} 10+9 \\ 3+3 \\ 2+3 \end{bmatrix} = \begin{bmatrix} 19 \\ 6 \\ 5 \end{bmatrix}$$

のような方式を用いることができる．G_1 の各材料の量が G_2 のそれらよりど

れほど多いか，また G_1 を5個つくるための各材料の総量はいくらかと計算するには，それぞれつぎの方式を用いることができる：

$$\begin{bmatrix}10\\3\\2\end{bmatrix}-\begin{bmatrix}9\\3\\3\end{bmatrix}=\begin{bmatrix}10-9\\3-3\\2-3\end{bmatrix}=\begin{bmatrix}1\\0\\-1\end{bmatrix},\quad 5\begin{bmatrix}10\\3\\2\end{bmatrix}=\begin{bmatrix}5\times10\\5\times3\\5\times2\end{bmatrix}=\begin{bmatrix}50\\15\\10\end{bmatrix}.$$

一般に

(1.1)
$$\begin{bmatrix}a_1\\\vdots\\a_n\end{bmatrix},\quad\begin{bmatrix}b_1\\\vdots\\b_n\end{bmatrix}$$

の前者に後者を加えた和，前者から後者をひいた差，および前者の k 倍をそれぞれつぎのように定義する：

(1.2)
$$\begin{bmatrix}a_1\\\vdots\\a_n\end{bmatrix}+\begin{bmatrix}b_1\\\vdots\\b_n\end{bmatrix}=\begin{bmatrix}a_1+b_1\\\vdots\\a_n+b_n\end{bmatrix},\quad\begin{bmatrix}a_1\\\vdots\\a_n\end{bmatrix}-\begin{bmatrix}b_1\\\vdots\\b_n\end{bmatrix}=\begin{bmatrix}a_1-b_1\\\vdots\\a_n-b_n\end{bmatrix},$$

$$k\begin{bmatrix}a_1\\\vdots\\a_n\end{bmatrix}=\begin{bmatrix}ka_1\\\vdots\\ka_n\end{bmatrix}.$$

最後のものは

$$\begin{bmatrix}a_1\\\vdots\\a_n\end{bmatrix}k$$

と書いても同じ意味であると規約する.

問 1.　クラスの男女数 p_1, p_2 を

$$\begin{bmatrix}p_1\\p_2\end{bmatrix}$$

と書き表わすことにする．2つのクラス

$$C_1:\begin{bmatrix}23\\18\end{bmatrix},\quad C_2:\begin{bmatrix}19\\20\end{bmatrix}$$

があるとき，C_1 と C_2 を合わせたときの男女数，C_1 と C_2 との男女数それぞれの差，また C_1 の3倍の男女数を，それぞれ上記の方式で計算せよ.

(1.1) のような n 個の数から成る組に対し，(1.2) のような加法・減法・数をかける乗法を行なう場合，そのような組を**ベクトル** (vector) という．ここ

に，nは任意であるが一定の与えられた自然数とする．簡単のためにベクトルを $\boldsymbol{a}, \boldsymbol{b}$ のような太いラテン小文字で表わす：

$$\boldsymbol{a} = \begin{bmatrix} a_1 \\ \vdots \\ a_n \end{bmatrix}, \quad \boldsymbol{b} = \begin{bmatrix} b_1 \\ \vdots \\ b_n \end{bmatrix}.$$

$a_1, \cdots, a_n$ をベクトル $\boldsymbol{a}$ の**成分**（第1成分，$\cdots$，第n成分）という．ベクトルに対して数のことを**スカラー** (scalar) という．

ベクトルに対する演算の定義 (1.2) をあらためて記せば，つぎのとおりになる：

$$\text{加法}：\boldsymbol{a}+\boldsymbol{b} = \begin{bmatrix} a_1+b_1 \\ \vdots \\ a_n+b_n \end{bmatrix}, \quad \text{減法}：\boldsymbol{a}-\boldsymbol{b} = \begin{bmatrix} a_1-b_1 \\ \vdots \\ a_n-b_n \end{bmatrix},$$

(1.3)

$$\text{スカラー倍}：k\boldsymbol{a} = \boldsymbol{a}k = \begin{bmatrix} ka_1 \\ \vdots \\ ka_n \end{bmatrix}.$$

すべての成分が0であるベクトルを**零ベクトル**といい，$\mathbf{0}$ で表わし，また，$(-1)\boldsymbol{a}$ を $-\boldsymbol{a}$ で表わす：

$$\mathbf{0} = \begin{bmatrix} 0 \\ \vdots \\ 0 \end{bmatrix}, \quad -\boldsymbol{a} = \begin{bmatrix} -a_1 \\ \vdots \\ -a_n \end{bmatrix}.$$

演算 (1.3) は個々の成分に対して数としての加法・減法・乗法を行なうことに過ぎないから，ベクトルに対するこれらの演算については，数に対する加法・減法・乗法の場合と同じ演算法則が成り立ち，同じ取り扱いができる．演算法則のうちで基本的なものはつぎのとおりである：

1° $(\boldsymbol{a}+\boldsymbol{b})+\boldsymbol{c} = \boldsymbol{a}+(\boldsymbol{b}+\boldsymbol{c})$ （結合律），

2° $\boldsymbol{a}+\boldsymbol{b} = \boldsymbol{b}+\boldsymbol{a}$ （交換律），

3° $\boldsymbol{a}+\mathbf{0} = \boldsymbol{a}$,

4° $\boldsymbol{a}+(-\boldsymbol{a}) = \mathbf{0}$,

5° $k(\boldsymbol{a}+\boldsymbol{b}) = k\boldsymbol{a}+k\boldsymbol{b}$ （分配律），

6° $(h+k)\boldsymbol{a} = h\boldsymbol{a}+k\boldsymbol{a}$ （分配律），

7°　$h(k\boldsymbol{a}) = (hk)\boldsymbol{a}$　　(結合律),

8°　$1\boldsymbol{a}=\boldsymbol{a}$.

これらの等式を確かめようとする場合には，左辺と右辺との第 $\boldsymbol{i}$ 成分が等しいことを示せばよく，それは容易である.

これらがなぜ「基本的」かといえば，(1.3) の加法とスカラー倍との定義のもとで，1°～8° を確認すれば，1°～8° だけからほかのすべての演算法則が（定義に立ちもどらなくても）形式的に証明できるからである*.

ここで，つぎのことを特筆しておく：

（i） 減法 $\boldsymbol{a}-\boldsymbol{b}$ は，方程式

$$\boldsymbol{a} = \boldsymbol{x}+\boldsymbol{b}$$

を満たすベクトル $\boldsymbol{x}$ を求めることにほかならない．そして

$$\boldsymbol{x} = \boldsymbol{a}-\boldsymbol{b} = \boldsymbol{a}+(-\boldsymbol{b}).$$

また，

$$\boldsymbol{a}-\boldsymbol{a} = 0,\ \boldsymbol{a}-0 = \boldsymbol{a},\ 0-\boldsymbol{a} = -\boldsymbol{a}.$$

（ii） $0\boldsymbol{a} = 0,\ k0 = 0.$

（iii） $k\boldsymbol{a} = 0$ ならば，$k = 0$ または $\boldsymbol{a} = 0$ である.

(1.1) のようなベクトルを，その成分の個数を示し，**n 次元ベクトル**とよぶ．はじめの例の G_1, G_2 は 3 次元ベクトルであり，問 1 の C_1, C_2 は 2 次元ベクトルである.

問 2. つぎの等式を確かめよ：

（i） $(\boldsymbol{a}-\boldsymbol{b})+\boldsymbol{c} = \boldsymbol{a}-(\boldsymbol{b}-\boldsymbol{c})$,

（ii） $-(\boldsymbol{a}+\boldsymbol{b}) = -\boldsymbol{a}-\boldsymbol{b},\ -(\boldsymbol{a}-\boldsymbol{b}) = -\boldsymbol{a}+\boldsymbol{b}$,

（iii） $k(\boldsymbol{a}-\boldsymbol{b}) = k\boldsymbol{a}-k\boldsymbol{b}$.

1.2 基本ベクトル

n 次元ベクトルのうちで，成分の1つだけが1でほかがすべて0であるものは

---

* その形式的証明については，小松醇郎，ベクトル空間への入門(基礎数学シリーズ 3）を参照せよ.

$$e_1 = \begin{bmatrix} 1 \\ 0 \\ \vdots \\ 0 \end{bmatrix}, \quad e_2 = \begin{bmatrix} 0 \\ 1 \\ \vdots \\ 0 \end{bmatrix}, \cdots, \quad e_n = \begin{bmatrix} 0 \\ 0 \\ \vdots \\ 1 \end{bmatrix}$$

である．任意の n 次元ベクトル $\boldsymbol{a} = (a_i)$ は，前節の演算によって

$$(1.4) \quad \boldsymbol{a} = a_1\boldsymbol{e}_1 + a_2\boldsymbol{e}_2 + \cdots + a_n\boldsymbol{e}_n = \sum_{i=1}^{n} a_i\boldsymbol{e}_i$$

と書き表わされ，$\boldsymbol{a}$ の第 i 成分が $\boldsymbol{e}_i$ の係数になる．逆に，n 個のスカラー $a_1', \cdots, a_n'$ を任意にとり，ベクトル $\boldsymbol{a}' = \sum_{i=1}^{n} a_i'\boldsymbol{e}_i$ をつくると，$\boldsymbol{e}_i$ の係数 a_i' は $\boldsymbol{a}'$ の第 i 成分になる．したがって，各ベクトル $\boldsymbol{a}$ は (1.4) の形に一意的に書き表わされる．$\boldsymbol{e}_1, \cdots, \boldsymbol{e}_n$ を**基本ベクトル**という．

任意の 2 つのベクトル $\boldsymbol{a} = \sum_{i=1}^{n} a_i\boldsymbol{e}_i$，$\boldsymbol{b} = \sum_{i=1}^{n} b_i\boldsymbol{e}_i$ に対し，前節の演算法則によって

$$\boldsymbol{a} \pm \boldsymbol{b} = \sum_i a_i\boldsymbol{e}_i \pm \sum_i b_i\boldsymbol{e}_i = \sum_i (a_i \pm b_i)\boldsymbol{e}_i \quad \text{(複号同順)},$$

$$k\boldsymbol{a} = k\sum_i a_i\boldsymbol{e}_i = \sum_i (ka_i)\boldsymbol{e}_i.$$

1.3 本書での規約

スカラーの範囲

ベクトルを考えるときには，取り扱う「スカラー」の範囲をあらかじめ明らかにしておくべきである．本書の目的では，つぎの 2 つの場合に限ることにしてよかろう：

1° 実数を自由に取り扱う場合，

2° 複素数を自由に取り扱う場合．

1° ではスカラーとは実数のこととなり，2° ではスカラーとは複素数のこととなる．それぞれの場合，n 次元ベクトルの全体を **n 次元実数空間**，**n 次元複素数空間**とよび，それぞれ $\boldsymbol{R}^n$, $\boldsymbol{C}^n$ と書き表わす*．

本書では，特に断らない限り，1° と 2° のいずれの場合にもあてはまる論議

* 文字 $\boldsymbol{R}$, $\boldsymbol{C}$ を用いるのは，real number (実数)，complex number (複素数) に由来している．

を行なう．したがって，今後単に「ベクトル」，「スカラー」などといえば，1°または 2° のいずれの場合であってもよい．その際には，n 次元ベクトルの全体を **n 次元数空間**とよび，これを $\boldsymbol{V}^n$ と書き表わすことにする．

たてベクトルとよこベクトル

上記のベクトルは，成分がたて1列に書かれているから，**たてベクトル**とよばれることがある．これに対し，n 個のスカラー $a_1, \cdots, a_n$ をよこ1行に

$$(a_1, \cdots, a_n)$$

のように書いたものにつき，(1.2) と同じようにして加法・減法・スカラー倍を定義しよう：

$$\text{(1.5)}\quad \begin{aligned} &\textbf{加法と減法：}(a_1, \cdots, a_n) \pm (b_1, \cdots, b_n) \\ &\qquad = (a_1 \pm b_1, \cdots, a_n \pm b_n)\ (\text{複号同順}), \\ &\textbf{スカラー倍：}k(a_1, \cdots, a_n) = (a_1, \cdots, a_n)k \\ &\qquad = (ka_1, \cdots, ka_n). \end{aligned}$$

この定義のもとでもいままでと同じことが成り立つ．そこでは，ベクトルの成分がよこ1行に書かれるということだけが，いままでと異なる点である．このようなものを**よこベクトル**という．

今後，特に断らない限り，単に「ベクトル」といえば，たてベクトルを意味することとする．

1.4　幾何的ベクトル

前節までのベクトルはいわば**代数的ベクトル**である．これに対し，通常の空間におけるベクトルを**幾何的ベクトル**とよぶ．次節で示すように，空間に座標を定めれば，幾何的ベクトルは代数的ベクトルで表現されるから，それらは前節までのことの1つの例とみなされるようになる．

幾何的ベクトルについて考えるにあたり，それらについて読者の知識を整理することからはじめよう．本節以後の本章では，特に断らない限り，「ベクトル」とは幾何的ベクトルを意味する．

通常の空間では**ベクトル**は有向線分で表現される．ただし，2つの有向線分 $\overrightarrow{\mathrm{PQ}}$, $\overrightarrow{\mathrm{P'Q'}}$ は，一方を平行移動して他方に重ね合わす(P と P′, Q と Q′ をそれぞれ重ねる）ことができる場合に，同一のベクトルを表現すると規約する（図 1.1）．このようなベクトルを，代数的ベクトルの場合と同じように，太いラテン小文字で書き表わす．ベクトル $\boldsymbol{a}$ が有向線分 $\overrightarrow{\mathrm{PQ}}$ で表現されるということを，$\boldsymbol{a}=\overrightarrow{\mathrm{PQ}}$ で示す．また，「ベクトル $\overrightarrow{\mathrm{PQ}}$」というときは，有向線分 $\overrightarrow{\mathrm{PQ}}$（またはそれを平行移動した有向線分）で表現されるベクトルを意味する．有向線分の始点と終点とが一致する場合（すなわち長さ 0 の有向線分）も考えに入れ，それが表現するベクトルを**零ベクトル**といい，$\mathbf{0}$ と書き表わす．

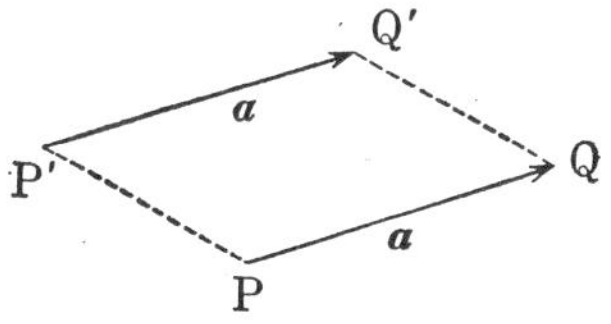

図 1.1

幾何的ベクトルを取り扱う場合，**スカラー**とはつねに実数を意味する．幾何的ベクトルの演算の定義はつぎのとおりである：

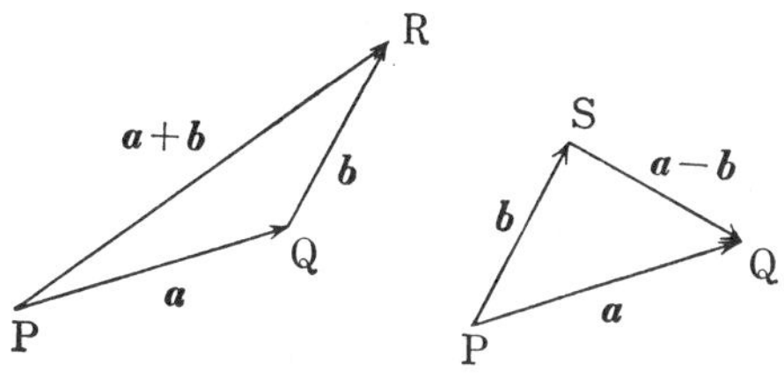

図 1.2

加法：　$\boldsymbol{a}$ を表現する有向線分 $\overrightarrow{\mathrm{PQ}}$ をとり，その終点 Q を始点にして $\boldsymbol{b}$ を表現する有向線分 $\overrightarrow{\mathrm{QR}}$ をとる．このとき，$\overrightarrow{\mathrm{PR}}$ で表現されるベクトルを $\boldsymbol{a}+\boldsymbol{b}$ と書き表わす（図 1.2）．

減法：　1つの点 P を始点にして $\boldsymbol{a}$, $\boldsymbol{b}$ を表現する有向線分 $\overrightarrow{\mathrm{PQ}}$, $\overrightarrow{\mathrm{PS}}$ をとる．このとき，$\overrightarrow{\mathrm{SQ}}$ で表現されるベクトルを $\boldsymbol{a}-\boldsymbol{b}$ と書き表わす（図 1.2）．

スカラー倍：　$\boldsymbol{a}$ を表現する有向線分 $\overrightarrow{\mathrm{PQ}}$ をとる．

1° $k\geq 0$ の場合．P から $\overrightarrow{\mathrm{PQ}}$ と同じ向きに長さ $k\cdot\overline{\mathrm{PQ}}$ の有向線分 $\overrightarrow{\mathrm{PM}}$ をとる．

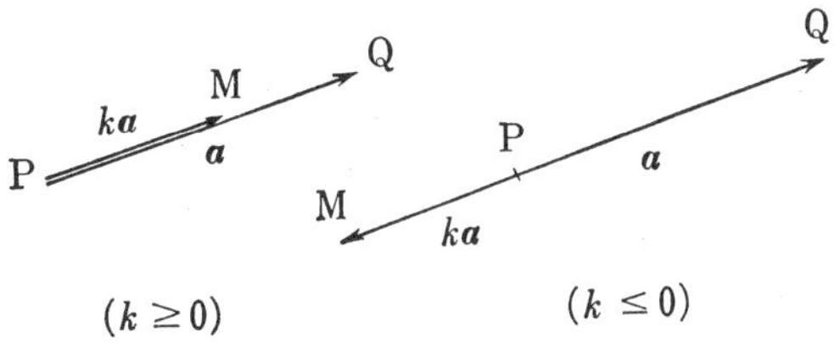

図 1.3

2° $k\leq 0$ の場合．P から $\overrightarrow{\mathrm{PQ}}$ と反対向きに長さ $(-k)\cdot\overline{\mathrm{PQ}}$ の有向線分 $\overrightarrow{\mathrm{PM}}$ をとる．

いずれの場合にも，$\overrightarrow{\mathrm{PM}}$ で表現されるベクトルを $k\boldsymbol{a}(=\boldsymbol{a}k)$ と書き表わす

(図 1.3).

これらの定義で，点 P をどこにとっても得られるベクトル $\boldsymbol{a}+\boldsymbol{b}$, $\boldsymbol{a}-\boldsymbol{b}$, $k\boldsymbol{a}$ はそれぞれ同じになる.

任意に点 O を定めてこれを基準にすると，空間の各点 A の位置はベクトル $\boldsymbol{a}=\overrightarrow{\mathrm{OA}}$ で表わされる．すなわち，任意の点 A をとればこれに対応するベクトル $\boldsymbol{a}$ がただ 1 つ定まり，逆に，任意のベクトル $\boldsymbol{a}$ をとればこれに対応する点 A がただ 1 つ定まる (図 1.4). $\boldsymbol{a}$ を点 O に関する点 A の**位置ベクトル**という.

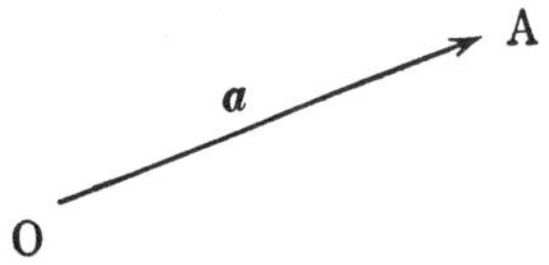

図 1.4

問 3.　点 P に関する点 Q の位置ベクトルが $\boldsymbol{a}$ であるならば，Q に関する P の位置ベクトルは $-\boldsymbol{a}$ となることを確かめよ.

1.5 座標と成分

空間の 1 つの点 O を通り，同一平面上にない 3 つの有向直線 $\overrightarrow{\mathrm{OX}}$, $\overrightarrow{\mathrm{OY}}$, $\overrightarrow{\mathrm{OZ}}$ を定め，これらを基準にすると，各点 P に対して座標 (x, y, z) が定まる (図 1.5). 通常 $\overrightarrow{\mathrm{OX}}$, $\overrightarrow{\mathrm{OY}}$, $\overrightarrow{\mathrm{OZ}}$ はたがいに垂直であるようにとられ，その場合のことは周知であろう. 垂直でない場合でも座標を定めるしくみや，**原点**，**座標軸**，**座標平面**などの名称は同じである. このような座標を**デカルト** (Descartes) **座標**または**カーテシアン座標** (Cartesian 座標) といい，特に，座標軸がたがいに垂直である場合には**直交座標**という.

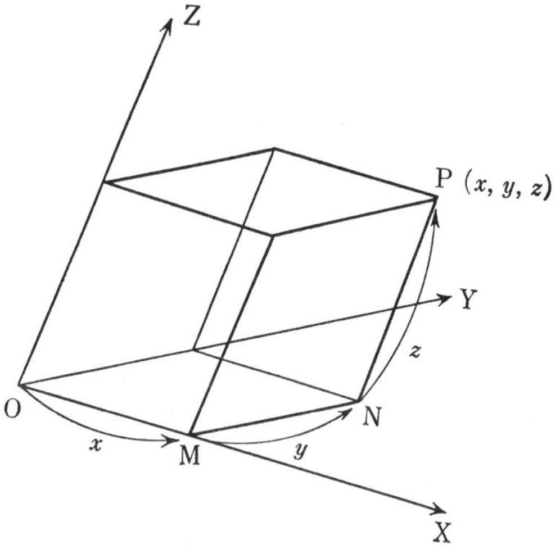

図 1.5

デカルト座標をとるとき，各ベクトル $\boldsymbol{a}=\overrightarrow{\mathrm{PQ}}$ に対し，図 1.6 のように，P と Q を対頂として座標平面に平行な面をもつ平行 6 面体を考え，(符号つき) 距離 PR, RS, SQ をそれぞれ a_1, a_2, a_3 とする．このとき

$$\boldsymbol{a}=\begin{bmatrix} a_1 \\ a_2 \\ a_3 \end{bmatrix}$$

と表現することができる．すなわち，任意のベクトル $\boldsymbol{a}$ をとればこれに対応する a_1, a_2, a_3 がただ1組定まり，逆に，3つのスカラーの任意の組 a_1, a_2, a_3 をとれば，これに対応するベクトル $\boldsymbol{a}$ がただ1つ定まる．a_1, a_2, a_3 を $\boldsymbol{a}$ の**成分**（x 成分，y 成分，z 成分）という．

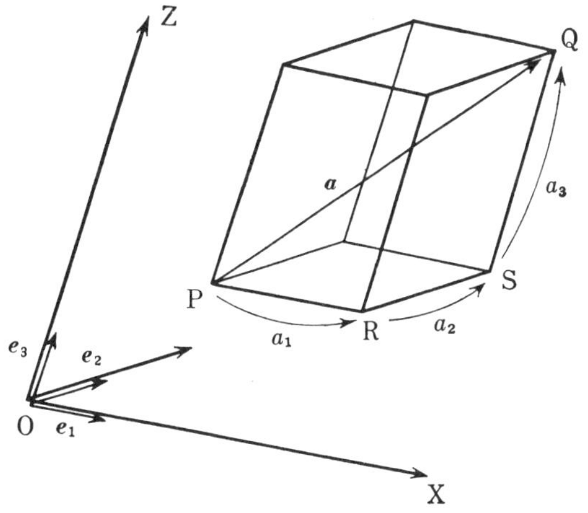

図 1.6

前節の演算の定義から，任意の幾何的ベクトル

$$(1.6) \qquad \boldsymbol{a} = \begin{bmatrix} a_1 \\ a_2 \\ a_3 \end{bmatrix}, \quad \boldsymbol{b} = \begin{bmatrix} b_1 \\ b_2 \\ b_3 \end{bmatrix}$$

に対し，$\boldsymbol{a}+\boldsymbol{b}$, $\boldsymbol{a}-\boldsymbol{b}$, $k\boldsymbol{a}$ の x 成分・y 成分・z 成分を考えると，

$$(1.7) \qquad \boldsymbol{a} \pm \boldsymbol{b} = \begin{bmatrix} a_1 \pm b_1 \\ a_2 \pm b_2 \\ a_3 \pm b_3 \end{bmatrix}, \quad k\boldsymbol{a} = \begin{bmatrix} ka_1 \\ ka_2 \\ ka_3 \end{bmatrix} \quad \text{（複号同順）}$$

となることが容易にわかる．他方，(1.6) の右辺を代数的ベクトルとみなし，定義 (1.3) にしたがって加法・減法・スカラー倍を行なうと，ちょうど (1.7) の右辺になる．したがって，幾何的ベクトルは第3節で述べた $\boldsymbol{R}^3$ のベクトルとみなされる．

$\boldsymbol{a} = \overrightarrow{\mathrm{PQ}}$ のとき，線分 PQ の長さをベクトル $\boldsymbol{a}$ の**長さ**（または**大きさ**）といい，$|\boldsymbol{a}|$ と書き表わす．長さが1のベクトルを**単位ベクトル**という．

x 軸，y 軸，z 軸の向きの単位ベクトルをそれぞれ $\boldsymbol{e}_1, \boldsymbol{e}_2, \boldsymbol{e}_3$ と書き表わすと，

$$\boldsymbol{e}_1 = \begin{bmatrix} 1 \\ 0 \\ 0 \end{bmatrix}, \quad \boldsymbol{e}_2 = \begin{bmatrix} 0 \\ 1 \\ 0 \end{bmatrix}, \quad \boldsymbol{e}_3 = \begin{bmatrix} 0 \\ 0 \\ 1 \end{bmatrix}$$

である（図 1.6）．これらを上記の座標における**基本ベクトル**という．これに関しては (1.4) のように

$$\boldsymbol{a} = a_1\boldsymbol{e}_1 + a_2\boldsymbol{e}_2 + a_3\boldsymbol{e}_3.$$

任意の点 P の座標 (x, y, z) は，原点に関する P の位置ベクトル $\overrightarrow{\mathrm{OP}}$ の成分にほかならないから

$$(1.8)\qquad \overrightarrow{\mathrm{OP}} = x\boldsymbol{e}_1+y\boldsymbol{e}_2+z\boldsymbol{e}_3.$$

任意の 2 点 $\mathrm{P}(x, y, z)$, $\mathrm{Q}(x', y', z')$ に対し，ベクトル $\overrightarrow{\mathrm{PQ}}$ の成分は $x'-x$, $y'-y$, $z'-z$ である．

$$(1.9)\qquad \overrightarrow{\mathrm{PQ}} = (x'-x)\boldsymbol{e}_1+(y'-y)\boldsymbol{e}_2+(z'-z)\boldsymbol{e}_3.$$

注意　平面上のデカルト座標あるいは直交座標については，くわしく述べるまでもなかろう．一定の平面上のベクトルを考える場合，この平面上にデカルト座標をとれば，任意のベクトルは

$$\boldsymbol{a} = \begin{bmatrix} a_1 \\ a_2 \end{bmatrix}$$

のように x 成分と y 成分とで表現され，上記と同じようなことが成り立つ．

1.6 直線と平面

前節でデカルト座標を考えたから，本節ではそれに関する直線や平面の方程式について述べる．

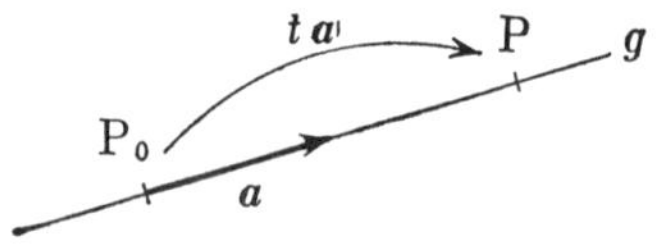

図 1.7

点 $\mathrm{P}_0(x_0, y_0, z_0)$ と 0 でないベクトル $\boldsymbol{a} = a\boldsymbol{e}_1+b\boldsymbol{e}_2+c\boldsymbol{e}_3$ とで決定される直線 g を考える（図 1.7）．点 $\mathrm{P}(x, y, z)$ が g の上にあるための条件は

$$\overrightarrow{\mathrm{P_0P}} = t\boldsymbol{a}\quad (-\infty<t<\infty)$$

を満たすスカラー t が存在することである．(1.9)，(1.7) から，これは

$$(1.10)\qquad x-x_0 = at,\ y-y_0 = bt,\ z-z_0 = ct\quad (-\infty<t<\infty)$$

と同値である．t を助変数とみなすと，これは g の助変数表示である．これらから t を消去すれば，g の方程式が得られる：

$$(1.11)\qquad \frac{x-x_0}{a} = \frac{y-y_0}{b} = \frac{z-z_0}{c}\ (=t).$$

特に，$\boldsymbol{a}$ として単位ベクトル $\boldsymbol{u} = l\boldsymbol{e}_1+m\boldsymbol{e}_2+n\boldsymbol{e}_3$ をとったとき，方程式 (1.11) は

(1.11′) $$\frac{x-x_0}{l}=\frac{y-y_0}{m}=\frac{z-z_0}{n}\ (=\rho)$$

となり，ρ は（符号づき）距離 P_0P になる．

問 4. 異なる2点 $P_0(x_0,\ y_0,\ z_0)$，$P_1(x_1,\ y_1,\ z_1)$ で決定される直線に対しては，上記で $\boldsymbol{a}=\overrightarrow{P_0P_1}$ とおき，つぎの助変数表示および方程式が得られることを示せ：

(1.12) $$x=(1-\mu)x_0+\mu x_1,\ y=(1-\mu)y_0+\mu y_1,$$
$$z=(1-\mu)z_0+\mu z_1\ (-\infty<\mu<\infty).$$

(1.13) $$\frac{x-x_0}{x_1-x_0}=\frac{y-y_0}{y_1-y_0}=\frac{z-z_0}{z_1-z_0}\quad(=\mu).$$

ここに，直線上の点 $P(x,\ y,\ z)$ に対し，$\overrightarrow{P_0P}=\mu\cdot\overrightarrow{P_0P_1}$ である．

問 5. 2点 $P_0(x_0,\ y_0,\ z_0)$，$P_1(x_1,\ y_1,\ z_1)$ の中点をMとし，また，線分 P_0P_1 の延長上に $\overline{NP_0}=\overline{P_0P_1}=\overline{P_1N'}$ を満たす2点 N, N′ をとる．M, N, N′ の座標を求めよ．

問 6. $P_i(x_i,\ y_i,\ z_i)$ $(i=0,\ 1,\ 2,\ 3)$ を空間の4点とするとき，つぎのことを証明せよ．

（i） 線分 P_0P_1 はつぎの助変数表示をもつ：
$$x=\lambda x_0+\mu x_1,\quad y=\lambda y_0+\mu y_1,$$
$$z=\lambda z_0+\mu z_1\ (\lambda\geqq 0,\ \mu\geqq 0,\ \lambda+\mu=1).$$

（ii） 3角形 $P_0P_1P_2$ はつぎの助変数表示をもつ：
$$x=\lambda x_0+\mu x_1+\nu x_2,\quad y=\lambda y_0+\mu y_1+\nu y_2,$$
$$z=\lambda z_0+\mu z_1+\nu z_2$$
$$(\lambda\geqq 0,\ \mu\geqq 0,\ \nu\geqq 0,\ \lambda+\mu+\nu=1).$$

（iii） 4面体 $P_0P_1P_2P_3$ はつぎの助変数表示をもつ：
$$x=\lambda_0x_0+\lambda_1x_1+\lambda_2x_2+\lambda_3x_3,$$
$$y=\lambda_0y_0+\lambda_1y_1+\lambda_2y_2+\lambda_3y_3,$$
$$z=\lambda_0z_0+\lambda_1z_1+\lambda_2z_2+\lambda_3z_3$$
$$(\lambda_0\geqq 0,\ \lambda_1\geqq 0,\ \lambda_2\geqq 0,\ \lambda_3\geqq 0,\ \lambda_0+\lambda_1+\lambda_2+\lambda_3=1).$$

問 7. (1.11)，(1.13) で分母に0が現われる場合には，方程式をつぎのように解釈すればよいことを確かめよ：

（i） $c=0$ の場合： $\dfrac{x-x_0}{a}=\dfrac{y-y_0}{b}$，$z-z_0=0$.

（ii） $b=c=0$ の場合： $y-y_0=z-z_0=0$.

（iii） $z_1-z_0=0$ の場合： $\dfrac{x-x_0}{x_1-x_0}=\dfrac{y-y_0}{y_1-y_0}$，$z-z_0=0$.

（iv） $y_1-y_0=z_1-z_0=0$ の場合： $y-y_0=z-z_0=0$.

また．これらの場合，直線はどんな位置にあるか．

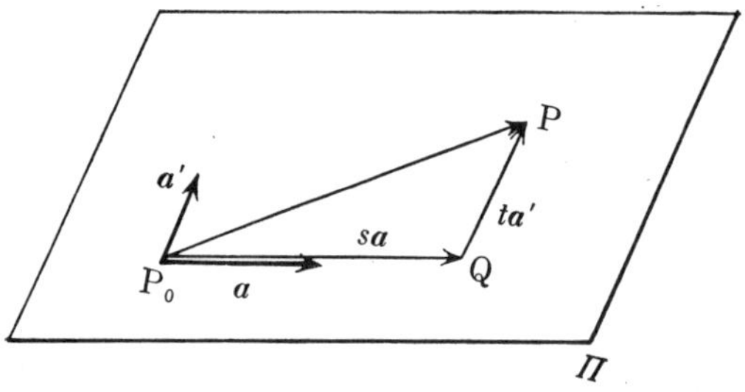

図 1.8

点 $P_0(x_0, y_0, z_0)$ と一方が他方のスカラー倍でない2つのベクトル $\boldsymbol{a} = a\boldsymbol{e}_1 + b\boldsymbol{e}_2 + c\boldsymbol{e}_3$, $\boldsymbol{a}' = a'\boldsymbol{e}_1 + b'\boldsymbol{e}_2 + c'\boldsymbol{e}_3$ とで決定される平面 Π を考える(図1.8). 点 $P(x, y, z)$ が Π の上にあるための条件は

$$\overrightarrow{P_0P} = s\boldsymbol{a} + t\boldsymbol{a}' \quad (-\infty < s < \infty,\ -\infty < t < \infty)$$

を満たすスカラー s, t が存在することである. ベクトルの成分をとれば, Π の助変数表示が得られる:

$$(1.14) \qquad x - x_0 = as + a't, \quad y - y_0 = bs + b't,$$
$$z - z_0 = cs + c't \quad (-\infty < s < \infty,\ -\infty < t < \infty).$$

これらから s, t を消去して, Π の方程式が得られる:

$$(1.15) \qquad (bc' - b'c)(x - x_0) + (ca' - c'a)(y - y_0)$$
$$+ (ab' - a'b)(z - z_0) = 0.$$

特に, $\boldsymbol{a}, \boldsymbol{a}'$ として2つの単位ベクトルをとったときには, 上記の助変数 s, t は Π の上での P の (P_0 を原点とし, $\boldsymbol{a}, \boldsymbol{a}'$ を基本ベクトルとした) デカルト座標になる.

(1.15) のように, 任意の平面は1次方程式で表わされる. そこで, 逆に, 任意の1次方程式

$$Ax + By + Cz + D = 0 \quad (A, B, C, D: 定数)$$

は平面を表わすということを証明しておく.

証明 A, B, C のうちの少なくとも1つは0でないから, $C \neq 0$ と仮定して一般性が失われない. このとき, 方程式は $z + (D/C) = -(A/C)x - (B/C)y$ となるから, その解の全体は

$$x = s,\ y = t,\ z + (D/C) = -(A/C)s - (B/C)t$$
$$(s, t: 任意,\ -\infty < s < \infty,\ -\infty < t < \infty).$$

これを(1.14)と比較し, 解の全体は, 点 $(0, 0, -D/C)$ と2つのベクトル $\boldsymbol{e}_1 - (A/C)\boldsymbol{e}_3$, $\boldsymbol{e}_2 - (B/C)\boldsymbol{e}_3$ とで決定される平面にほかならない. (証終)

問 8. 2直線

$$\frac{x-1}{2}=\frac{y}{2}=\frac{z+1}{-3},\quad x-1=\frac{y}{2}=-(z+1)$$

で決定される平面の方程式を求めよ．

問 9. x 軸，y 軸，z 軸の上の切片がそれぞれ a, b, c である平面の方程式は $(x/a)+(y/b)+(z/c)=1$ となることを示せ．(a, b, c はいずれも 0 でないとする．)

問 10. 平面上のデカルト座標で，任意の直線は 1 次方程式で表わされ，逆に，任意の 1 次方程式は直線を表わす．これを証明せよ．

問 11. 空間のデカルト座標で，つぎの方程式はどんな平面を表わすか：

(i) $x=a$,　(ii) $ax+by+c=0$ (a, b, c：定数).

直交座標でないデカルト座標が計算を特に簡単にするような問題を添える．ここでは平面上の問題を選んでおく：

問 12. 平面上に点 O で交わる 2 直線が与えられている．この平面上の点 P からこれらの 2 直線へ下した垂線を PA, PB とする．OA＋OB が一定になるような P の軌跡を求めよ．

問 13. 平面上に，点 O で交わる 3 直線 OA, OB, OC とこれらの直線上にない 2 点 M, N とが与えられている．OC の上に任意に点 P をとり，直線 PM と OA との交点を Q とし，直線 PN と OB との交点を R とする．このとき，直線 QR は一定の点をとおることを証明せよ．

1.7 内　　積

幾何的ベクトルの「内積」の意味は本節の定理で述べるが，それは特に直交座標ではベクトルの成分によって簡単に書き表わされる．

本節では空間に直交座標をとる．任意の 2 つのベクトル $\boldsymbol{a}=a_1\boldsymbol{e}_1+a_2\boldsymbol{e}_2+a_3\boldsymbol{e}_3$，$\boldsymbol{b}=b_1\boldsymbol{e}_1+b_2\boldsymbol{e}_2+b_3\boldsymbol{e}_3$ に対して

(1.16)　$$(\boldsymbol{a}, \boldsymbol{b})=a_1b_1+a_2b_2+a_3b_3$$

をその**内積**（または**スカラー積**）という．内積は $\boldsymbol{ab}$ と書き表わされることもあるが，本書では記号 $(\boldsymbol{a}, \boldsymbol{b})$ を用いる．特に

(1.17)　$$(\boldsymbol{a}, \boldsymbol{a})=a_1^2+a_2^2+a_3^2=|\boldsymbol{a}|^2.$$

つぎの演算法則は容易に検証できる：

1°　$(\boldsymbol{a}, \boldsymbol{b})=(\boldsymbol{b}, \boldsymbol{a})$　（交換律），

2°　$(\boldsymbol{a}, \boldsymbol{b}+\boldsymbol{c})=(\boldsymbol{a}, \boldsymbol{b})+(\boldsymbol{a}, \boldsymbol{c})$　（分配律），

3°　$(k\boldsymbol{a}, \boldsymbol{b})=k(\boldsymbol{a}, \boldsymbol{b})$　（結合律），

4°　$(\boldsymbol{a}, \boldsymbol{a}) \geqq 0$，等号は $\boldsymbol{a}=0$ のときだけ成り立つ．

問 14.　上記 1°〜4° から，つぎの等式を導け：

(i)　$(\boldsymbol{a}+\boldsymbol{b}, \boldsymbol{c}) = (\boldsymbol{a}, \boldsymbol{c})+(\boldsymbol{b}, \boldsymbol{c})$，　(ii)　$(\boldsymbol{a}, k\boldsymbol{b}) = k(\boldsymbol{a}, \boldsymbol{b})$，

(iii)　$(\boldsymbol{a}-\boldsymbol{b}, \boldsymbol{c}) = (\boldsymbol{a}, \boldsymbol{c})-(\boldsymbol{b}, \boldsymbol{c})$，　(iv)　$(\boldsymbol{a}, 0)=0$.

定理 1.1　0 でない任意の 2 つのベクトル $\boldsymbol{a}, \boldsymbol{b}$ のなす角を θ とすれば

$$(\boldsymbol{a}, \boldsymbol{b}) = |\boldsymbol{a}|\cdot|\boldsymbol{b}|\cdot\cos\theta.$$

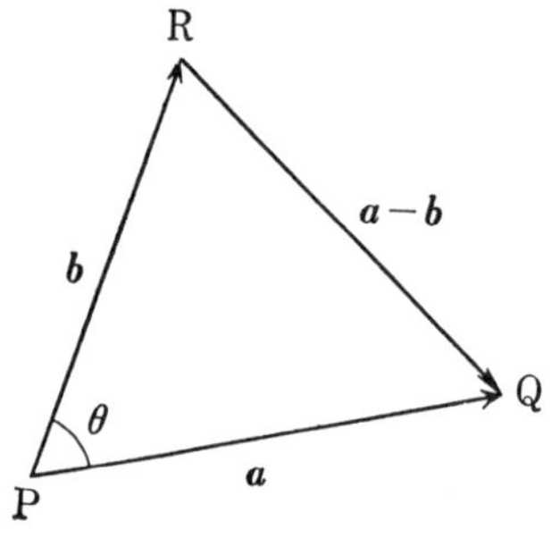

図 1.9

証明　任意の点 P から $\boldsymbol{a}, \boldsymbol{b}$ を表現する有向線分 $\overrightarrow{PQ}, \overrightarrow{PR}$ をとる (図 1.9)．このとき，$\angle QPR = \theta$．減法の定義によって $\overrightarrow{RQ} = \boldsymbol{a}-\boldsymbol{b}$ であるから，上記 1°〜4°，問 14，(1.17) などを用いて

$$\overline{RQ}^2 = (\boldsymbol{a}-\boldsymbol{b}, \boldsymbol{a}-\boldsymbol{b}) = (\boldsymbol{a}, \boldsymbol{a})+(\boldsymbol{b}, \boldsymbol{b})-2(\boldsymbol{a}, \boldsymbol{b})$$
$$= \overline{PQ}^2+\overline{PR}^2-2(\boldsymbol{a}, \boldsymbol{b}).$$

他方，3 角形 PQR に対する余弦定理から

$$\overline{RQ}^2 = \overline{PQ}^2+\overline{PR}^2-2\,\overline{PQ}\cdot\overline{PR}\cdot\cos\theta.$$

したがって

$$(\boldsymbol{a}, \boldsymbol{b}) = \overline{PQ}\cdot\overline{PR}\cdot\cos\theta = |\boldsymbol{a}|\cdot|\boldsymbol{b}|\cdot\cos\theta.$$ (証終)

系　0 でない 2 つのベクトル $\boldsymbol{a}, \boldsymbol{b}$ がたがいに垂直であるための条件は $(\boldsymbol{a},\boldsymbol{b}) = 0$ である．

問 15.　3 点 P (1, 2, 3)，Q (2, 3, 1)，R (5, 0, 1) に対して，角 QPR を求めよ．

任意の単位ベクトル $\boldsymbol{u}=l\boldsymbol{e}_1+m\boldsymbol{e}_2+n\boldsymbol{e}_3$ が x 軸，y 軸，z 軸となす角をそれぞれ α, β, γ とすれば

$$l = \cos\alpha,\ m = \cos\beta,\ n = \cos\gamma, \qquad (1.18)$$
$$l^2+m^2+n^2 = 1.$$

証明　この等式は $\boldsymbol{u}$ の成分の定義からすでに明らかであるが，(1.17) から $l^2+m^2+n^2 = |\boldsymbol{u}|^2 = 1$．また，(1.16) から $(\boldsymbol{u}, \boldsymbol{e}_1) = l$，他方，定理 1.1 から $(\boldsymbol{u}, \boldsymbol{e}_1) = \cos\alpha$，したがって $l = \cos\alpha$. (証終)

g を有向直線とし，その向きの単位ベクトルを $\boldsymbol{u} = l\boldsymbol{e}_1+m\boldsymbol{e}_2+n\boldsymbol{e}_3$ とする．このとき，l, m, n は g が x 軸，y 軸，z 軸となす角の余弦に等しいから，(l, m, n) を g の向きの**方向余弦**という．逆に，$l^2+m^2+n^2 = 1$ を満たす 3 つの

実数の任意の組 (l, m, n) をとれば，それは原点から点 (l, m, n) へ向かう向きの方向余弦になる．特に，x 軸，y 軸，z 軸の向きの方向余弦はそれぞれ $(1, 0, 0)$，$(0, 1, 0)$，$(0, 0, 1)$ である．

任意のベクトル $\boldsymbol{a}=a_1\boldsymbol{e}_1+a_2\boldsymbol{e}_2+a_3\boldsymbol{e}_3$ を表現する有向線分 $\overrightarrow{\mathrm{PQ}}$ をとり，g の上への P, Q の正射影をそれぞれ P′, Q′ とする．このとき，g 上での符号つき距離 P′Q′ を $\boldsymbol{a}$ の g 上の**正射影**といい，$\mathrm{pr}_g\boldsymbol{a}$ と書き表わす．（この記号は正射影 orthogonal projection に由来する．）それは点 P をどこにとっても同じ値になる．これに関し，つぎの公式が成り立つ：

(1.19)
$$\mathrm{pr}_g\boldsymbol{a}=la_1+ma_2+na_3.$$

証明　g と $\boldsymbol{a}$ とのなす角，すなわち $\boldsymbol{u}$ と $\boldsymbol{a}$ とのなす角を θ とすると，定理 1.1 と (1.16) とによって
$$\mathrm{P'Q'}=\overline{\mathrm{PQ}}\cos\theta=(\boldsymbol{u}, \boldsymbol{a})=la_1+ma_2+na_3.$$
（証終）

問 16.　0 でないベクトル $\boldsymbol{a}=a_1\boldsymbol{e}_1+a_2\boldsymbol{e}_2+a_3\boldsymbol{e}_3$ の向きの単位ベクトルは $\boldsymbol{a}/|\boldsymbol{a}|$ $(=(1/|\boldsymbol{a}|)\boldsymbol{a})$ であり，$\boldsymbol{a}$ の向きの方向余弦は
$$a_1/\sqrt{a_1^2+a_2^2+a_3^2},\quad a_2/\sqrt{a_1^2+a_2^2+a_3^2},\quad a_3/\sqrt{a_1^2+a_2^2+a_3^2}$$
であることを示せ．

問 17.　2 つの向きの方向余弦を (l, m, n)，(l', m', n') とし，これらの向きのなす角を θ とするとき，つぎの公式を証明せよ：
$$\cos\theta=ll'+mm'+nn'.$$

各直線は 2 つの向きをもっている．その直線の**方向余弦**とは，これらいずれかの向きの方向余弦のことである．一方の向きの方向余弦が (l, m, n) ならば，他方の向きの方向余弦は $(-l, -m, -n)$ である．その直線の方向余弦といえば $(\pm l, \pm m, \pm n)$（複号同順）のいずれとしてもよい．(1.11′) の (l, m, n) は，直交座標の場合には，その直線の方向余弦である．

つぎに，任意の平面 Π を考え，原点 O からこれに法線 h を引き，その足を H とする．いま，この法線の方向余弦を (l, m, n) とし，この向きを基準にした符号づき距離 OH を p とする．このとき，Π は方程式

(1.20)
$$lx+my+nz-p=0$$

で表わされる．

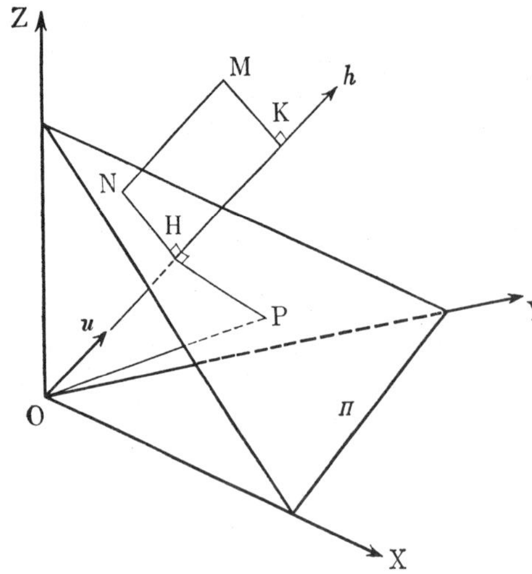

図 1.10

証明 (l, m, n) の向きの単位ベクトルを $\boldsymbol{u}$ とし，h は $\boldsymbol{u}$ の向きを与えられた有向直線とみなす（図 1.10).

点 P (x, y, z) が Π の上にあるための条件は，O に関する P の位置ベクトル $\boldsymbol{x}=\overrightarrow{\mathrm{OP}}$ について

$$\mathrm{pr}_h \boldsymbol{x}=p$$

が成り立つことである．(1.19) によってこの条件を書きかえれば

$$lx+my+nz=p$$

となり，方程式 (1.20) が得られる．

（証終）

(1.20) を Π の**ヘッセ** (Hesse) **方程式**という．

空間の任意の点 M (x', y', z') から Π へ引いた法線の足を N とする（図 1.10)．このとき，h の向きを基準にした符号づき距離 NM について，つぎの公式が成り立つ：

(1.21) $$\mathrm{NM}=lx'+my'+nz'-p.$$

証明 M から h への垂線の足を K とすると

$$\mathrm{NM}=\mathrm{HK}=\mathrm{OK}-\mathrm{OH}$$
$$=\mathrm{pr}_h\overrightarrow{\mathrm{OM}}-\mathrm{OH}=lx'+my'+nz'-p \quad ((1.19) \text{ による}).$$ （証終）

直交座標に関する任意の1次方程式

(1.22) $$ax+by+cz+d=0$$

が与えられたとする．いま，これに $\pm 1/\sqrt{a^2+b^2+c^2}$ をかけて，

$$l'=\pm a/\sqrt{a^2+b_2+c^2},\quad m'=\pm b/\sqrt{a^2+b^2+c^2},$$
$$n'=\pm c/\sqrt{a^2+b^2+c^2},\quad -p'=\pm d/\sqrt{a^2+b^2+c^2}$$ （複号同順）

とおくと，(1.22) は方程式

(1.23) $$l'x+m'y+n'z-p'=0$$

になる．ところで，$l'^2+m'^2+n'^2=1$ であるから，(l', m', n') は1つの向きの方向余弦である．原点からこの向きに有向直線 h' を引き，その上に $\mathrm{OH}'=p'$ を満たす点 H′ をとり，H′ における h' への法平面を Π' とすれば，

(1.23) は Π' のヘッセ方程式にほかならない．ゆえに，平面 (1.22) のヘッセ方程式を求めるためには，$\pm 1/\sqrt{a^2+b^2+c^2}$ をかければよい．

問 18.　平面 $2x-y-2z-6=0$ のヘッセ方程式を求めよ．また，この平面から点 $(4, -2, 3)$ および点 $(2, 1, -2)$ までの距離を求めよ．さらに，この 2 つの点は与えられた平面の両側にあることを確かめよ．

問 19.　平面 Π の方程式を $ax+by+cz+d=0$ とする．Π の一方の側は $ax'+by'+cz'+d>0$ を満たす点 (x', y', z') の全体であり，他方の側は $ax''+by''+cz''+d<0$ を満たす点 (x'', y'', z'') の全体であることを示せ．

問 20.　2 点 $P_0(x_0, y_0, z_0)$，$P_1(x_1, y_1, z_1)$ が前問の平面 Π の同じ側にあるとき，線分 P_0P_1 の点はすべて同じ側にあることを（計算によって）示せ．（第 6 節問 6 参照）

問 21.　直線 $x-1=y/(-2)=(z+1)/2$ の方程式を (1.11′) の形に書きかえよ．また，この直線と点 (4, 3, 2) との距離を求めよ．

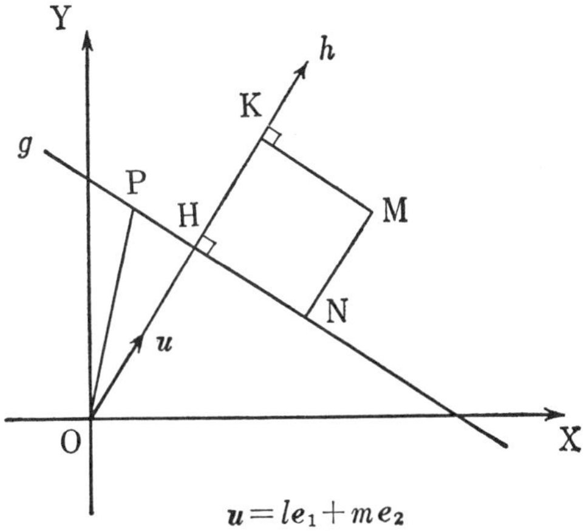

$u=le_1+me_2$
$p=\mathrm{OH}$

図 1.11

注意　平面上に直交座標をとるとき，この平面上の向きの方向余弦について，上記と同じようなことがいえる．また，この平面上の直線のヘッセ方程式に関しても同じようなことが成り立つ．図 1.11 の直線につき，つぎのことを確かめよ：

g のヘッセ方程式　　　　$lx+my-p=0,$

g から点 $M(x', y')$ までの距離 $NM=lx'+my'-p.$

問 22.　平面上の直交座標で，直線 $3x-4y+10=0$ のヘッセ方程式を求めよ．また，この直線から点 (3, 5) までの距離を求めよ．

2. 行　　列

2.1 行　　列

第1章のはじめの例にもどり，製品 G_1, G_2 を組にしてその材料の量をつぎのように書くことにしよう：

$$S:\quad \begin{array}{c} \\ M_1 \\ M_2 \\ M_3 \end{array}\begin{array}{c} \begin{array}{cc} G_1 & G_2 \end{array} \\ \begin{bmatrix} 10 & 9 \\ 3 & 3 \\ 2 & 3 \end{bmatrix} \end{array}.$$

製品 G_1, G_2 の材料の量をいくらか変えたほかの組を考えれば，たとえば

$$T:\quad \begin{array}{c} \\ M_1 \\ M_2 \\ M_3 \end{array}\begin{array}{c} \begin{array}{cc} G_1 & G_2 \end{array} \\ \begin{bmatrix} 8 & 7 \\ 4 & 4 \\ 3 & 4 \end{bmatrix} \end{array}.$$

一般に，mn 個のスカラー a_{ij} $(1\leq i\leq m,\ 1\leq j\leq n)$ をひとまとめにして長方形状に

$$\begin{bmatrix} a_{11} & a_{12}\cdots & a_{1n} \\ a_{21} & a_{22}\cdots & a_{2n} \\ \cdots & & \\ a_{m1} & a_{m2}\cdots & a_{mn} \end{bmatrix} \tag{2.1}$$

のように書くとつごうのよいことがある．このようなものを**行列**(matrix) という．そのよこ列を**行**（上から順に第1行, ⋯, 第 m 行）といい，たて列を**列**（左から順に第1列, ⋯, 第 n 列）という．各行は n 次元よこベクトルとみなされ，各列は m 次元たてベクトルとみなされるから，それらを**この**行列の**行ベクトル**，**列ベクトル**ということもある．行列 (2.1) は m 個の行と n 個の列とから成るから $(\boldsymbol{m}, \boldsymbol{n})$**-行列** または $\boldsymbol{m}\times\boldsymbol{n}$ **行列**とよばれる　また，行列を組み立てているスカラーをその**要素**または**成分**という．a_{ij} は (2.1) の第 $\boldsymbol{i}$ 行と第 j 列との交叉点にあるから，この行列の $(\boldsymbol{i}, \boldsymbol{j})$**-要素**とよばれる．上記の行列 S は (3, 2)-行列であり，その第2行（第2行ベクトル），第1列（第1列ベクトル）はそれぞれ

$$(3,\ 3),\quad \begin{bmatrix}10\\3\\2\end{bmatrix}$$

であり，また，S の (3, 1)-要素は 2 である．

簡単のため，(2.1) のような行列を A のような文字で書き表わす：

$$A=\begin{bmatrix}a_{11}\cdots a_{1n}\\ \cdots\\ a_{m1}\cdots a_{mn}\end{bmatrix}.$$

また，行や列の個数が明白である場合には，$A=(a_{ij})$ のように略記することもある．

2つの $(m,\ n)$-行列 $A=(a_{ij})$，$A'=(a'_{ij})$ に対し，$A=A'$ とは

$$a_{ij}=a'_{ij}\quad (1\leq i\leq m,\ 1\leq j\leq n)$$

であることを意味するものと規約する．

行の個数と列の個数とが等しい行列を**正方行列**といい，その個数をその正方行列の**次数**とよぶ．正方行列で左上隅から右下隅に向かう対角線を**主対角線**という．たとえば，3 次正方行列

$$\begin{bmatrix}1&4&-1\\-1&3&-3\\4&-2&2\end{bmatrix}$$

の主対角線の要素は 1, 3, 2 である．

2.2 行列の加法・減法・スカラー倍

行列に対してもベクトルの場合と同じような演算が行なわれる．たとえば，前節の S, T に対して

$$S+T=\begin{bmatrix}10+8&9+7\\3+4&3+4\\2+3&3+4\end{bmatrix}=\begin{bmatrix}18&16\\7&7\\5&7\end{bmatrix},\quad S-T=\begin{bmatrix}10-8&9-7\\3-4&3-4\\2-3&3-4\end{bmatrix}=\begin{bmatrix}2&2\\-1&-1\\-1&-1\end{bmatrix},$$

$$5S=\begin{bmatrix}5\cdot10&5\cdot9\\5\cdot3&5\cdot3\\5\cdot2&5\cdot3\end{bmatrix}=\begin{bmatrix}50&45\\15&15\\10&15\end{bmatrix}.$$

以下本節では，行の個数 m と列の個数 n とがいずれも一定な行列について考える．一般に

$$A = \begin{bmatrix} a_{11} & \cdots a_{1n} \\ \cdots & \\ a_{m1} & \cdots a_{mn} \end{bmatrix}, \quad B = \begin{bmatrix} b_{11} & \cdots b_{1n} \\ \cdots & \\ b_{m1} & \cdots b_{mn} \end{bmatrix}$$

に対してつぎの演算を定義する：

加法と減法：　$$A \pm B = \begin{bmatrix} a_{11} \pm b_{11} \cdots a_{1n} \pm b_{1n} \\ \cdots \\ a_{m1} \pm b_{m1} \cdots a_{mn} \pm b_{mn} \end{bmatrix}$$

(2.2)

スカラー倍：　$$kA = Ak = \begin{bmatrix} ka_{11} \cdots ka_{1n} \\ \cdots \\ ka_{m1} \cdots ka_{mn} \end{bmatrix}.$$

すべての要素が0である行列を**零行列**といい，O で表わし，また，$(-1)A$ を $-A$ と書き表わす．

上記の演算 (2.2) では，同じ位置にある要素に対して数としての加法・減法・乗法を行なうことに過ぎないから，行列に対するこれらの演算については，数に対する加法・減法・乗法の場合と同じ演算法則が成り立つ．それらの法則中で基本的なものは，**1.1** におけると同じように，つぎのとおりである：

1°　$(A+B)+C = A+(B+C)$　　(結合律),

2°　$A+B = B+A$　　(交換律),

3°　$A+\mathrm{O} = A$,

4°　$A+(-A) = \mathrm{O}$,

5°　$k(A+B) = kA+kB$　　(分配律),

6°　$(h+k)A = hA+kA$　　(分配律),

7°　$h(kA) = (hk)A$　　(結合律),

8°　$1A = A$.

これらについて，**1.1** の終りに述べたと同じようなことが成り立つ．なお，第1章で取り扱ったたてベクトルとその演算は，$(n, 1)$-行列とその演算にほかならないし，また，よこベクトルとその演算は，$(1, n)$-行列とその演算にほかならない．

問 1.　前節の行列 S, T に対し，つぎの計算をせよ：

(i) $3S+2T$, (ii) $5S-3T$, (iii) $\frac{1}{3}(S+2T)$.

2.3 行列の乗法への導入

本章のはじめの例で，材料 M_1, M_2, M_3 の単価が 2 つの商社 C_1, C_2 ではつぎの表のとおりであるとする：

単価		材料 M_1	M_2	M_3
商社	C_1	a_{11}	a_{12}	a_{13}
	C_2	a_{21}	a_{22}	a_{23}

製品における材料の量を

$$\boldsymbol{x} = \begin{bmatrix} x_1 \\ x_2 \\ x_3 \end{bmatrix} \begin{matrix} \cdots M_1 \\ \cdots M_2 \\ \cdots M_3 \end{matrix}$$

とし，商社 C_1, C_2 から材料を仕入れた場合のこの製品の総材料費をそれぞれ y_1, y_2 とすると

$$(2.3)\qquad \begin{aligned} y_1 &= a_{11}x_1+a_{12}x_2+a_{13}x_3 \\ y_2 &= a_{21}x_1+a_{22}x_2+a_{23}x_3 \end{aligned}$$

となる．いま，単価の行列，総材料費の行列をそれぞれ

$$A = \begin{bmatrix} a_{11} & a_{12} & a_{13} \\ a_{21} & a_{22} & a_{23} \end{bmatrix}, \quad \boldsymbol{y} = \begin{bmatrix} y_1 \\ y_2 \end{bmatrix}$$

とし，関係式 (2.3) を

$$(2.3')\qquad \boldsymbol{y} = A\boldsymbol{x}$$

と書き表わすことにする．

もう少し複雑にして 2 種の製品 G_1, G_2 を考え，材料の量，総材料費をそれぞれつぎの表のとおりとする：

材料の量		製品 G_1	G_2
材料	M_1	x_{11}	x_{12}
	M_2	x_{21}	x_{22}
	M_3	x_{31}	x_{32}

総材料費		製品 G_1	G_2
商社	C_1	y_{11}	y_{12}
	C_2	y_{21}	y_{22}

このとき

$$(2.4)\qquad \begin{aligned} y_{11} &= a_{11}x_{11}+a_{12}x_{21}+a_{13}x_{31}, & y_{12} &= a_{11}x_{12}+a_{12}x_{22}+a_{13}x_{32} \\ y_{21} &= a_{21}x_{11}+a_{22}x_{21}+a_{23}x_{31}, & y_{22} &= a_{21}x_{12}+a_{22}x_{22}+a_{23}x_{32} \end{aligned}$$

となる．材料の量，総材料費の行列をそれぞれ

$$X = \begin{bmatrix} x_{11} & x_{12} \\ x_{21} & x_{22} \\ x_{31} & x_{32} \end{bmatrix}, \quad Y = \begin{bmatrix} y_{11} & y_{12} \\ y_{21} & y_{22} \end{bmatrix}$$

とし，関係式 (2.4) を

$$(2.4')\qquad Y = AX$$

と書き表わすことにする．

さらに一般にして，商社が $\mathrm{C}_1, \cdots, \mathrm{C}_m$，材料が $\mathrm{M}_1, \cdots, M_n$，製品が $\mathrm{G}_1, \cdots, \mathrm{G}_p$ というようなときでも，単価，材料の量，総材料費の行列をそれぞれ

$$A = \begin{bmatrix} a_{11} \cdots a_{1n} \\ \cdots \\ a_{m1} \cdots a_{mn} \end{bmatrix}, \quad X = \begin{bmatrix} x_{11} \cdots x_{1p} \\ \cdots \\ x_{n1} \cdots x_{np} \end{bmatrix}, \quad Y = \begin{bmatrix} y_{11} \cdots y_{1p} \\ \cdots \\ y_{m1} \cdots y_{mp} \end{bmatrix}$$

とする．このとき，関係式

$$(2.5)\qquad y_{ik} = a_{i1}x_{1k}+a_{i2}x_{2k}+\cdots+a_{in}x_{nk} = \sum_{j=1}^{n} a_{ij}x_{jk}$$

$$(1 \leq i \leq m,\ 1 \leq k \leq p)$$

が成り立つが，これをやはり

$$(2.5')\qquad Y = AX$$

と書き表わすことにする．

(2.3)，(2.4)，(2.5) のいずれの場合にも，それを (2.3′)，(2.4′)，(2.5′) のように書き表わすと，いずれも

(総材料費の行列) = (単価の行列)(材料の量の行列)

となって，形式が統一される．

(2.3)，(2.4)，(2.5) の右辺はいずれも x の斉1次式である．このようにいくつかの斉1次式をひとまとめにして考える場合に，取り扱いをつごうよくするために，次節のような行列の乗法が考案されたといってよいであろう．

2.4 行列の乗法

A を (m, n)-行列，B を (n, p)-行列とする：

$$A=\begin{bmatrix}a_{11} & \cdots a_{1n}\\ & \cdots & \\ a_{m1} & \cdots a_{mn}\end{bmatrix},\quad B=\begin{bmatrix}b_{11} & \cdots b_{1p}\\ & \cdots & \\ b_{n1} & \cdots b_{np}\end{bmatrix}.$$

このように A の列数と B の行数とが等しいときだけ，つぎのような**乗法**が定義される．

A の第 i 行と B の第 k 列との対応要素の積の和をつくって

$$c_{ik}=a_{i1}b_{1k}+a_{i2}b_{2k}+\cdots+a_{in}b_{nk}=\sum_{j=1}^{n}a_{ij}b_{jk}$$

$$(1\leq i\leq m,\ 1\leq k\leq p)$$

とおき，この c_{ik} を (i,k)-要素にして行列をつくると，1つの (m, p)-行列

$$C=\begin{bmatrix}c_{11} & \cdots c_{1p}\\ & \cdots & \\ c_{m1} & \cdots c_{mp}\end{bmatrix}$$

が得られる．これを A, B の**積**（A に B を右からかけた積，A を B に左からかけた積）といい，

$$C=AB$$

と書き表わす．（A を左に，そして B を右に書く．反対には書かない．）

(2.3′)，(2.4′)，(2.5′) は，それらの右辺を上記の意味で行列の積とみなすと，それぞれちょうど (2.3)，(2.4)，(2.5) と同じ関係式になる．(2.3′) では，A は $(2, 3)$-行列，$\boldsymbol{x}$ は $(3, 1)$-行列であり，その積をつくってみると，ちょうど $(2, 1)$-行列 $\boldsymbol{y}$ になる．また，(2.4) では，A は $(2, 3)$-行列，X は $(3, 2)$-行列で，その積は $(2, 2)$-行列 Y になる．(2.5′) についても同様である．

$p\neq m$ の場合，B の列数と A の行数とが異なるから，積 BA はつくることができない．A が (m, n)-行列で，B が (n, m)-行列の場合（$p=m$ の場合）には，AB も BA もつくることができるが，前者は m 次正方行列，後者は n 次正方行列になる．したがって，この場合，$m\neq n$ ならばもちろん AB

$\neq BA$ である．A も B も n 次正方行列の場合（$m=n=p$ の場合）には，AB も BA も n 次正方行列になるが，この場合でも一般には，$AB\neq BA$ である．たとえば，$n=2$ として

$$A=\begin{bmatrix}1 & 0\\ 2 & 0\end{bmatrix},\quad B=\begin{bmatrix}0 & 0\\ 1 & 2\end{bmatrix}$$

のときには

$$AB=\begin{bmatrix}1\cdot0+0\cdot1 & 1\cdot0+0\cdot2\\ 2\cdot0+0\cdot1 & 2\cdot0+0\cdot2\end{bmatrix}=\begin{bmatrix}0 & 0\\ 0 & 0\end{bmatrix},$$

$$BA=\begin{bmatrix}0\cdot1+0\cdot2 & 0\cdot0+0\cdot0\\ 1\cdot1+2\cdot2 & 1\cdot0+2\cdot0\end{bmatrix}=\begin{bmatrix}0 & 0\\ 5 & 0\end{bmatrix}.$$

問 2.　つぎの積を計算せよ．

（i）$\begin{bmatrix}1 & 0 & 2\\ 0 & 2 & 0\end{bmatrix}\begin{bmatrix}0 & 1\\ 1 & 2\\ 2 & 0\end{bmatrix}$,　　（ii）$\begin{bmatrix}1 & 2\\ 3 & 1\\ 2 & 3\end{bmatrix}\begin{bmatrix}2\\ 1\end{bmatrix}$,

（iii）$(1\ \ 2\ \ -1)\begin{bmatrix}0 & -2\\ 1 & 0\\ -1 & 1\end{bmatrix}$,　　（iv）$(2\ \ 1\ \ -2)\begin{bmatrix}1\\ -1\\ 2\end{bmatrix}$.

問 3.　$A=(a_{ij})$, $A'=(a'_{ij})$ を m 次正方行列，$B=(b_{hk})$, $B'=(b'_{hk})$ を n 次正方行列，$C=(c_{ik})$, $C'=(c'_{ik})$ を (m, n)-行列，O, O′ を (n, m)-零行列とするとき，つぎの等式を確かめよ：

$$\begin{bmatrix}A & C\\ O & B\end{bmatrix}\begin{bmatrix}A' & C'\\ O' & B'\end{bmatrix}=\begin{bmatrix}AA' & AC'+CB'\\ O & BB'\end{bmatrix}.$$

ここに，$\begin{bmatrix}A & C\\ O & B\end{bmatrix}$ とは $m+n$ 次正方行列

$$\begin{bmatrix}a_{11}\cdots a_{1m} & c_{11}\cdots c_{1n}\\ \cdots & \cdots\\ a_{m1}\cdots a_{mm} & c_{m1}\cdots c_{mn}\\ 0\cdots\cdots 0 & b_{11}\cdots b_{1n}\\ \cdots & \cdots\\ 0\cdots\cdots 0 & b_{n1}\cdots b_{nn}\end{bmatrix}$$

を意味し，ほかの 2 つの行列についても同様であるとする．

2.5　乗法に関する演算法則

$A=(a_{ij})$, $A'=(a'_{ij})$ を (m, n)-行列，$B=(b_{jk})$, $B'=(b'_{jk})$ を (n, p)-行列，$C=(c_{kl})$ を (p, q)-行列とし，r をスカラーとするとき，つぎの法則が成り立つ：

1°　$(AB)C = A(BC)$　　(結合律).

したがって，この積を ABC と書き表わして紛らわしくない．

2°　$(A+A')B = AB+A'B$　　(分配律).

3°　$A(B+B') = AB+AB'$　　(分配律).

4°　$(rA)B = r(AB) = A(rB)$.

証明　1°　AB, C はそれぞれ (m, p)-行列，(p, q)-行列であるから，$(AB)C$ は (m, q)-行列になる．また，A, BC はそれぞれ (m, n)-行列，(n, q)-行列であるから，$A(BC)$ もまた (m, q)-行列になる．いま，$AB = X = (x_{ik})$, $BC = Y = (y_{jl})$ とおき，XC と AY との (i, l)-要素が等しいことを確かめればよい．前節の定義から

$$x_{ik} = \sum_{j=1}^{n} a_{ij}b_{jk}\quad (1 \leq i \leq m,\ 1 \leq k \leq p),$$

$$y_{jl} = \sum_{k=1}^{p} b_{jk}c_{kl}\quad (1 \leq j \leq n,\ 1 \leq l \leq q).$$

また，XC の (i, l)-要素は

$$\sum_{k=1}^{p} x_{ik}c_{kl} = \sum_{k}\left(\sum_{j} a_{ij}b_{jk}\right)c_{kl} = \sum_{j,k} a_{ij}b_{jk}c_{kl}$$

となり，AY の (i, l)-要素は

$$\sum_{j=1}^{n} a_{ij}y_{jl} = \sum_{j} a_{ij}\left(\sum_{k} b_{jk}c_{kl}\right) = \sum_{j,k} a_{ij}b_{jk}c_{kl}$$

となって，これらは等しい．

2°　両辺はともに (m, p)-行列である．$(A+A')B$ の (i, k)-要素は

$$\sum_{j=1}^{n} (a_{ij}+a'_{ij})b_{jk} = \sum_{j} a_{ij}b_{jk} + \sum_{j} a'_{ij}b_{jk}$$

となり，これは $AB+A'B$ の (i, k)-要素に等しい．

3°, 4° も同じようにして証明できる．　　(証終)

問 4.　$(A-A')B = AB-A'B$, $A(B-B') = AB-AB'$ を証明せよ．

n 次正方行列で，主対角線上の要素が 1，ほかの要素がすべて 0 であるものを **n 次単位行列**といい，E_n と書き表わす：

$$E_n = \begin{bmatrix} 1 & 0 \cdots 0 \\ 0 & 1 \cdots 0 \\ & \cdots \\ 0 & 0 \cdots 1 \end{bmatrix}.$$

次数が明白な場合には E と書くこともある．**クロネッカー** (Kronecker) **の記号** δ_{ij} を用いると

$$E_n = \begin{bmatrix} \delta_{11} \cdots \delta_{1n} \\ \cdots \\ \delta_{n1} \cdots \delta_{nn} \end{bmatrix} = (\delta_{ij})$$

のように書き表わされる．δ_{ij} は，$i=j$ のときは1を意味し，$i \neq j$ のときは0を意味する記号である．

単位行列に関してつぎの性質がある：

5°　A が (m, n)-行列ならば，$AE_n = A = E_mA$.

証明　AE_n も E_mA も (m, n)-行列になる．$A=(a_{ij})$ とすると，AE_n の (i, k)-要素は $\sum_{j=1}^{n} a_{ij}\delta_{jk}$ であるが，$\delta_{1k}, \delta_{2k}, \cdots, \delta_{nk}$ のうち δ_{kk} だけが1で，ほかはすべて0であるから，AE_n の (i, k)-要素は a_{ik}，すなわち A の (i, k)-要素と等しい．同じように

$$E_mA \text{ の } (i, k)\text{-要素} = \sum_{j=1}^{m} \delta_{ij}a_{jk} = a_{ik} = A \text{ の } (i, k)\text{-要素}. \qquad \text{（証終）}.$$

注意　A も B も零行列でなく，しかも AB が零行列になることがある．前節の終りの A, B はその1つの例である．

2.6 転置行列

(m, n)-行列

$$A = \begin{bmatrix} a_{11} & a_{12} \cdots a_{1n} \\ a_{21} & a_{22} \cdots a_{2n} \\ \cdots & \\ a_{m1} & a_{m2} \cdots a_{mn} \end{bmatrix}$$

に対し，その第1行，第2行，$\cdots$，第 m 行をそれぞれ第1列，第2列，$\cdots$，第 m 列にしてつくった行列

$$\begin{bmatrix} a_{11} & a_{21} \cdots a_{m1} \\ a_{12} & a_{22} \cdots a_{m2} \\ \cdots & \\ a_{1n} & a_{2n} \cdots a_{mn} \end{bmatrix}$$

を A の**転置行列** (transpose of A) といい，${}^tA$ と書き表わす．${}^tA$ は (n, m)-行列になり，その (j, i)-要素は A の (i, j)-要素 a_{ij} である．たとえば

$${}^t\begin{bmatrix} 1 & 2 & -1 \\ 0 & 3 & -2 \end{bmatrix} = \begin{bmatrix} 1 & 0 \\ 2 & 3 \\ -1 & -2 \end{bmatrix}.$$

A, A' が (m, n) 行列，B が (n, p)-行列であり，r がスカラーのとき

1° ${}^t(A+A') = {}^tA + {}^tA'$, ${}^t(rA) = r({}^tA)$,

2° ${}^t({}^tA) = A$,

3° ${}^t(AB) = {}^tB\,{}^tA$.

証明 1°, 2° は明らかであるから，3° だけを証明する．$A = (a_{ij})$, $B = (b_{jk})$, ${}^tA = (\tilde{a}_{ji})$, ${}^tB = (\tilde{b}_{kj})$ とすると

$$\tilde{a}_{ji} = a_{ij},\ \tilde{b}_{kj} = b_{jk}\ (1 \leq i \leq m,\ 1 \leq j \leq n,\ 1 \leq k \leq p).$$

${}^tB$, ${}^tA$ はそれぞれ (p, n)-行列，(n, m)-行列であるから，${}^tB\,{}^tA$ は (p, m)-行列になる．${}^t(AB)$ も (p, m)-行列である．そして，${}^t(AB)$ の (k, i)-要素は，AB の (i, k)-要素に等しいから，それは

$$\sum_{j=1}^{n} a_{ij}b_{jk} = \sum_{j} \tilde{b}_{kj}\tilde{a}_{ji}$$

となり，これは ${}^tB\,{}^tA$ の (k, i)-要素に等しい． (証終)

ここで，つぎの定義をしておく．

正方行列 $A = (a_{ij})$ が条件 ${}^tA = A$ を満たすとき，A を**対称行列**といい，条件 ${}^tA = -A$ を満たすとき，A を**交代対称行列**という．A が n 次の場合，これらの条件はそれぞれ

(2.6) $$a_{ji} = a_{ij}\ (1 \leq i \leq n,\ 1 \leq j \leq n),$$

(2.7) $$a_{ji} = -a_{ij}\ (1 \leq i \leq n,\ 1 \leq j \leq n)$$

と書かれる．(2.6) は，主対角線に関して対称な位置にある 2 つの要素はつねに等しいということである．(2.7) は，主対角線上の要素はすべて 0 であり，主対角線に関して対称な位置にある 2 つの要素はたがいに他の負であるということである．たとえば

$$\begin{bmatrix} 1 & 3 & -2 \\ 3 & 2 & -1 \\ -2 & -1 & 1 \end{bmatrix},\quad \begin{bmatrix} 0 & 1 & -3 \\ -1 & 0 & 2 \\ 3 & -2 & 0 \end{bmatrix}$$

はそれぞれ 3 次対称行列，3 次交代対称行列である．

注意 1 たてベクトル

$$\boldsymbol{a} = \begin{bmatrix} a_1 \\ \vdots \\ a_n \end{bmatrix}$$

に対して，${}^t\boldsymbol{a} = (a_1 \cdots a_n)$ はよこベクトルになる．

注意 2 空間に直交座標をとり，幾何的ベクトルを成分で

$$\boldsymbol{a}=\begin{bmatrix}a_1\\a_2\\a_3\end{bmatrix},\quad \boldsymbol{b}=\begin{bmatrix}b_1\\b_2\\b_3\end{bmatrix}$$

のようにたてベクトルとみなしたとき，1.7 の内積は

$$(\boldsymbol{a},\ \boldsymbol{b})={}^t\boldsymbol{a}\boldsymbol{b}$$

のように，(1, 3)-行列 ${}^t\boldsymbol{a}$ と (3, 1)-行列 $\boldsymbol{b}$ との積に等しい ((1.16) を参照せよ).

2.7 正 則 行 列

定理 2.1 1つの n 次正方行列 A に対し，方程式 $AX=E_n$ および方程式 $YA=E_n$ がともに n 次正方行列の解 $X,\ Y$ をもつならば，それらの解はいずれも A に対して一意的に定まり，しかも $X=Y$ となる.

証明 解 $X,\ Y$ に対して $X=E_nX=(YA)X=Y(AX)=YE_n=Y$ (第5節 5°, 1° による). X' を第1方程式のもう1つの解とすると，同じようにして $X'=Y$ となり，したがって $X=X'$ でなければならない. Y' を第2方程式のもう1つの解とすると，同じように，$Y'=X=Y$ でなければならない. (証終)

この定理にいう条件を満たす行列 A を**正則行列**といい，上記の2つの方程式の共通の解を A^{-1} と書き表わし，A の**逆行列**という.

(2.8) $$AA^{-1}=E=A^{-1}A.$$

$A,\ B$ を n 次正則行列とするとき

1° A^{-1} は正則行列になり，$(A^{-1})^{-1}=A$.

2° AB は正則行列になり，$(AB)^{-1}=B^{-1}A^{-1}$.

3° ${}^tA$ は正則行列になり， $({}^tA)^{-1}={}^t(A^{-1})$.

したがって，これを ${}^tA^{-1}$ と書き表わしても紛らわしくない.

証明 1° (2.8) から，A^{-1} に対して2つの方程式 $A^{-1}X=E,\ YA^{-1}=E$ はともに解 $X=Y=A$ をもつ.

2° 2つの方程式 $(AB)X=E,\ Y(AB)=E$ がともに解 $X=Y=B^{-1}A^{-1}$ をもつことを確かめる：

$$(AB)(B^{-1}A^{-1})=A(BB^{-1})A^{-1}=AEA^{-1}=(AE)A^{-1}=AA^{-1}=E,$$
$$(B^{-1}A^{-1})(AB)=B^{-1}(A^{-1}A)B=B^{-1}EB=B^{-1}(EB)=B^{-1}B=E.$$

3° 2つの方程式 ${}^tAX=E,\ Y{}^tA=E$ がともに解 $X=Y={}^t(A^{-1})$ をもつことを確める：

$${}^tA{}^t(A^{-1})={}^t(A^{-1}A)\quad(\text{前節 }3^\circ\text{ による})$$

$$= {}^tE = E,$$

$${}^t(A^{-1}){}^tA = {}^t(AA^{-1}) \quad (\text{前節 } 3^\circ \text{ による})$$

$$= {}^tE = E.$$

(証終)

定理 2.2 A が n 次正則行列で，B が (n, p)-行列，C が (m, n)-行列ならば，方程式 $AX = B$ および方程式 $YA = C$ に対して，(n, p)-行列の解 X および (m, n)-行列の解 Y がそれぞれ一意的に定まる．それらの解は $X = A^{-1}B$, $Y = CA^{-1}$ である．

証明 2つの方程式が解 X, Y をもつとすれば．

$$A^{-1}B = A^{-1}(AX) = (A^{-1}A)X = EX = X,$$

$$CA^{-1} = (YA)A^{-1} = Y(AA^{-1}) = YE = Y$$

でなければならない．逆に，方程式の左辺に $X = A^{-1}B$, $Y = CA^{-1}$ を代入すると

$$AX = A(A^{-1}B) = (AA^{-1})B = EB = B,$$

$$YA = (CA^{-1})A = C(A^{-1}A) = CE = C.$$

(証終)

注意 正方行列 A が与えられたとき，それが正則であるかどうかを判定する方法，また，A が正則行列のときに A^{-1} をつくる方法などについては，第4章を参照せよ．

例題 1. n 個の未知数 $x_1, \cdots, x_n$ に対する n 個の連立1次方程式

$$\text{(2.9)} \quad \begin{cases} a_{11}x_1 + a_{12}x_2 + \cdots + a_{1n}x_n = b_1 \\ a_{21}x_1 + a_{22}x_2 + \cdots + a_{2n}x_n = b_2 \\ \cdots \\ a_{n1}x_1 + a_{n2}x_2 + \cdots + a_{nn}x_n = b_n \end{cases}$$

を考える．係数の n 次正方行列 $A = (a_{ij})$，未知数のたてベクトル $\boldsymbol{x} = (x_i)$，定数項のたてベクトル $\boldsymbol{b} = (b_i)$ を用いると，(2.9) は行列の乗法を応用して

$$\text{(2.9')} \quad A\boldsymbol{x} = \boldsymbol{b}$$

と書き表わされる．

A が正則である場合には，定理 2.2 によって，解ベクトル $\boldsymbol{x}$ は一意的に定まり，

$$\text{(2.10)} \quad \boldsymbol{x} = A^{-1}\boldsymbol{b}$$

となる．上記の注意に述べたように，第4章で A が正則であることの判定と正則の場合の A^{-1} のつくりかたとを知れば，以上から解の公式に関するクラメルの定理を導くことができる．

2.8 1 次 形 式

n 個の変数 $x_1, \cdots, x_n$ の斉1次式のことを**1次形式**という．

$x_1, \cdots, x_n$ の任意の1次形式

$$f(x_1, \cdots, x_n) = a_1x_1 + \cdots + a_nx_n \tag{2.11}$$

$$(a_1, \cdots, a_n：定スカラー)$$

を考える．この $x_1, \cdots, x_n$ を変動する n 次元ベクトル $\boldsymbol{x}$ の成分とみなすと，$\boldsymbol{x}$ の各値（ベクトル値）に対してスカラー $f(x_1, \cdots, x_n)$ が定まり，(2.11) を $\boldsymbol{x} = \sum_{i=1}^{n} x_i\boldsymbol{e}_i$ の関数とみなすことができる．この関数を $f(\boldsymbol{x})$ と書き表わすことにする．（独立変数はベクトルで，従属変数はスカラーである．）また，たてベクトル $\boldsymbol{x} = (x_i)$, $\boldsymbol{a} = (a_i)$ を用いると，行列の乗法の意味で

$$f(\boldsymbol{x}) = {}^t\boldsymbol{a}\boldsymbol{x} \tag{2.11$'$}$$

と書き表わすことができる．

この関数 $f(\boldsymbol{x})$ はつぎの条件を満たす：

1° $f(\boldsymbol{x}+\boldsymbol{x}') = f(\boldsymbol{x})+f(\boldsymbol{x}')$

2° $f(c\boldsymbol{x}) = cf(\boldsymbol{x})$

$\left(\begin{array}{l}\boldsymbol{x},\ \boldsymbol{x}'：ベクトル \\ c\ ：スカラー\end{array}\right)$

なぜなら，行列の乗法の演算法則から

$$f(\boldsymbol{x}+\boldsymbol{x}') = {}^t\boldsymbol{a}(\boldsymbol{x}+\boldsymbol{x}') = {}^t\boldsymbol{a}\boldsymbol{x}+{}^t\boldsymbol{a}\boldsymbol{x}' = f(\boldsymbol{x})+f(\boldsymbol{x}'),$$

$$f(c\boldsymbol{x}) = {}^t\boldsymbol{a}(c\boldsymbol{x}) = c({}^t\boldsymbol{a}\boldsymbol{x}) = cf(\boldsymbol{x})$$

逆に，変動する n 次元ベクトル $\boldsymbol{x} = \sum_i x_i\boldsymbol{e}_i$ のなにがしかのスカラー値関数* $f(\boldsymbol{x})$ が条件 1°, 2° を満たすならば，$f(\boldsymbol{x})$ は $\boldsymbol{x}$ の1次形式（$x_1, \cdots, x_n$ の1次形式）である．なぜならば，1° を繰り返し用いて

$$f(\boldsymbol{x}) = f(\sum_i x_i\boldsymbol{e}_i) = \sum_i f(x_i\boldsymbol{e}_i)$$

$$= \sum_i x_i f(\boldsymbol{e}_i) \quad (2° による)$$

となり，$f(\boldsymbol{x})$ は $x_1, \cdots, x_n$ の1次形式である．

条件 1°, 2° を満たす関数は**線形関数**ともよばれる．

問 5. $f(\boldsymbol{x})$ が $\boldsymbol{x}$ の線形関数であるための条件 1°, 2° はつぎの条件（L）と同値で

* 本書で「関数」とはつねに1価関数を意味する．

あることを示せ：

$$(L) \qquad f(c\boldsymbol{x}+c'\boldsymbol{x}') = cf(\boldsymbol{x})+c'f(\boldsymbol{x}').$$

問 6. 通常の空間で g を一定の有向直線とするとき，g の上への正射影 $\mathrm{pr}_g\boldsymbol{x}$ はベクトル $\boldsymbol{x}$ の線形関数であることを確かめよ．（1.7 を参照せよ．）

2.9 双1次形式・複1次形式

2組の変数 $(x_1, \cdots, x_m)$, $(y_1, \cdots, y_n)$ のいずれについても斉1次である式

$$(2.12) \qquad f(x_1, \cdots, x_m\,;\, y_1, \cdots, y_n) = \sum_{\substack{1\le i\le m\\ 1\le j\le n}} a_{ij}x_iy_j$$

$$(a_{ij}：定スカラー)$$

を**双1次形式**という．前節と同じように，これを m 次元ベクトル $\boldsymbol{x}=(x_i)$ と n 次元ベクトル $\boldsymbol{y}=(y_j)$ との関数とみなし，$f(\boldsymbol{x}, \boldsymbol{y})$ と書き表わすことにする．(2.12) の係数でつくられた (m, n)-行列 $A=(a_{ij})$ を用いると，行列の乗法の意味で

$$(2.12') \qquad f(\boldsymbol{x}, \boldsymbol{y}) = {}^t\boldsymbol{x}A\boldsymbol{y}$$

と書き表わすことができる．この関数は明らかにつぎの条件を満たす：

1° $f(\boldsymbol{x}+\boldsymbol{x}', \boldsymbol{y}) = f(\boldsymbol{x}, \boldsymbol{y})+f(\boldsymbol{x}', \boldsymbol{y})$

$f(\boldsymbol{x}, \boldsymbol{y}+\boldsymbol{y}') = f(\boldsymbol{x}, \boldsymbol{y})+f(\boldsymbol{x}, \boldsymbol{y}')$

2° $f(c\boldsymbol{x}, \boldsymbol{y}) = cf(\boldsymbol{x}, \boldsymbol{y}) = f(\boldsymbol{x}, c\boldsymbol{y})$

$$\left(\begin{matrix}\boldsymbol{x}, \boldsymbol{x}'：m\ 次元ベクトル\\ \boldsymbol{y}, \boldsymbol{y}'：n\ 次元ベクトル\end{matrix} \quad c：スカラー\right).$$

逆に，変動する m 次元ベクトル $\boldsymbol{x}=\sum_{i=1}^{m}x_i\boldsymbol{e}_i$ と n 次元ベクトル $\boldsymbol{y}=\sum_{j=1}^{n}y_j\boldsymbol{e}_j'$ とのなにがしかのスカラー値関数 $f(\boldsymbol{x}, \boldsymbol{y})$ が条件 1°, 2° を満たすならば，それは $\boldsymbol{x}, \boldsymbol{y}$ の双1次形式である．（ここに，$\boldsymbol{x}$ の変域である m 次元数空間の基本ベクトルを $\boldsymbol{e}_1, \cdots, \boldsymbol{e}_m$ で表わし，$\boldsymbol{y}$ の変域である n 次元数空間の基本ベクトルを $\boldsymbol{e}_1', \cdots, \boldsymbol{e}_n'$ で表わした．）

なぜならば，

$$f(\boldsymbol{x}, \boldsymbol{y}) = f\Big(\sum_i x_i\boldsymbol{e}_i, \sum_j y_j\boldsymbol{e}_j'\Big) = \sum_{i,j}f(x_i\boldsymbol{e}_i, y_j\boldsymbol{e}_j') \quad (1°\ による)$$

$$= \sum_{i,j}x_iy_jf(\boldsymbol{e}_i, \boldsymbol{e}_j') \quad (2°\ による)$$

となり，$f(\boldsymbol{x}, \boldsymbol{y})$ は $x_1, \cdots, x_m, y_1, \cdots, y_n$ の双1次形式である．

条件 1°, 2° は，$\boldsymbol{y}$ の値を一定に保てば $f(\boldsymbol{x}, \boldsymbol{y})$ が $\boldsymbol{x}$ の線形関数であり，$\boldsymbol{x}$ の値を一定に保てば $f(\boldsymbol{x}, \boldsymbol{y})$ が $\boldsymbol{y}$ の線形関数であることを示すから，そのとき $f(\boldsymbol{x}, \boldsymbol{y})$ を $\boldsymbol{x}, \boldsymbol{y}$ の**双線形関数**ともよぶ.

特に，$m=n$ である場合，$\boldsymbol{x}=(x_i)$, $\boldsymbol{y}=(y_j)$ の双1次形式は

$$f(\boldsymbol{x}, \boldsymbol{y}) = \sum_{i,j=1}^{n} a_{ij}x_i y_j = {}^t\boldsymbol{x}A\boldsymbol{y} \tag{2.13}$$

の形となり，係数行列 $A=(a_{ij})$ は n 次正方行列である．この場合，さらに恒等的に条件

$$f(\boldsymbol{y}, \boldsymbol{x}) = f(\boldsymbol{x}, \boldsymbol{y})$$

が成り立つならば，$f(\boldsymbol{x},\boldsymbol{y})$ を**対称双1次形式**という．この条件は A が対称行列であることにほかならない．なぜなら，(2.13) で $\boldsymbol{x}, \boldsymbol{y}$ を入れかえて $f(\boldsymbol{y}, \boldsymbol{x}) = {}^t\boldsymbol{y}A\boldsymbol{x}$. これは (1, 1)-行列であるから，その転置行列に等しく，$f(\boldsymbol{y}, \boldsymbol{x}) = {}^t({}^t\boldsymbol{y}A\boldsymbol{x}) = {}^t\boldsymbol{x}{}^tA\boldsymbol{y}$ (第6節の 3°). これが (2.13) と恒等的に等しいための条件は ${}^tA = A$ である.

問 7. 通常の空間で，ベクトルの内積 $(\boldsymbol{x}, \boldsymbol{y})$ は $\boldsymbol{x}$ と $\boldsymbol{y}$ との対称双線形関数であることを確かめよ.

つぎに，n 個の変数 $x_1, \cdots, x_n$ の斉2次式のことを**2次形式**という.

$x_1, \cdots, x_n$ の任意の2次形式

$$g(x_1\cdots, x_n) = \sum_{1\leq i\leq j\leq n} b_{ij}x_i x_j \quad (b_{ij}：\text{定スカラー}) \tag{2.14}$$

を考える．これを n 次元ベクトル $\boldsymbol{x}=(x_i)$ のスカラー値関数とみなし，$g(\boldsymbol{x})$ と書き表わすことにする．1.3 で述べたわれわれのスカラーの範囲では，(2.14) に対し，n 次元ベクトル $\boldsymbol{x}=(x_i)$, $\boldsymbol{y}=(y_j)$ の対称双1次形式 $f(\boldsymbol{x}, \boldsymbol{y})$ を求め，$f(\boldsymbol{x}, \boldsymbol{x}) = g(\boldsymbol{x})$ となるようにできる．なぜならば

$$\begin{aligned} &a_{ii} = b_{ii},\ a_{ij} = a_{ji} = \frac{1}{2}b_{ij} \quad (1\leq i<j\leq n) \\ &f(\boldsymbol{x}, \boldsymbol{y}) = \sum_{i,j=1}^{n} a_{ij}x_i y_j \end{aligned} \tag{2.15}$$

ととればよい．たとえば，x_1, x_2, x_3 の2次形式

$$g(\boldsymbol{x}) = x_1{}^2 - x_2{}^2 - 2x_3{}^2 - 2x_1x_2 + 4x_1x_3 - 4x_2x_3$$

に対しては

$$b_{11}=1,\ b_{22}=-1,\ b_{33}=-2,\ b_{12}=-2,\ b_{13}=4,\ b_{23}=-4$$

であるから，(2.15) によって

$$a_{11}=1,\ a_{22}=-1,\ a_{33}=-2,$$

$$a_{12}=a_{21}=-1,\ a_{13}=a_{31}=2,\ a_{23}=a_{32}=-2,$$

$$\boldsymbol{f}(\boldsymbol{x},\ \boldsymbol{y})=x_1y_1-x_2y_2-2x_3y_3$$
$$-(x_1y_2+x_2y_1)+2(x_1y_3+x_3y_1)-2(x_2y_3+x_3y_2)$$

である．

ゆえに，$x_1, \cdots, x_n$ の2次形式はつねに

$$f(\boldsymbol{x},\ \boldsymbol{x})=\sum_{i,j=1}^{n}a_{ij}x_ix_j={}^t\boldsymbol{x}A\boldsymbol{x} \tag{2.16}$$
$$(a_{ji}=a_{ij}\quad \text{i.e.}\quad {}^tA=A)$$

の形に書き表わすことができる．ここに $f(\boldsymbol{x},\ \boldsymbol{y})=\sum_{i,j}a_{ij}x_iy_j$ は x, y の対称双1次形式である．今後，2次形式はつねにこの (2.16) の形に表現することにする．

なお，(2.14) の $g(\boldsymbol{x})$ に対し，このような $f(\boldsymbol{x},\ \boldsymbol{y})$ は (2.15) のもの以外にないこと明らかである．この $f(\boldsymbol{x},\ \boldsymbol{y})$ を $g(\boldsymbol{x})$ の**極化形式**という．

問 8. つぎの2次形式を (2.16) の形に書き表わせ．また，そのときの極化形式および係数行列 A も求めよ．

(i) $2x_1^2-3x_1x_2-x_2^2$,

(ii) $3x_1^2+x_2^2-2x_3^2+2x_1x_2+3x_1x_3-4x_2x_3$.

p 組の変数 $(x_{11},\ x_{21}, \cdots, x_{m1})$, $(x_{12},\ x_{22}, \cdots, x_{n2}), \cdots, (x_{1p},\ x_{2p}, \cdots, x_{rp})$ のいずれについても斉1次である式

$$\sum_{i,j,\cdots,l}a_{ij\cdots l}x_{i1}x_{j2}\cdots x_{lp}\quad (a_{ij\cdots l}\text{：定スカラー}) \tag{2.17}$$
$$\left(\begin{matrix} i,\ j, \cdots, l \text{ はそれぞれ } 1\leq i\leq m,\ 1\leq j\leq n, \cdots, \\ 1\leq l\leq r \text{ の範囲を流れる}\end{matrix}\right)$$

を考える．これは $p=2$ の場合には上記の双1次形式にほかならないが，$p\geq 2$ の場合に一般に**複1次形式**（$\boldsymbol{p}$ **重1次形式**）という．(2.17) を m 次元ベクトル $\boldsymbol{x}_1=(x_{11}, \cdots, x_{m1})$, n 次元ベクトル $\boldsymbol{x}_2=(x_{12}, \cdots, x_{n2}), \cdots$, r 次元ベクトル $\boldsymbol{x}_p=(x_{1p}, \cdots, x_{rp})$ のスカラー値関数とみなして $f(\boldsymbol{x}_1,\ \boldsymbol{x}_2, \cdots, \boldsymbol{x}_p)$ と書き表わすことにする．この関数は $\boldsymbol{x}_1, \cdots, \boldsymbol{x}_p$ のおのおのについて

線形である：

(i)　$f(\boldsymbol{x}_1, \cdots, \overset{k}{\overbrace{\boldsymbol{x}_k+\boldsymbol{x}_k'}}, \cdots, \boldsymbol{x}_p)$

$$= f(\boldsymbol{x}_1, \cdots, \overset{k}{\boldsymbol{x}_k}, \cdots, \boldsymbol{x}_p) + f(\boldsymbol{x}_1, \cdots, \overset{k}{\boldsymbol{x}_k'}, \cdots, \boldsymbol{x}_p),$$

(ii)　$f(\boldsymbol{x}_1, \cdots, \overset{k}{c\boldsymbol{x}_k}, \cdots, \boldsymbol{x}_p) = cf(\boldsymbol{x}_1, \cdots, \overset{k}{\boldsymbol{x}_k}, \cdots, \boldsymbol{x}_p)$

$$(1 \leq k \leq p).$$

本書で今後考察される複1次形式では，$\boldsymbol{m}=\boldsymbol{n}=\cdots=\boldsymbol{r}$ の場合，すなわち $\boldsymbol{x}_1, \cdots, \boldsymbol{x}_p$ が同じ次元の数空間の中を変動する場合に限ることにする．

2.10 線形写像

1つの n 次元数空間 $\boldsymbol{V}$ の中を変動するベクトル $\boldsymbol{x}$ の各値に対し，なにがしかの法則によってほかの1つの m 次元数空間 $\boldsymbol{V}'$ の中のベクトル $\boldsymbol{y}$ の値が対応するとき，$\boldsymbol{y}=\boldsymbol{f}(\boldsymbol{x})$ のように書き表わす．これはベクトル $\boldsymbol{x}$ のベクトル値関数である．(独立変数 $\boldsymbol{x}$ も従属変数 $\boldsymbol{y}$ もともにベクトルである．) これを $\boldsymbol{V}$ から $\boldsymbol{V}'$ の中への**写像**といい，$\boldsymbol{x}$ の各値に対応する $\boldsymbol{y}$ の値をその ($\boldsymbol{x}$ の値の) **像**ということもある．$\boldsymbol{V}$ の基本ベクトルを $\boldsymbol{e}_1, \cdots, \boldsymbol{e}_n$ とし，$\boldsymbol{V}'$ の基本ベクトルを $\boldsymbol{e}_1', \cdots, \boldsymbol{e}_m'$ として，$\boldsymbol{x}=\sum_j x_j \boldsymbol{e}_j$, $\boldsymbol{y}=\sum_i y_i \boldsymbol{e}_i'$ とすると，$\boldsymbol{y}$ の成分 $y_1, \cdots, y_m$ はいずれも $\boldsymbol{x}$ のスカラー値関数である．特に，$m=1$ の場合，$\boldsymbol{y}=y_1\boldsymbol{e}_1'$ をスカラー y_1 にほかならないとみなし得るから，この場合には $\boldsymbol{y}$ は $\boldsymbol{x}$ のスカラー値関数であるといってよい．

$\boldsymbol{V}$ から $\boldsymbol{V}'$ の中への写像 $\boldsymbol{y}=\boldsymbol{f}(\boldsymbol{x})$ がつぎの条件を満たすとする：

1°　$\boldsymbol{f}(\boldsymbol{x}+\boldsymbol{x}')=\boldsymbol{f}(\boldsymbol{x})+\boldsymbol{f}(\boldsymbol{x}')$

2°　$\boldsymbol{f}(c\boldsymbol{x})=c\boldsymbol{f}(\boldsymbol{x})$

$\left(\begin{array}{l}\boldsymbol{x}, \boldsymbol{x}' : \boldsymbol{V} \text{ のベクトル} \\ c : \text{スカラー}\end{array}\right).$

このとき，$\boldsymbol{y}=\boldsymbol{f}(\boldsymbol{x})$ を**線形写像**（または**線形関数**）という．この条件はつぎの条件と同値である：

(L)　$$\boldsymbol{f}(c\boldsymbol{x}+c'\boldsymbol{x}')=c\boldsymbol{f}(\boldsymbol{x})+c'\boldsymbol{f}(\boldsymbol{x}')$$

$$\left(\begin{array}{l}\boldsymbol{x}, \boldsymbol{x}' : \boldsymbol{V} \text{ のベクトル} \\ c, c' : \text{スカラー}\end{array}\right).$$

特に，$n=1$ の場合にこの条件が満たされるならば，上記のように $\boldsymbol{y}$ をスカラーとみなして，$\boldsymbol{y}$ は $\boldsymbol{x}$ の1次形式であるといってよい．

問 9. $\boldsymbol{V}$ から $\boldsymbol{V}'$ の中への線形写像 $\boldsymbol{y}=\boldsymbol{f}(\boldsymbol{x})$ に対し，つぎの性質を確かめよ：
(i) $\boldsymbol{f}(0)=0$, (ii) $\boldsymbol{f}(-\boldsymbol{x})=-\boldsymbol{f}(\boldsymbol{x})$,
(iii) $\boldsymbol{f}(\boldsymbol{x}-\boldsymbol{x}')=\boldsymbol{f}(\boldsymbol{x})-\boldsymbol{f}(\boldsymbol{x}')$.

上記の線形写像 $\boldsymbol{y}=\boldsymbol{f}(\boldsymbol{x})$ を成分で書き表わそう．条件（L）を繰り返し用いて

$$\sum_{i=1}^{m} y_i \boldsymbol{e}_i' = \boldsymbol{f}\left(\sum_{j=1}^{n} x_j \boldsymbol{e}_j\right) = \sum_{j=1}^{n} x_j\, \boldsymbol{f}(\boldsymbol{e}_j).$$

各 $\boldsymbol{f}(\boldsymbol{e}_j)$ は $\boldsymbol{V}'$ のベクトルであるから，その成分を $(a_{1j}, a_{2j}, \cdots, a_{mj})$ とすれば，上の等式から

$$\sum_{i=1}^{m} y_i \boldsymbol{e}_i' = \sum_{j=1}^{n} x_j\left(\sum_{i=1}^{m} a_{ij} \boldsymbol{e}_i'\right) = \sum_{i=1}^{m}\left(\sum_{j=1}^{n} a_{ij} x_j\right)\boldsymbol{e}_i'.$$

したがって

$$y_i = \sum_{j=1}^{n} a_{ij} x_j \quad (1 \leq i \leq m). \tag{2.18}$$

たてベクトル $\boldsymbol{x}=(x_j)$, $\boldsymbol{y}=(y_i)$ および $\boldsymbol{f}(\boldsymbol{e}_j)$ の成分を第 j 列としてつくった (m, n)-行列 $A=(a_{ij})$ を用いると，行列の乗法の意味で，(2.18) は

$$\boldsymbol{y} = A\boldsymbol{x} \tag{2.18$'$}$$

と書き表わされる．

逆に，任意の (m, n)-行列 $A=(a_{ij})$ をとり，(2.18′) とおくと，$\boldsymbol{V}$ から $\boldsymbol{V}'$ の中への線形写像が得られる．なぜならば，$\boldsymbol{y}=\boldsymbol{f}(\boldsymbol{x})=A\boldsymbol{x}$ であるから，$\boldsymbol{V}$ の任意の 2 つのベクトル $\boldsymbol{x}, \boldsymbol{x}'$ に対して

$$\boldsymbol{f}(\boldsymbol{x}+\boldsymbol{x}') = A(\boldsymbol{x}+\boldsymbol{x}') = A\boldsymbol{x}+A\boldsymbol{x}' = \boldsymbol{f}(\boldsymbol{x})+\boldsymbol{f}(\boldsymbol{x}'),$$
$$\boldsymbol{f}(c\boldsymbol{x}) = A(c\boldsymbol{x}) = c(A\boldsymbol{x}) = c\boldsymbol{f}(\boldsymbol{x}) \quad (c：\text{スカラー}).$$

また，$\boldsymbol{V}, \boldsymbol{V}', \boldsymbol{V}''$ をそれぞれ n 次元，m 次元，l 次元の数空間とし，$\boldsymbol{y}=\boldsymbol{f}(\boldsymbol{x})$ を $\boldsymbol{V}$ から $\boldsymbol{V}'$ の中への線形写像，$\boldsymbol{z}=\boldsymbol{g}(\boldsymbol{y})$ を $\boldsymbol{V}'$ から $\boldsymbol{V}''$ の中への線形写像とすれば，合成関数 $\boldsymbol{z}=\boldsymbol{g}(\boldsymbol{f}(\boldsymbol{x}))$ は $\boldsymbol{V}$ から $\boldsymbol{V}''$ の中への線形写像になる．なぜならば，$\boldsymbol{y}=A\boldsymbol{x}$, $\boldsymbol{z}=B\boldsymbol{y}$ (A は (m, n)-行列，B は (l, m)-行列）と書かれ，

$$\boldsymbol{z} = B\boldsymbol{y} = B(A\boldsymbol{x}) = (BA)\boldsymbol{x}$$
$$(BA：(l, n)\text{-行列})$$

となるからである．このように，A, B で表現される線形写像の合成が，行列の積 BA で表現されることは，行列の乗法の１つの重要な効用である．

最後に，幾何的ベクトルにおける線形写像の１つの例を示そう．

通常の空間中に一定の平面 Π をとる．空間の任意のベクトル $\boldsymbol{x}=\overrightarrow{\mathrm{PQ}}$ に対し，Π の上における P, Q の正射影をそれぞれ P′, Q′ とすると，Π の上のベクトル $\boldsymbol{x}'=\overrightarrow{\mathrm{P'Q'}}$ が決まる．この $\boldsymbol{x}'$ を Π の上の $\boldsymbol{x}$ の**正射影**といい，$\mathrm{pr}_{\Pi}\boldsymbol{x}$ と書き表わす．これは $\boldsymbol{x}$ の線形関数である．

問 10.　平面上に直交座標をとり，この平面上のベクトル $\boldsymbol{x}=x_1\boldsymbol{e}_1+x_2\boldsymbol{e}_2$ に対し，同じ平面上のベクトル $\boldsymbol{y}=y_1\boldsymbol{e}_1+y_2\boldsymbol{e}_2$ をつぎの各式によって対応させる．$\boldsymbol{x}$ および $\boldsymbol{y}$ をいずれも原点 O を始点とする有向線分で表現し，各線形写像の状態を明らかにせよ：

(i)　$y_1=\lambda_1 x_1$, $y_2=\lambda_2 x_2$；　(ii)　$y_1=x_2$, $y_2=x_1$；

(iii)　$y_1=x_1+\lambda x_2$, $y_2=x_2$；　(iv)　$y_1=\lambda x_1$, $y_2=0$.

ここに λ_1, λ_2, λ は 0 でない実定数とする．

3. 行　列　式

3.1 条件 (E) を満たす複1次形式

p 個の n 次元ベクトル $\boldsymbol{x}_1, \cdots, \boldsymbol{x}_p$ の複1次形式 $f(\boldsymbol{x}_1, \cdots, \boldsymbol{x}_p)$ に対し，つぎの条件を考える：

(E)
$1 \leq j < k \leq p$ を満たす任意の j, k に対し，$\boldsymbol{x}_j$ と $\boldsymbol{x}_k$ とに同じ値をとらせると，つねに $f(\boldsymbol{x}_1, \cdots, \boldsymbol{x}_p)$ は 0 となる．すなわち

$$f(\boldsymbol{x}_1, \cdots, \underset{\smile}{\overset{j}{\boldsymbol{x}}}, \cdots, \underset{\smile}{\overset{k}{\boldsymbol{x}}}, \cdots, \boldsymbol{x}_p) = 0$$

($\boldsymbol{x}$：任意の n 次元ベクトル)．

この条件を満たす複1次形式があるかどうか，また，あるとすればその形はどうか．この問題の考察からはじめよう．

まず，そのような複1次形式 f があるとして，(E) からただちに導かれるつぎの性質を述べておく：

上記のような j, k に対し，つねに

$$(3.1)\qquad f(\boldsymbol{x}_1, \cdots, \overset{j}{\boldsymbol{x}_k}, \cdots, \overset{k}{\boldsymbol{x}_j}, \cdots, \boldsymbol{x}_p) = -f(\boldsymbol{x}_1, \cdots, \overset{j}{\boldsymbol{x}_j} \cdots, \overset{k}{\boldsymbol{x}_k}, \cdots, \boldsymbol{x}_p)$$

すなわち，第 j・第 k のベクトルだけをたがいに入れかえると，複1次形式の符号だけが変わる．

証明　(E) によって

$$f(\boldsymbol{x}_1, \cdots, \overset{j}{\boldsymbol{x}_j+\boldsymbol{x}_k}, \cdots, \overset{k}{\boldsymbol{x}_j+\boldsymbol{x}_k}, \cdots, \boldsymbol{x}_p) = 0.$$

2.9 の (i), (ii)から，この左辺は

$$\begin{aligned} &f(\boldsymbol{x}_1, \cdots, \overset{j}{\boldsymbol{x}_j}, \cdots, \overset{k}{\boldsymbol{x}_j}, \cdots, \boldsymbol{x}_p) \\ &+f(\boldsymbol{x}_1, \cdots, \overset{j}{\boldsymbol{x}_j}, \cdots, \overset{k}{\boldsymbol{x}_k}, \cdots, \boldsymbol{x}_p) \\ &+f(\boldsymbol{x}_1, \cdots, \overset{j}{\boldsymbol{x}_k}, \cdots, \overset{k}{\boldsymbol{x}_j}, \cdots, \boldsymbol{x}_p) \\ &+f(\boldsymbol{x}_1, \cdots, \overset{j}{\boldsymbol{x}_k}, \cdots, \overset{k}{\boldsymbol{x}_k}, \cdots, \boldsymbol{x}_p) \end{aligned}$$

と書かれ，この第1項・第4項は (E) によって 0 である．したがって，等式 (3.1) が得られる．　(証終)

3.2 前節の問題の起源と例

前節でとり上げた問題の解決に進むまえに，本節ではその史的起源というべきものと，条件（E）を満たす複線形関数の例とを述べよう．

連立1次方程式 (2.9) について考える．

n 個の n 次元ベクトル $\boldsymbol{x}_1, \cdots, \boldsymbol{x}_n$ の複1次形式 $D(\boldsymbol{x}_1, \cdots, \boldsymbol{x}_n)$ で条件（E）を満たすものがあるとする．いま，(2.9) の係数行列 $A=(a_{ij})$ の第1, …, 第 n 列ベクトルをそれぞれ $\boldsymbol{a}_1, \cdots, \boldsymbol{a}_n$ と書き表わし，(2.9) の定数項でつくったたてベクトルを $\boldsymbol{b}=(b_i)$ とする．このとき，$D(\boldsymbol{a}_1, \cdots, \boldsymbol{a}_n) \neq 0$ となる場合には，(2.9) の解は

$$x_j = \frac{D(\boldsymbol{a}_1, \cdots, \overset{j}{\breve{\boldsymbol{b}}}, \cdots, \boldsymbol{a}_n)}{D(\boldsymbol{a}_1, \cdots, \boldsymbol{a}_j, \cdots, \boldsymbol{a}_n)} \quad (1 \leq j \leq n) \tag{3.2}$$

でなければならないことがつぎのように証明できる．このように，複1次形式 $D(\boldsymbol{x}_1, \cdots, \boldsymbol{x}_n)$ を用いると，n 元連立1次方程式の解の公式が得られる．これが前節の問題の史的起源であるといってよかろう．（本節の証明では，解が (3.2) の形でなければならないことだけ確かめ，逆に，(3.2) が確かに解であるということは不問に付している．逆の方については第8節を参照せよ．）

証明　(2.9) に解 $x_1, \cdots, x_n$ があるとすると，その値に対して $\boldsymbol{a}_1x_1+\cdots+\boldsymbol{a}_nx_n=\boldsymbol{b}$．そこで，任意の j $(1\leq j\leq n)$ に対して

$$\begin{aligned} D(\boldsymbol{a}_1, \cdots, \overset{j}{\breve{\boldsymbol{b}}}, \cdots, \boldsymbol{a}_n) &= D\left(\boldsymbol{a}_1, \cdots, \overset{j}{\overbrace{\sum_{i=1}^{n} \boldsymbol{a}_i x_i}}, \cdots, \boldsymbol{a}_n\right) \\ &= \sum_i D(\boldsymbol{a}_1, \cdots, \overset{j}{\breve{\boldsymbol{a}}_i}, \cdots, \boldsymbol{a}_n)x_i \quad (2.9\ (\mathrm{i}), (\mathrm{ii})) \end{aligned} \tag{3.3}$$

$i \neq j$ のとき，（E）によって

$$D(\boldsymbol{a}_1, \cdots, \overset{j}{\breve{\boldsymbol{a}}_i}, \cdots, \boldsymbol{a}_n) = 0$$

であるから，(3.3) は

$$D(\boldsymbol{a}_1, \cdots, \overset{j}{\breve{\boldsymbol{b}}}, \cdots, \boldsymbol{a}_n) = D(\boldsymbol{a}_1, \cdots, \overset{j}{\breve{\boldsymbol{a}}_j}, \cdots, \boldsymbol{a}_n)x_j$$

となる．$D(\boldsymbol{a}_1, \cdots, \boldsymbol{a}_n) \neq 0$ の場合を考えているから，(3.2) が得られる．　（証終）

注意　ここの条件 $D(\boldsymbol{a}_1, \cdots, \boldsymbol{a}_n) \neq 0$ は，2.7 にいう A が正則行列であるとの条件と同値になる（第4章を参照せよ）．

例題 1. 有向直線 g の上の符号づき距離についてはよく知られている．すなわち，P, Q を g の上の任意の2点とするとき，$\overrightarrow{PQ}$ の向きが g の正の向きと同じであるか，反対であるかに従い，それぞれ $PQ>0$, $PQ<0$ と規約する．したがって，つねに $QP=-PQ$ である．このような符号づき距離の効用についてはいまさらいうまでもない．

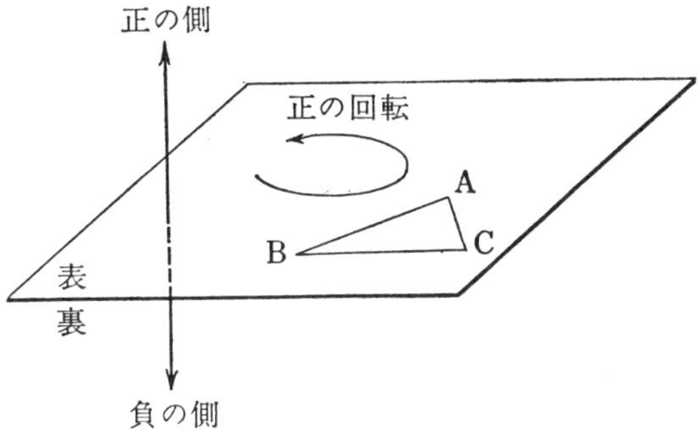

図 3.1

これと同じように，平面上の面積にも符号を考えに入れるとつごうがよい．そのためには，まずその平面を「符号づけ」なければならない．それは平面に**表（正の側）・裏（負の側）**の区別をつけることである（図 3.1）．いいかえれば，平面上に**正の回転方向**を指定することである．すなわち，雄ネジにこの方向の回転をさせるときネジが平面の正の側の方へ進行するように正の回転方向を指定する．このためには，平面上に1つの3角形をとり，その3頂点の 1つの順列 ABC を指定してもよい．ただし，ABC の順序に3角形の周の上をまわるのが上記の正の回転方向と一致するように順列を指定する．平面が与えられたとき，符号づけのしかたは2通り可能である．（図 3.1 のしかたと，表裏を反対にとるしかたとの2通りである．）

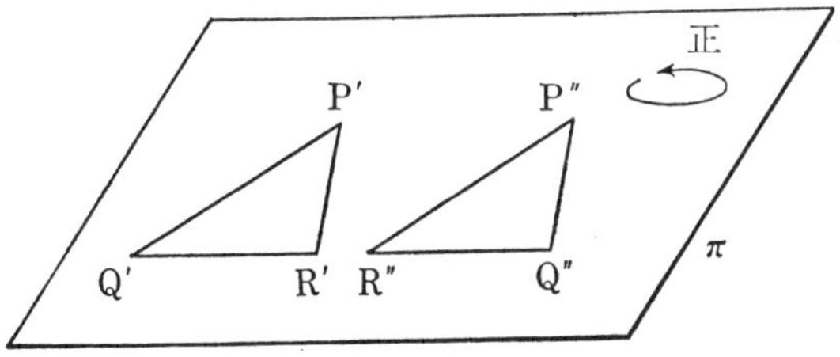

(P′Q′R′) >0, (P″Q″R″) <0

図 3.2

このような符号づけられた平面 π の上で，ここでは特に3角形の**符号づき面積**について説明しよう．P, Q, R を π の上の任意の3点とするとき，3角形 PQR の周の上を P, Q, R の順序でまわる回転方向が正であるか負であるかに従い，符号づき面積 (PQR) はそれぞれ正，負であると規約する (図 3.2).

符号づけられた平面 π の上に任意に2つのベクトル $\boldsymbol{x}_1$, $\boldsymbol{x}_2$ をとる．π の

1点Pから $\boldsymbol{x}_1$, $\boldsymbol{x}_2$ を表現する有向線分 $\overrightarrow{\mathrm{PQ}}$, $\overrightarrow{\mathrm{PR}}$ をとると，(PQR) は $\boldsymbol{x}_1$, $\boldsymbol{x}_2$ のスカラー値関数になる（関数の値は π の上のどこに P をとっても同じになる）．これを $f(\boldsymbol{x}_1, \boldsymbol{x}_2)$ と書き表わすと，これが双線形関数であり，条件 (E) を満たすことは容易に検証できる．

例題 2. 空間における体積にも符号を考えるとつごうがよい．そのためには，やはり空間を「符号づけ」なければならない．それは1つの4面体をとり，その4頂点の1つの順列 ABCD を指定することである．このように符号づけられた空間で，ここでは特に4面体の**符号づき体積**について説明しよう．P, Q, R, S を任意の4点とするとき，4面体 ABCD の体積を 0 にしないように保ちながらこれを連続的に伸縮移動し，A, B, C, D をそれぞれ P, Q, R, S に重ねることができるかできないかに従い，符号づき体積 (PQRS) はそれぞれ正，負であると規約する（図 3.3）．

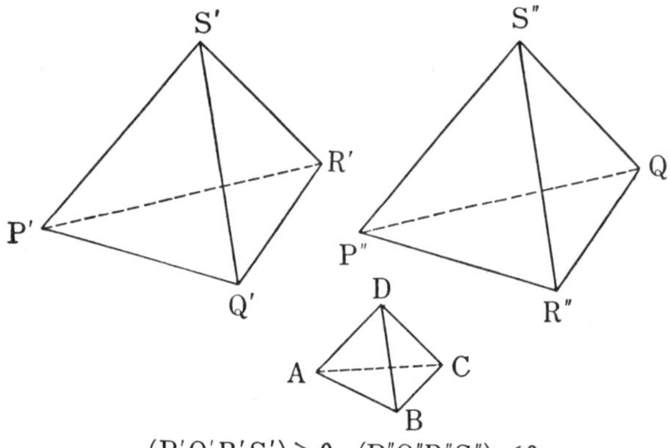

$(\mathrm{P'Q'R'S'})>0$, $(\mathrm{P''Q''R''S''})<0$

図 3.3

符号づけられた空間中に任意に3つのベクトル $\boldsymbol{x}_1$, $\boldsymbol{x}_2$, $\boldsymbol{x}_3$ を考える．1点 P から $\boldsymbol{x}_1$, $\boldsymbol{x}_2$, $\boldsymbol{x}_3$ を表現する有向線分 $\overrightarrow{\mathrm{PQ}}$, $\overrightarrow{\mathrm{PR}}$, $\overrightarrow{\mathrm{PS}}$ をとるとき，(PQRS) は $\boldsymbol{x}_1$, $\boldsymbol{x}_2$, $\boldsymbol{x}_3$ のスカラー値関数になる．これを $f(\boldsymbol{x}_1, \boldsymbol{x}_2, \boldsymbol{x}_3)$ と書き表わすと，それが複線形関数であり，条件 (E) を満たすことは容易に確かめられる．

問 1. 上記の A, B, C, D について，つぎのことを確かめよ：

$$(\mathrm{ABCD})>0, \quad (\mathrm{ACBD})<0,$$
$$(\mathrm{CABD})>0, \quad (\mathrm{CDAB})>0.$$

A, B, C, D の 24 通りの順列のおのおのについて同じようなことを確かめよ．(ABCD が偶順列であるか奇順列（付録 1.3 参照）であるかに従い，体積はそれぞれ正，負になる.)

例題 3. 例1と例2とは，3.1 の条件 (E) における $n=p=2$ の場合と $n=p=3$ の場合とであり，いずれにしろ $n=p$ の場合である．ここでは $n \neq p$ の場合の1つの例を示そう．

空間中に符号づけられた定平面πが与えられているとする．空間中に任意の2つのベクトル $\boldsymbol{x}_1$, $\boldsymbol{x}_2$ を考える．1点Pから $\boldsymbol{x}_1$, $\boldsymbol{x}_2$ を表現する有向線分 $\overrightarrow{\mathrm{PQ}}$, $\overrightarrow{\mathrm{PR}}$ をとり，P, Q, R の π 上の正射影をそれぞれ P′, Q′, R′ とする．このとき，π上での符号づき面積 $\boldsymbol{f}(\boldsymbol{x}_1, \boldsymbol{x}_2) = (\mathrm{P'Q'R'})$ は，$\boldsymbol{x}_1$, $\boldsymbol{x}_2$ の双線形関数であり，条件 (E) を満たす (図 3.4).

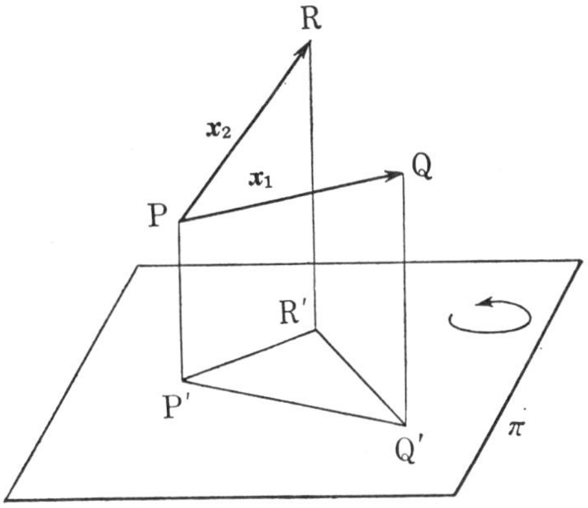

図 3.4

3.3 行　列　式

本節では第1節の問題の $n=p$ の場合を考える．

n 個の n 次元ベクトル $\boldsymbol{x}_1=(x_{i1})$, $\boldsymbol{x}_2=(x_{i2})$, $\cdots$, $\boldsymbol{x}_n=(x_{in})$ の複1次形式 $\boldsymbol{f}(\boldsymbol{x}_1, \cdots, \boldsymbol{x}_n)$ が条件 (E) を満たすとき，それはどんな形でなければならないかということを，最初に調べる．(2.17) から，複1次形式は

(3.4)
$$f(\boldsymbol{x}_1, \cdots, \boldsymbol{x}_n) = \sum_{i_1, \cdots, i_n} a_{i_1 i_2 \cdots i_n} x_{i_1 1} x_{i_2 2} \cdots x_{i_n n}$$
$$(a_{i_1 i_2 \cdots i_n}\text{：定スカラー})$$

の形である．ここに $i_1, \cdots, i_n$ はおのおの1からnまで流れる．このとき

(3.5)
$$f(\boldsymbol{e}_{j_1}, \cdots, \boldsymbol{e}_{j_n}) = a_{j_1 j_2 \cdots j_n}$$
$$(1 \leq j_1 \leq n, \cdots, 1 \leq j_n \leq n)$$

となる．なぜなら，$\boldsymbol{e}_{j_1}$ では第 j_1 成分だけが 1, $\cdots$, $\boldsymbol{e}_{j_n}$ では第 j_n 成分だけが1，そしてそれらのほかの成分はすべて 0 であるから，(3.4) に $\boldsymbol{e}_{j_1}, \cdots, \boldsymbol{e}_{j_n}$ を代入すると右辺では $i_1=j_1, \cdots, i_n=j_n$ の項以外の項は 0 になる．

そこで，$j_1, \cdots, j_n$ のうちに等しい値をとるものがあるならば，(3.5) と (3.1) とから

$$a_{j_1 j_2 \cdots j_n} = 0$$

でなければならない．したがって，(3.4) の右辺の加法は $1, 2, \cdots, n$ の順列 $i_1, i_2, \cdots, i_n$ の全体にわたるとしてよい．

$i_1, i_2, \cdots, i_n$ をそのような任意の順列とすると，置換

$$\begin{pmatrix} 1 & 2 & \cdots & n \\ i_1 & i_2 & \cdots & i_n \end{pmatrix}$$

が偶置換であるか奇置換であるかに従い，$\boldsymbol{e}_{i_1}, \boldsymbol{e}_{i_2}, \cdots, \boldsymbol{e}_{i_n}$ に偶数回，奇数回の互換を行なって $\boldsymbol{e}_1, \boldsymbol{e}_2, \cdots, \boldsymbol{e}_n$ にすることができる（付録 1.3 を参照せよ．）ゆえに，(3.1) によって

$$(3.6) \qquad f(\boldsymbol{e}_{i_1}, \boldsymbol{e}_{i_2}, \cdots, \boldsymbol{e}_{i_n}) = \operatorname{sgn}\begin{pmatrix} 1 & 2 & \cdots & n \\ i_1 & i_2 & \cdots & i_n \end{pmatrix} f(\boldsymbol{e}_1, \boldsymbol{e}_2, \cdots, \boldsymbol{e}_n)$$

とならなければならない．したがって，いま

$$(3.7) \qquad f(\boldsymbol{e}_1, \boldsymbol{e}_2, \cdots, \boldsymbol{e}_n) = a$$

とおけば，(3.5) と (3.6) から

$$(3.8) \qquad a_{i_1 i_2 \cdots i_n} = \operatorname{sgn}\begin{pmatrix} 1 & 2 & \cdots & n \\ i_1 & i_2 & \cdots & i_n \end{pmatrix} a$$

となり，したがって，f はつぎの形でなければならない：

$$(3.9) \qquad f(\boldsymbol{x}_1, \boldsymbol{x}_2, \cdots, \boldsymbol{x}_n) = a \sum_{i_1, \cdots, i_n} \operatorname{sgn}\begin{pmatrix} 1 & 2 & \cdots & n \\ i_1 & i_2 & \cdots & i_n \end{pmatrix} x_{i_1 1}\, x_{i_2 2} \cdots x_{i_n n}.$$

ここに，右辺の $i_1, i_2, \cdots, i_n$ は $1, 2, \cdots, n$ の順列の全体の範囲を流れる．また，a は定スカラーである．

こんどは，(3.9) の形の複 1 次形式は，a がどんな定スカラーであっても，確かに条件 (E) を満たすということを検証する．

任意の $j, k (1 \leq j < k \leq n)$ をとり，$f(\boldsymbol{x}_1, \cdots, \boldsymbol{x}_n)$ の $\boldsymbol{x}_j, \boldsymbol{x}_k$ に同じベクトル $\boldsymbol{y} = (y_i)$ を代入すると

$$f(\boldsymbol{x}_1, \cdots, \overset{j}{\smile}{\boldsymbol{y}}, \cdots, \overset{k}{\smile}{\boldsymbol{y}}, \cdots, \boldsymbol{x}_n)$$

$$= a \sum_{i_1, \cdots, i_n} \operatorname{sgn}\begin{pmatrix} 1 & \cdots & j & \cdots & k & \cdots & n \\ i_1 & \cdots & i_j & \cdots & i_k & \cdots & i_n \end{pmatrix} x_{i_1 1} \cdots \overset{j}{\smile}{y_{i_j}} \cdots \overset{k}{\smile}{y_{i_k}} \cdots x_{i_n n}.$$

この右辺の $n!$ 個の項のうちで

$$\operatorname{sgn}\begin{pmatrix} 1 & \cdots & j & \cdots & k & \cdots & n \\ i_1 & \cdots & r & \cdots & s & \cdots & i_n \end{pmatrix} x_{x_1 1} \cdots \overset{j}{\smile}{y_r} \cdots \overset{k}{\smile}{y_s} \cdots x_{i_n n},$$

$$\operatorname{sgn}\begin{pmatrix}1\cdots j\cdots k\cdots n\\ i_1\cdots s\cdots r\cdots i_n\end{pmatrix}x_{i_1 1}\cdots\overset{j}{\smile}{y_s}\cdots\overset{k}{\smile}{y_r}\cdots x_{i_n n}$$
$$(1\leq r<s\leq n)$$

を2つずつ対にして考えると，その2つの項は符号だけ反対になって打ち消し合う．ゆえに，

$$f(\boldsymbol{x}_1,\cdots,\overset{j}{\boldsymbol{y}},\cdots,\overset{k}{\boldsymbol{y}},\cdots,\boldsymbol{x}_n)=0$$

となり，条件（E）が満たされる．

これで，第1節の問題の $n=p$ の場合の解は複1次形式 (3.9)（a：任意の定スカラー）であることがわかった．特に，$a=1$ ととった場合の複1次形式 (3.9) を

$$\begin{vmatrix}x_{11} & x_{12} & \cdots & x_{1n}\\ x_{21} & x_{22} & \cdots & x_{2n}\\ \vdots & \vdots & & \vdots\\ x_{n1} & x_{n2} & & x_{nn}\end{vmatrix}\quad \text{または}\ D(\boldsymbol{x}_1,\ \boldsymbol{x}_2,\cdots,\ \boldsymbol{x}_n)$$

と書き表わし，これを**行列式**（determinant）といい，nをその**次数**という*．よって，

$$(3.10)\qquad \begin{cases} D(\boldsymbol{x}_1,\cdots,\ \boldsymbol{x}_n)=\begin{vmatrix}x_{11} & \cdots & x_{1n}\\ \vdots & \vdots & \vdots\\ x_{n1} & & x_{nn}\end{vmatrix}\\ \qquad =\displaystyle\sum_{i_1,\cdots,i_n}\operatorname{sgn}\begin{pmatrix}1\cdots n\\ i_1\cdots i_n\end{pmatrix}x_{i_1 1}\cdots x_{i_n n}.\end{cases}$$

この行列式の｜　｜の内部は1つのn次正方行列 $X=(x_{ij})$ とみなされるから，これを「行列 X の行列式」といい，$\det X$ と書き表わすことも多い．なお，この行列式の**要素**（成分）・**行**（行ベクトル）・**列**（列ベクトル）・**主対角線**などというときは，行列 X のそれらを指している．なお，その列ベクトルは $\boldsymbol{x}_1,\cdots,\boldsymbol{x}_n$ にほかならない．(3.10) の第2行の式をこの行列式の**展開式**という．

(3.7) から

* 1次の行列式 $|x|$ とは x 自身のことと規約する．

$$(3.11)\qquad D(\boldsymbol{e}_1, \boldsymbol{e}_2, \cdots, \boldsymbol{e}_n) = \begin{vmatrix} 1 & 0 & & 0 \\ 0 & 1 & \vdots & 0 \\ \vdots & \vdots & & \vdots \\ 0 & 0 & & 1 \end{vmatrix} = 1,$$

すなわち，n 次単位行列 E に対して

$$(3.11')\qquad \det E = 1.$$

ここで，行列式の定義 (3.10) から，特に2次および3次の行列式の展開式について見よう．まず，

$$\begin{vmatrix} x_{11} & x_{12} \\ x_{21} & x_{22} \end{vmatrix} = \sum_{i_1, i_2} \mathrm{sgn}\begin{pmatrix} 1 & 2 \\ i_1 & i_2 \end{pmatrix} x_{i_1 1} x_{i_2 2}.$$

順列 i_1, i_2 は 1, 2 と 2, 1 とであり，

$$\mathrm{sgn}\begin{pmatrix} 1 & 2 \\ 1 & 2 \end{pmatrix} = 1,\ \ \mathrm{sgn}\begin{pmatrix} 1 & 2 \\ 2 & 1 \end{pmatrix} = -1$$

であるから

$$(3.12)\qquad \begin{vmatrix} x_{11} & x_{12} \\ x_{21} & x_{22} \end{vmatrix} = x_{11}x_{22} - x_{21}x_{12}.$$

また，

$$\begin{vmatrix} x_{11} & x_{12} & x_{13} \\ x_{21} & x_{22} & x_{23} \\ x_{31} & x_{32} & x_{33} \end{vmatrix} = \sum_{i_1, i_2, i_3} \mathrm{sgn}\begin{pmatrix} 1 & 2 & 3 \\ i_1 & i_2 & i_3 \end{pmatrix} x_{i_1 1} x_{i_2 2} x_{i_3 3}$$

において，すべての順列 i_1, i_2, i_3 に対する

$$\mathrm{sgn}\begin{pmatrix} 1 & 2 & 3 \\ i_1 & i_2 & i_3 \end{pmatrix}$$

を調べて（付録 1.3 の例を参照）

$$(3.13)\qquad \begin{vmatrix} x_{11} & x_{12} & x_{13} \\ x_{21} & x_{22} & x_{23} \\ x_{31} & x_{32} & x_{33} \end{vmatrix} = x_{11}x_{22}x_{33} + x_{31}x_{12}x_{23} + x_{21}x_{32}x_{13} - x_{31}x_{22}x_{13} - x_{21}x_{12}x_{33} - x_{11}x_{32}x_{23}.$$

注意　2次と3次の行列式の展開式に対しては，つぎの記憶法がある．2次行列式では，図 3.5 のように斜線に沿って要素の積をつくり，符号 ＋，－ をつけて加えればよい．また，3次行列式では，図 3.6 のように第1列と第2列とを右側に書き添え，斜線に沿って要素の積をつくり，符号 ＋，－ をつけて加えればよい．4次以上の行列式の展開式に対しては，このような記憶法はない．

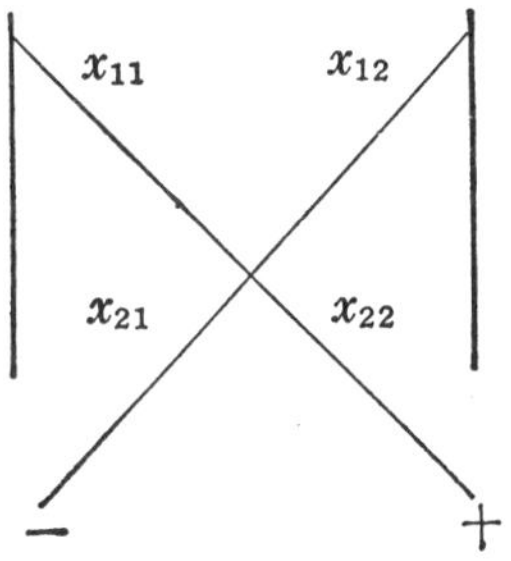

図 3.5

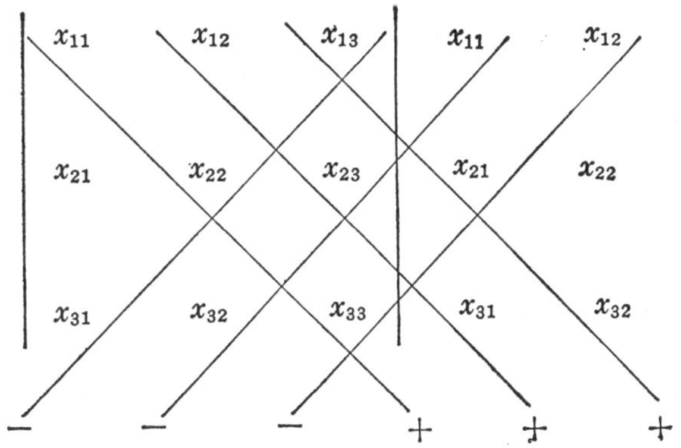

図 3.6

問 2. $D(c_1e_1, c_2e_2, \cdots, c_ne_n)$ を考え，つぎの等式を確かめよ：

$$\begin{vmatrix} c_1 & 0 & & 0 \\ 0 & c_2 & \vdots & 0 \\ \vdots & \vdots & & \vdots \\ 0 & 0 & & c_n \end{vmatrix} = c_1c_2\cdots c_n.$$

問 3. つぎの行列式の値を求めよ：

(i) $\begin{vmatrix} 2 & 3 \\ 5 & 8 \end{vmatrix}$, (ii) $\begin{vmatrix} 1 & 0 & -2 \\ 3 & 1 & 1 \\ -1 & 2 & -1 \end{vmatrix}$.

3.4 第1節の問題の解

第1節の問題の $n=p$ の場合の考察は前節ですませたから，本節では $n \neq p$ の場合を考えよう．

p 個の n 次元ベクトル $\boldsymbol{x}_1=(x_{i1}), \cdots, \boldsymbol{x}_p=(x_{ip})$ の複1次形式 $f(\boldsymbol{x}_1, \cdots, \boldsymbol{x}_p)$ が条件 (E) を満たしたとすると，(3.4) および (3.5) に関すると同じようにして

$$(3.14) \qquad f(\boldsymbol{x}_1, \cdots, \boldsymbol{x}_p) = \sum_{i_1, \cdots, i_p} a_{i_1i_2\cdots i_p}x_{i_11}x_{i_22}\cdots x_{i_pp}$$

$$(a_{i_1i_2\cdots i_p}: \text{定スカラー}),$$

$$(3.15) \qquad a_{i_1i_2\cdots i_p} = f(\boldsymbol{e}_{i_1}, \boldsymbol{e}_{i_2}, \cdots, \boldsymbol{e}_{i_p})$$

$$(1 \le i_1 \le n, \cdots, 1 \le i_p \le n),$$

そして $i_1, \cdots, i_p$ のうちには等しい値をとるものはないとしてよい．

ここで $n<p$ の場合と $n>p$ の場合とに分けて考える．

a.　$n<p$ の場合．$i_1, \cdots, i_p$ のうちに等しい値をとるものがないというようなことは起こり得ないから，この場合には

$$f(\boldsymbol{x}_1, \cdots, \boldsymbol{x}_p)=0$$

でなければならない．

b.　$n>p$ の場合．(3.14) において $i_1, \cdots, i_p$ は $1, 2, \cdots, n$ から p 個をとった順列の全体を流れる．いま，$1, 2, \cdots, n$ から p 個をとった組合せ ${}_n\mathrm{C}_p$ とおりのうちの任意の1つ $\alpha, \beta, \cdots, \kappa$（ただし $\alpha<\beta<\cdots<\kappa$）をとると，(3.6) に関すると同じように，$i_1, i_2, \cdots, i_p$ が $\alpha, \beta, \cdots, \kappa$ の順列であるとき

$$f(\boldsymbol{e}_{i_1}, \boldsymbol{e}_{i_2}, \cdots, \boldsymbol{e}_{i_p})=\mathrm{sgn}\begin{pmatrix}\alpha & \beta\cdots\kappa \\ i_1 & i_2\cdots i_p\end{pmatrix} f(\boldsymbol{e}_\alpha, \boldsymbol{e}_\beta, \cdots, \boldsymbol{e}_\kappa),$$

したがって，(3.15) から

$$a_{i_1 i_2 \cdots i_p}=\mathrm{sgn}\begin{pmatrix}\alpha & \beta\cdots\kappa \\ i_1 & i_2\cdots i_p\end{pmatrix} a_{\alpha\beta\cdots\kappa}$$

でなければならない．ゆえに，f はつぎの形でなければならない：

$$f(\boldsymbol{x}_1, \cdots, \boldsymbol{x}_p)$$
$$=\sum_{\alpha<\beta<\cdots<\kappa} a_{\alpha\beta\cdots\kappa}\left\{\sum_{i_1, \cdots, i_p} \mathrm{sgn}\begin{pmatrix}\alpha & \beta\cdots\kappa \\ i_1 & i_2\cdots i_p\end{pmatrix} x_{i_1\alpha} x_{i_2\beta}\cdots x_{i_p\kappa}\right\}.$$

ここに，第1加法記号は $1, 2, \cdots, n$ から p 個をとったすべての組合せ $\alpha, \beta, \cdots, \kappa$ $(\alpha<\beta<\cdots<\kappa)$ にわたり，第2加法記号はそのような各組合せ $\alpha, \beta, \cdots, \kappa$ のすべての順列 $i_1, i_2, \cdots, i_p$ にわたる．この式の｛　｝の中を (3.10) と比較すると，f がつぎの形でなければならないことがわかる：

$$f(\boldsymbol{x}_1, \cdots, \boldsymbol{x}_p)=\sum_{\alpha<\beta<\cdots<\kappa} a_{\alpha\beta\cdots\kappa}\begin{vmatrix} x_{\alpha 1} & x_{\alpha 2} & \cdots & x_{\alpha p} \\ x_{\beta 1} & x_{\beta 2} & \cdots & x_{\beta p} \\ \vdots & \vdots & & \vdots \\ x_{\kappa 1} & x_{\kappa 2} & \cdots & x_{\kappa p}\end{vmatrix} \tag{3.16}$$

$(a_{\alpha\beta\cdots\kappa}$：定スカラー$)$.

逆に，(3.16) の形の複1次形式は，$a_{\alpha\beta\cdots\kappa}$ がどんな定スカラーであっても，条件 (E) を満たす．これは前節におけると同じようにして検証できる．

以上をまとめて，定理としておく．

定理 3.1　第1節の問題の複1次形式はつぎのとおりである：

1°　$n=p$ の場合．複1次形式は

$$a\begin{vmatrix} x_{11} & & x_{1n} \\ \vdots & \vdots & \vdots \\ x_{n1} & & x_{nn} \end{vmatrix} \quad (a\text{：任意の定スカラー})$$

である．

2° $n<p$ の場合．複1次形式は 0 である．

3° $n>p$ の場合．複1次形式は

$$\sum_{\alpha<\beta<\cdots<\kappa} a_{\alpha\beta\cdots\kappa}\begin{vmatrix} x_{\alpha 1} & x_{\alpha 2} & & x_{\alpha p} \\ x_{\beta 1} & x_{\beta 2} & \vdots & x_{\beta p} \\ \vdots & \vdots & & \vdots \\ x_{\kappa 1} & x_{\kappa 2} & & x_{\kappa p} \end{vmatrix}$$

$(a_{\alpha\beta\cdots\kappa}$：任意の定スカラー)

である．この加法記号は $1, 2, \cdots, n$ のうちの p 個 $\alpha, \beta, \cdots, \kappa$ $(\alpha<\beta<\cdots<\kappa)$ のすべてにわたる．

この 3° に関して，いま $\boldsymbol{x}_1, \cdots, \boldsymbol{x}_p$ を列ベクトルとする (n, p)-行列 $X=(x_{ij})$ を考えるとき，上記の行列式は，X から p 個の行をとり出し，もとの順序でならべてつくった p 次行列式に，任意の定スカラーをかけて加えたものである．

3.5 行列式の性質

定理 3.2

1° 行列式の第 j 列ベクトルが2つのベクトルの和であるとき，この行列式は，これらの各ベクトルを第 j 列ベクトルとし，ほかの列ベクトルはもとのとおりにした2つの行列式の和に等しい．

2° 行列式の1つの列ベクトルにスカラー c をかけるとき，この行列式の値はもとの行列式の c 倍に等しい．したがって，行列式の1つの列ベクトルが零ベクトルならば，この行列式の値は 0 である．

3° 行列式の2つの列ベクトルが等しいとき，この行列式の値は 0 である．また，行列式の1つの列ベクトルがほかの列ベクトルの c 倍に等しいとき，この行列式の値は 0 である．

4° 行列式の2つの列ベクトルを互換するとき，この行列式の値はもとの行列式と符号だけ反対になる．

5°　行列式の第 j 列ベクトルに任意のスカラーをかけて第 k 列ベクトルに加え，第 k 列以外の列ベクトルはもとのとおりにするとき，この行列式の値はもとの行列式の値と等しい．ただし，$j \neq k$ とする．

これらの性質を 3 次行列式で例示すれば，

1°
$$\begin{vmatrix} x_{11} & x_{12} & x_{13}+x'_{13} \\ x_{21} & x_{22} & x_{23}+x'_{23} \\ x_{31} & x_{32} & x_{33}+x'_{33} \end{vmatrix} = \begin{vmatrix} x_{11} & x_{12} & x_{13} \\ x_{21} & x_{22} & x_{23} \\ x_{31} & x_{32} & x_{33} \end{vmatrix} + \begin{vmatrix} x_{11} & x_{12} & x'_{13} \\ x_{21} & x_{22} & x'_{23} \\ x_{31} & x_{32} & x'_{33} \end{vmatrix}.$$

2°
$$\begin{vmatrix} cx_{11} & x_{12} & x_{13} \\ cx_{21} & x_{22} & x_{23} \\ cx_{31} & x_{32} & x_{33} \end{vmatrix} = c\begin{vmatrix} x_{11} & x_{12} & x_{13} \\ x_{21} & x_{22} & x_{23} \\ x_{31} & x_{32} & x_{33} \end{vmatrix}, \quad \begin{vmatrix} x_{11} & 0 & x_{13} \\ x_{21} & 0 & x_{23} \\ x_{31} & 0 & x_{33} \end{vmatrix} = 0,$$

3°
$$\begin{vmatrix} y_1 & x_{12} & y_1 \\ y_2 & x_{22} & y_2 \\ y_3 & x_{32} & y_3 \end{vmatrix} = 0, \quad \begin{vmatrix} x_{11} & cy_1 & y_1 \\ x_{21} & cy_2 & y_2 \\ x_{31} & cy_3 & y_3 \end{vmatrix} = 0,$$

4°
$$\begin{vmatrix} x_{13} & x_{12} & x_{11} \\ x_{23} & x_{22} & x_{21} \\ x_{33} & x_{32} & x_{31} \end{vmatrix} = -\begin{vmatrix} x_{11} & x_{12} & x_{13} \\ x_{21} & x_{22} & x_{23} \\ x_{31} & x_{32} & x_{33} \end{vmatrix},$$

5°
$$\begin{vmatrix} x_{11} & x_{12} & x_{13} \\ x_{21} & x_{22} & x_{23} \\ x_{31} & x_{32} & x_{33} \end{vmatrix} \overset{\longleftarrow c}{} = \begin{vmatrix} x_{11} & x_{12}+c\,x_{13} & x_{13} \\ x_{21} & x_{22}+c\,x_{23} & x_{23} \\ x_{31} & x_{32}+c\,x_{33} & x_{33} \end{vmatrix}.$$

証明　(3.10) の記号で n 次行列式を $D(\boldsymbol{x}_1, \cdots, \boldsymbol{x}_n)$ で表わす．(3.10) に関連して述べたように $\boldsymbol{x}_1, \cdots, \boldsymbol{x}_n$ はこの行列式の列ベクトルである．

1°　D が $\boldsymbol{x}_j$ について線形的であることから

$$\begin{aligned} &D(\boldsymbol{x}_1, \cdots, \boldsymbol{x}_j+\boldsymbol{x}_j', \cdots, \boldsymbol{x}_n) \\ &\quad = D(\boldsymbol{x}_1, \cdots, \boldsymbol{x}_j, \cdots, \boldsymbol{x}_n)+D(\boldsymbol{x}_1, \cdots, \boldsymbol{x}_j', \cdots, \boldsymbol{x}_n). \end{aligned}$$

2°　同じ理由から

$$D(\boldsymbol{x}_1, \cdots, c\boldsymbol{x}_j, \cdots, \boldsymbol{x}_n) = cD(\boldsymbol{x}_1, \cdots, \boldsymbol{x}_j, \cdots, \boldsymbol{x}_n).$$

特に，$c = 0$ とおけば，$D(\boldsymbol{x}_1, \cdots, 0, \cdots, \boldsymbol{x}_n) = 0$.

3°　D が条件（E）を満たすことから，

$$D(\boldsymbol{x}_1, \cdots, \underset{\smile}{\overset{j}{}}\!\!\boldsymbol{y}, \cdots, \underset{\smile}{\overset{k}{}}\!\!\boldsymbol{y}, \cdots, \boldsymbol{x}_n) = 0.$$

また，これと 2° とによって

$$\begin{aligned} &D(\boldsymbol{x}_1, \cdots, \overset{j}{\boldsymbol{y}}, \cdots, c\overset{k}{\boldsymbol{y}}, \cdots, \boldsymbol{x}_n) \\ &\quad = cD(\boldsymbol{x}_1, \cdots, \overset{j}{\boldsymbol{y}}, \cdots, \overset{k}{\boldsymbol{y}}, \cdots, \boldsymbol{x}_n) = 0. \end{aligned}$$

4°　条件（E）から導かれる性質 (3.1) によって

$$D(\boldsymbol{x}_1, \cdots, \underset{j}{\boldsymbol{x}_k}, \cdots, \underset{k}{\boldsymbol{x}_j}, \cdots, \boldsymbol{x}_n) = -D(\boldsymbol{x}_1, \cdots, \underset{j}{\boldsymbol{x}_j}, \cdots, \underset{k}{\boldsymbol{x}_k}, \cdots, \boldsymbol{x}_n).$$

5° D が $\boldsymbol{x}_k$ について線形的であることと 3° とから

$$\begin{aligned} &D(\boldsymbol{x}_1, \cdots, \underset{j}{\boldsymbol{x}_j}, \cdots, \underset{k}{\boldsymbol{x}_k + c\boldsymbol{x}_j}, \cdots, \boldsymbol{x}_n) \\ &= D(\boldsymbol{x}_1, \cdots, \underset{j}{\boldsymbol{x}_j}, \cdots, \underset{k}{\boldsymbol{x}_k}, \cdots, \boldsymbol{x}_n) + cD(\boldsymbol{x}_1, \cdots, \underset{j}{\boldsymbol{x}_j}, \cdots, \underset{k}{\boldsymbol{x}_j}, \cdots, \boldsymbol{x}_n) \\ &= D(\boldsymbol{x}_1, \cdots, \underset{j}{\boldsymbol{x}_j}, \cdots, \underset{k}{\boldsymbol{x}_k}, \cdots, \boldsymbol{x}_n). \end{aligned}$$

(証終)

X が任意の正方行列のとき，$\det X$ に対し，転置行列の行列式 $\det({}^tX)$ を**転置行列式**という．

定理 3.3 任意の行列式はその転置行列式と同じ値をもつ．すなわち

$$\begin{vmatrix} x_{11} & x_{12} & & x_{1n} \\ x_{21} & x_{22} & \vdots & x_{2n} \\ \vdots & \vdots & & \vdots \\ x_{n1} & x_{n2} & & x_{nn} \end{vmatrix} = \begin{vmatrix} x_{11} & x_{21} \cdots x_{n1} \\ x_{12} & x_{22} \cdots x_{n2} \\ \cdots & \\ x_{1n} & x_{2n} \cdots x_{nn} \end{vmatrix}. \tag{3.17}$$

証明 行列式の定義 (3.10) から

$$\text{右辺} = \sum_{j_1, \cdots, j_n} \operatorname{sgn}\begin{pmatrix} 1 & 2 \cdots n \\ j_1 & j_2 \cdots j_n \end{pmatrix} x_{1j_1} x_{2j_2} \cdots x_{nj_n}.$$

ここに $j_1, \cdots, j_n$ は $1, 2, \cdots, n$ のすべての順列を流れる．各順列 $j_1, \cdots, j_n$ に対し，$x_{1j_1} x_{2j_2} \cdots x_{nj_n}$ の因子の順序を入れかえて

$$x_{1j_1} x_{2j_2} \cdots x_{nj_n} = x_{i_1 1} x_{i_2 2} \cdots x_{i_n n}$$

と書くと，2つの置換

$$\begin{pmatrix} 1 & 2 \cdots n \\ j_1 & j_2 \cdots j_n \end{pmatrix}, \quad \begin{pmatrix} 1 & 2 \cdots n \\ i_1 & i_2 \cdots i_n \end{pmatrix}$$

はたがいに他の逆置換であり，その符号は等しくなるから，(3.17) の右辺は

$$\sum_{i_1, \cdots, i_n} \operatorname{sgn}\begin{pmatrix} 1 & 2 \cdots n \\ i_1 & i_2 \cdots i_n \end{pmatrix} x_{i_1 1} x_{i_2 2} \cdots x_{i_n n}$$

と書かれ，これは，ふたたび行列式の定義 (3.10) から，(3.17) の左辺に等しい．

(証終)

定理 3.4 定理 3.2 と同じことが行列式の行ベクトルに関しても成り立つ．

証明 定理 3.3 と定理 3.2 とから証明される．たとえば，定理 3.2 の 4° に相当することが行ベクトルに対しても成り立つことを，簡単のため3次行列式に関して確かめよう：

$$\begin{vmatrix} x_{21} & x_{22} & x_{23} \\ x_{11} & x_{12} & x_{13} \\ x_{31} & x_{32} & x_{33} \end{vmatrix} = \begin{vmatrix} x_{21} & x_{11} & x_{31} \\ x_{22} & x_{12} & x_{32} \\ x_{23} & x_{13} & x_{33} \end{vmatrix} \quad (\text{定理 } 3.3)$$

$$= -\begin{vmatrix} x_{11} & x_{21} & x_{31} \\ x_{12} & x_{22} & x_{32} \\ x_{13} & x_{23} & x_{33} \end{vmatrix} \quad (\text{定理 } 3.2 \text{ の } 4°)$$

$$= -\begin{vmatrix} x_{11} & x_{12} & x_{13} \\ x_{21} & x_{22} & x_{23} \\ x_{31} & x_{32} & x_{33} \end{vmatrix} \quad (\text{定理 } 3.3).$$

（証終）

問 4.　n 次行列式は，その各行各列から１つずつになるように n 個の要素をとり出してその積をつくり，そのようなすべてのとり出し方にわたってのそのような積に，適当に符号 ＋，－ をつけて加え合わせたものに等しい．これを確かめよ．

問 5.　n 次行列式の主対角線の n 個の要素の積は，展開式中に符号 ＋ をもって現われることを示せ．(この項を行列式の**主項**という．)

問 6.　つぎの等式を証明せよ：

$$\begin{vmatrix} x_{11} & x_{12} & x_{13} \cdots x_{1n} \\ 0 & x_{22} & x_{23} \cdots x_{2n} \\ 0 & 0 & x_{33} \cdots x_{3n} \\ \cdots & & \\ 0 & 0 & \cdots \quad x_{nn} \end{vmatrix} = x_{11}x_{22}x_{33}\cdots x_{nn}.$$

例題 1.

$$\overset{1\longrightarrow}{\begin{vmatrix} 1 & a & b+c \\ 1 & b & c+a \\ 1 & c & a+b \end{vmatrix}} = \begin{vmatrix} 1 & a & a+b+c \\ 1 & b & a+b+c \\ 1 & c & a+b+c \end{vmatrix} \quad (\text{定理 } 3.2 \text{ の } 5°)$$

$$= 0 \quad (\text{定理 } 3.2 \text{ の } 3°)$$

例題 2.　つぎの等式を証明すること：

$$\begin{vmatrix} 1 & 1 & 1 \\ a & b & c \\ a^2 & b^2 & c^2 \end{vmatrix} = -(a-b)(a-c)(b-c).$$

問 4 から左辺は文字 a, b, c の斉３次式である．いま，b に a を代入すると，行列式の第１列と第２列が一致するから，定理 3.2 の 3° によってこの整式は 0 になる．したがって，この整式は $a-b$ で割り切れる（本節末の注意を参照せよ)．同じように，この整式は $a-c$, $b-c$ のいずれでも割り切れる．ゆえに，

$$\text{行列式} = k(a-b)(a-c)(b-c).$$

左辺は a, b, c の３次式であるから，右辺の次数を考えて k は a, b, c をふ

くまない．両辺の bc^2 の項を比較すると，左辺では行列式の主項 bc^2 であり，右辺では $-kbc^2$ であるから，$k=-1$ でなければならない．

例題 3. つぎの等式を証明すること：

$$\begin{vmatrix} 1 & 1 & 1 \\ a & b & c \\ a^3 & b^3 & c^3 \end{vmatrix} = -(a+b+c)(a-b)(a-c)(b-c).$$

問4から左辺は文字 a, b, c の斉4次式である．いま，a と b を互換すると，行列式の第1列と第2列が互換されるから，定理 3.2 の 4° によってこの整式は符号だけ反対になる．a と c を互換しても，b と c を互換しても同じようになるから，この整式は a, b, c の交代式である（付録 1.4 を参照）．したがって，この整式は $(a-b)(a-c)(b-c)$ で割り切れ，その商は a, b, c の対称式になる．他方，この商は a, b, c の斉1次式であるから

$$\text{行列式} = k(a+b+c)(a-b)(a-c)(b-c)$$

$$(k \text{ は } a, b, c \text{ をふくまない}).$$

両辺の bc^3 の項を比較して，$k=-1$ でなければならない．

例題 4. つぎの等式を証明すること：

$$\begin{vmatrix} a & b & c \\ c & a & b \\ b & c & a \end{vmatrix} = (a+b+c)(a+b\omega+c\omega^2)(a+b\omega^2+c\omega).$$

ここに，ω は1の虚数立方根とする．

この行列式の第2列，第3列に，それぞれ 1, 1 をかけて第1列に加え，またそれぞれ ω, ω^2 をかけて第1列に加え，さらにまたそれぞれ ω^2, ω をかけて第1列に加えると，もとの行列式はつぎの3つの行列式のいずれにも等しいことがわかる（定理 3.2 の 5°）：

$$\begin{vmatrix} a+b+c & b & c \\ a+b+c & a & b \\ a+b+c & c & a \end{vmatrix}, \quad \begin{vmatrix} a+b\omega+c\omega^2 & b & c \\ (a+b\omega+c\omega^2)\omega & a & b \\ (a+b\omega+c\omega^2)\omega^2 & c & a \end{vmatrix},$$

$$\begin{vmatrix} a+b\omega^2+c\omega & b & c \\ (a+b\omega^2+c\omega)\omega^2 & a & b \\ (a+b\omega^2+c\omega)\omega & c & a \end{vmatrix}.$$

ゆえに，定理 3.2 の 2° により，この整式は $a+b+c$, $a+b\omega+c\omega^2$, $a+b\omega^2$

$+c\omega$ のいずれでも割り切れ，

$$行列式 = k(a+b+c)(a+b\omega+c\omega^2)(a+b\omega^2+c\omega).$$

問4から，この行列式は a, b, c の斉3次式であるから，k は a, b, c をふくまない．両辺の a^3 の項を比較して，$k=1$ でなければならない．

注意　$f(x_1, x_2, \cdots, x_n)$ を文字 $x_1, x_2, \cdots, x_n$ の整式とし，$g(x_2, \cdots, x_n)$ を $x_2, \cdots, x_n$ だけの整式とする．x_1 に g を代入したとき，f が恒等的に 0 となるならば，$f(x_1, \cdots, x_n)$ は $x_1, x_2, \cdots, x_n$ の整式の範囲で $x_1-g(x_2, \cdots, x_n)$ で割り切れる．なぜなら，$f(x_1, \cdots, x_n)$ および $x_1-g(x_2, \cdots, x_n)$ を x_1 の1元整式とみなし，前者を後者で割る通常の計算を行なうと，係数には $x_2, \cdots, x_n$ の整式ばかり現われ，

$$f(x_1, \cdots, x_n) = \{x_1-g(x_2, \cdots, x_n)\}q(x_1, \cdots, x_n)+r(x_2, \cdots, x_n)$$

のように書き表わされる．ここに整商 q は $x_1, \cdots, x_n$ の整式，余り $r(x_2, \cdots, x_n)$ は $x_2, \cdots, x_n$ だけの整式である．この恒等式で x_1 に g を代入すると，仮定から $0=r(x_2, \cdots, x_n)$ となる．

問 7.　例題 1～4 の行列式を第3節の注意の方式で展開し，また他方，等式の右辺の積を展開し，等式が成り立つことを確かめよ．（例題 4 の行列式は $a^3+b^3+c^3-3abc$ に等しいことを特筆しておく．）

問 8.　つぎの等式を証明せよ：

(i) $\begin{vmatrix} 1 & 2 & 3 \\ 4 & 5 & 6 \\ 7 & 8 & 9 \end{vmatrix} = 0,$

(ii) $\begin{vmatrix} 1 & 1 & 1 & 1 \\ a & b & c & d \\ a^2 & b^2 & c^2 & d^2 \\ a^3 & b^3 & c^3 & d^3 \end{vmatrix} = (a-b)(a-c)(a-d)(b-c)(b-d)(c-d),$

(iii) $\begin{vmatrix} 1 & 1 & 1 \\ a^2 & b^2 & c^2 \\ a^3 & b^3 & c^3 \end{vmatrix} = -(ab+ac+bc)(a-b)(a-c)(b-c),$

(iv) $\begin{vmatrix} a & b & c & d \\ d & a & b & c \\ c & d & a & b \\ b & c & d & a \end{vmatrix} = (a+b+c+d)(a-b+c-d)(a+bi-c-di)(a-bi-c+di).$

ここに i は虚数単位とする．((ii) や例題 2 のような形の行列式を**ファンデルモンデ** (Vandermonde) **の行列式**といい，(iv) や例題 4 のような形の行列式を**巡回行列式**という．

3.6 小 行 列 式

(m, n)-行列 $A=(a_{ij})$ が与えられているとき，r 個の行と r 個の列とを

とり，それらの交叉点にある要素をもとのままの順序でならべてつくられる行列式を A の r **次小行列式**という．第 i_1 行，第 i_2 行，…，第 i_r 行($i_1<i_2<\cdots<i_r$）と第 j_1 列，第 j_2 列，…，第 j_r 列（$j_1<j_2<\cdots<j_r$）とをとって得られる小行列式はつぎの通りである：

$$\begin{vmatrix} a_{i_1j_1} & a_{i_1j_2}\cdots a_{i_1j_r} \\ a_{i_2j_1} & a_{i_2j_2}\cdots a_{i_2j_r} \\ \cdots & \\ a_{i_rj_1} & a_{i_rj_2}\cdots a_{i_rj_r} \end{vmatrix}.$$

これを

$$\det A\begin{pmatrix} i_1 & i_2\cdots i_r \\ j_1 & j_2\cdots j_r \end{pmatrix}$$

と書き表わすことにする．このとき，もちろん $r\leq m$, $r\leq n$ でなければならない．A の r 次小行列式は ${}_m\mathrm{C}_r\times{}_n\mathrm{C}_r$ 通りある．A の1次小行列式とは，A の個々の要素にほかならない．

たとえば，行列

$$\begin{bmatrix} 2 & 3 & 1 \\ 4 & 6 & 5 \end{bmatrix}$$

の2次小行列式は

$$\begin{vmatrix} 2 & 3 \\ 4 & 6 \end{vmatrix},\quad \begin{vmatrix} 2 & 1 \\ 4 & 5 \end{vmatrix},\quad \begin{vmatrix} 3 & 1 \\ 6 & 5 \end{vmatrix}$$

の3通りである．

問 9. つぎの行列の2次，3次の小行列式を全部書け：

$$\begin{bmatrix} 1 & 0 & 3 \\ 0 & 2 & -1 \\ -2 & 3 & 0 \end{bmatrix}.$$

3.7 行列式の行または列による展開

n 次行列式

$$D=\begin{vmatrix} x_{11}\cdots x_{1n} \\ \cdots \\ x_{n1}\cdots x_{nn} \end{vmatrix}$$

の展開式 (3.10) を第 j 列の文字 $x_{1j}, x_{2j}, \cdots, x_{nj}$ について整理すると

$$D=X_{1j}x_{1j}+X_{2j}x_{2j}+\cdots+X_{nj}x_{nj}=\sum_{i=1}^{n}X_{ij}x_{ij} \tag{3.18}$$

の形になる．この各 X_{ij} は，(3.10) の項のうち x_{ij} をふくむものの総和を x_{ij} で割ったものである．これらの項は第5節の問4にいうように D の第 i 行および第 j 列の要素を x_{ij} 以外にはふくまないから，X_{ij} は D の第 i 行および第 j 列の要素以外の要素だけの整式である．この (3.18) を D の**第 j 列による展開**といい，X_{ij} を x_{ij} の**余因子**という．この余因子は，つぎの(3.19)のように，D の $n-1$ 次小行列式で書き表わされる：

$$X_{ij}=(-1)^{i+j}\;\overset{\overset{j}{\smile}}{\left|\begin{array}{c|c} x_{11}\cdots & \cdots x_{1n}\\ \vdots & \vdots \\ \hline \vdots & \vdots \\ x_{n1}\cdots & \cdots x_{nn}\end{array}\right|}\begin{array}{l} \\ \\ (i \\ \\ \\ \end{array} \tag{3.19}$$

この行列式に，よこ・たてに線が入れてあるのは，D の第 i 行と第 j 列とを削除して得られる $n-1$ 次小行列式であることを意味している．

以下 (3.19) を証明しよう．

まず，予備的考察として D の第1列による展開

$$D=X_{11}x_{11}+X_{21}x_{21}+\cdots+X_{n1}x_{n1}$$

を考え，x_{11} の余因子 X_{11} について見ると，これは (3.10) の項のうち x_{11} をふくむものの総和を x_{11} で割ったものであるから

$$X_{11}=\sum_{i_2,\cdots,i_n}\operatorname{sgn}\begin{pmatrix}1 & 2\cdots n\\ 1 & i_2\cdots i_n\end{pmatrix}x_{i_22}x_{i_33}\cdots x_{i_nn}.$$

ここに $i_2,\cdots,i_n$ は $2,\cdots,n$ のすべての順列を流れる．ところで，明らかに

$$\operatorname{sgn}\begin{pmatrix}1 & 2\cdots n\\ 1 & i_2\cdots i_n\end{pmatrix}=\operatorname{sgn}\begin{pmatrix}2\cdots n\\ i_2\cdots i_n\end{pmatrix}.$$

（右辺は $2,\cdots,n$ だけを考えての置換の符号である.）

よって，行列式の定義 (3.10) から

$$X_{11}=\begin{vmatrix}x_{22}\cdots x_{2n}\\ \cdots\\ x_{n2}\cdots x_{nn}\end{vmatrix}$$

となる．この右辺は D から第1行と第1列とを削除して得られる $n-1$ 次小

行列式である.

そこで，一般の X_{ij} について考える．その考察を上記の X_{11} の場合に帰着させるために，D の第 i 行を1つ上の行と互換し，ついでさらに1つ上の行と互換し，さらにまた1つ上の行と互換するというように，D のもとの第 i 行を1つずつ上の行と互換することを $i-1$ 回引き続き行なって，つぎにこのときの第 j 列を1つずつ左の列と互換することを $j-1$ 回引き続き行なう．このようにすると，はじめから $(i-1)+(j-1)$ 回の行または列の互換により，つぎの等式が得られる：

$$(3.20)\qquad (-1)^{i+j-2}D=\left|\begin{array}{ccc|c} x_{ij} & x_{i1} & x_{i2}\cdots & \cdots x_{in} \\ x_{1j} & x_{11} & x_{12}\cdots & \cdots x_{1n} \\ x_{2j} & x_{21} & x_{22}\cdots & \cdots x_{2n} \\ & \cdots & & \\ \hline & \cdots & & \\ x_{nj} & x_{n1} & x_{n2}\cdots & \cdots x_{nn} \end{array}\right| \begin{array}{l} \\ \\ \\ \\ (i \\ \\ \end{array}$$

（縦線の上に j）

この行列式によこ・たてに線が入れてあるのは，もとの第 i 行および第 j 列の要素がもとの位置には無くなったことを意味している．この式は (3.18) によって

$$(-1)^{i+j}(X_{1j}x_{1j}+\cdots+X_{ij}x_{ij}+\cdots+X_{nj}x_{nj})$$

に等しい．ところが，これは (3.20) の第1列による展開にほかならないから，(3.20) の行列式の (1, 1)-要素の余因子 $(-1)^{i+j}X_{ij}$ は，さきの予備的考察に示したように，(3.20) の行列式の第1行と第1列を削除して得られる $n-1$ 次小行列式に等しい．こうして (3.19) が得られた.

D の展開式 (3.10) を第 i 行の要素 $x_{i1},\cdots,x_{in}$ について整理すると

$$(3.21)\qquad D=X_{i1}x_{i1}+X_{i2}x_{i2}+\cdots+X_{in}x_{in}=\sum_{j=1}^{n}X_{ij}x_{ij}.$$

(3.18) について考えたことから，(3.21) の X_{ij} は (3.18) の X_{ij} とまったく一致することがわかる．(3.21) を **D の第 i 行による展開**という.

注意 D における x_{ij} の位置に (3.19) の符号 $(-1)^{i+j}$ を記入した図を考えると，つぎのようになる：

$$\begin{vmatrix} + & - & + & \cdots \\ - & + & - & \cdots \\ + & - & + & \cdots \\ & \cdots & & \end{vmatrix}.$$

例題 1.

$-2\longrightarrow$

$\longleftarrow -1$

$\longleftarrow\!\!\!- -3$

$$\begin{vmatrix} 3 & 1 & 1 & 2 \\ 7 & 3 & 2 & 4 \\ 3 & 1 & 2 & 2 \\ 6 & 2 & 2 & 6 \end{vmatrix} = \begin{vmatrix} 0 & 0 & 1 & 0 \\ 1 & 1 & 2 & 0 \\ -3 & -1 & 2 & -2 \\ 0 & 0 & 2 & 2 \end{vmatrix} = 1\cdot\begin{vmatrix} 1 & 1 & 0 \\ -3 & -1 & -2 \\ 0 & 0 & 2 \end{vmatrix}$$

(定理 3.2 の 5°)　　(第1行による展開)

$$= 2\cdot\begin{vmatrix} 1 & 1 \\ -3 & -1 \end{vmatrix} = 2(-1+3) = 4.$$

(第3行による展開)　(第3節の注意)

例題 2. つぎの等式を証明せよ：

$$\begin{vmatrix} 1+a_1 & 1 & \cdots & 1 \\ 1 & 1+a_2 & \cdots & 1 \\ & \cdots & & \\ 1 & 1 & \cdots & 1+a_n \end{vmatrix} = a_1a_2\cdots a_n\left(1+\frac{1}{a_1}+\frac{1}{a_2}+\cdots+\frac{1}{a_n}\right).$$

n に関する帰納法を用いる.

$n=1$ の場合，この等式は $1+a_1 = a_1\left(1+\dfrac{1}{a_1}\right)$ になり，これは明らかに成り立つ.

$n>1$ の場合，定理 3.2 の 1° によって

$$左辺 = \begin{vmatrix} 1 & 1 & \cdots & 1 \\ 1 & 1+a_2 & \cdots & 1 \\ & \cdots & & \\ 1 & 1 & \cdots & 1+a_n \end{vmatrix} + \begin{vmatrix} a_1 & 1 & \cdots & 1 \\ 0 & 1+a_2 & \cdots & 1 \\ & \cdots & & \\ 0 & 1 & \cdots & 1+a_n \end{vmatrix}$$

第1行列式の第1列に -1 をかけて第2列, …, 第 n 列に加え， また，第2行列式を第1列によって展開し,

$$=\begin{vmatrix}1 & 0 & \cdots & 0\\ 1 & a_2 & \cdots & 0\\ & \cdots & & \\ 1 & 0 & \cdots & a_n\end{vmatrix}+a_1\begin{vmatrix}1+a_2 & \cdots & 1\\ & \cdots & \\ 1 & \cdots & 1+a_n\end{vmatrix}.$$

第1行列式に第5節の問6を用い，また，第2行列式には $n-1$ の場合に問題の等式が成り立つという帰納法の仮定を用いて

$$=a_2a_3\cdots a_n+a_1\cdot a_2a_3\cdots a_n\left(1+\frac{1}{a_2}+\frac{1}{a_3}+\cdots+\frac{1}{a_n}\right)$$

$$=a_1a_2\cdots a_n\left(1+\frac{1}{a_1}+\frac{1}{a_2}+\cdots+\frac{1}{a_n}\right).$$

問 9.　つぎの行列式の値を計算せよ：

(i) $\begin{vmatrix}5 & -1 & 4 & 1\\ 1 & -3 & 2 & 5\\ 2 & 1 & 1 & -2\\ 2 & 0 & 5 & -1\end{vmatrix}$,　(ii) $\begin{vmatrix}1 & 7 & 1 & -1\\ 4 & -3 & 2 & -1\\ 3 & 5 & -5 & 3\\ 2 & -1 & 3 & -2\end{vmatrix}$.

問 10.　つぎの等式を証明せよ：

(i) $\begin{vmatrix}a_{11}\cdots a_{1n} & x_1\\ \cdots & \\ a_{n1}\cdots a_{nn} & x_n\\ y_1 \cdots y_n & 0\end{vmatrix}=-\sum_{i,j}A_{ij}x_iy_j$　(A_{ij} は $\det(a_{ij})$ における a_{ij} の余因子とする),

(ii) $\begin{vmatrix}a & b & b & b\\ b & a & b & b\\ b & b & a & b\\ b & b & b & a\end{vmatrix}=(a+3b)(a-b)^3$,

(iii) $\begin{vmatrix}2x+y+z & y & z\\ x & x+2y+z & z\\ x & y & x+y+2z\end{vmatrix}=2(x+y+z)^3$,

(iv) $\begin{vmatrix}0 & a & b & c\\ -a & 0 & d & e\\ -b & -d & 0 & f\\ -c & -e & -f & 0\end{vmatrix}=(af-be+cd)^2$.

3.8　余因子に関する定理

(3.18) で行列式 D の第 j 列の文字 $x_{1j},\cdots,x_{nj}$ に第 k 列 $(k\neq j)$ の文字 $x_{1k},\cdots,x_{nk}$ をそれぞれ代入すると，定理 3.2 の 3° によって左辺は0になるから

$$(3.22)\qquad \sum_{i=1}^{n} X_{ij}x_{ik} = X_{1j}x_{1k}+X_{2j}x_{2k}+\cdots+X_{nj}x_{nk} = 0.$$

また，(3.21) で D の第 i 行の文字 $x_{i1},\cdots, x_{in}$ に第 h 行 $(h \neq i)$ の文字 $x_{h1},\cdots, x_{hn}$ をそれぞれ代入すると

$$(3.22')\qquad \sum_{j=1}^{n} X_{ij}x_{hj} = X_{i1}x_{h1}+X_{i2}x_{h2}+\cdots+X_{in}x_{hn} = 0.$$

(3.18)，(3.21)，(3.22)，(3.22′) をまとめ，定理としておく：

定理 3.5 行列式において，

1° 1つの列の各要素にその余因子をかけて加え合わせた和はその行列式に等しい；

2° 1つの列の各要素に，ほかの列の対応要素の余因子をかけて加え合わせた和は 0 になる．

行についても 1°，2° と同じことが成り立つ．

これらを式で書き表わせば，つぎの通りになる：

n 次行列式 $D=\det(x_{ij})$ において，x_{ij} の余因子を X_{ij} で表わすとき，

$$(3.23)\qquad \sum_{i=1}^{n} X_{ij}x_{ik} = \delta_{jk}D \quad (1\leq j\leq n,\ 1\leq k\leq n),$$

$$(3.24)\qquad \sum_{j=1}^{n} X_{ij}x_{hj} = \delta_{ih}D \quad (1\leq i\leq n,\ 1\leq h\leq n).$$

ここに δ は 2.5 で導入したクロネッカーの記号である．

(3.23)，(3.24) の1つの応用を考える．

定理 3.6 （クラメル (Cramer) の定理）連立1次方程式 (2.9) の係数の行列 $A=(a_{ij})$ が条件 $\det A \neq 0$ を満たす場合，解はただ1つ定まり，つぎの公式で与えられる：

$$(3.25)\qquad x_j = \left|\begin{matrix} a_{11}\cdots \overset{j}{\breve{b}_1}\cdots a_{1n} \\ \cdots \\ a_{n1}\cdots b_n\cdots a_{nn}\end{matrix}\right| \Bigg/ \left|\begin{matrix} a_{11}\cdots a_{1n} \\ \cdots \\ a_{n1}\cdots a_{nn}\end{matrix}\right| \quad (1\leq j\leq n).$$

証明 解があるとすれば，それは (3.25) でなければならないことは，すでに第2節の (3.2) に関して示した．((3.2) の D として第3節の行列式 D をとれば，(3.25) になる．)

逆に，(3.25) で与えられる $x_1,\cdots, x_n$ が方程式 (2.9) を満たすことを確かめれば

よい．まず，(3.25) の分子の行列式を第 j 列によって展開し，

$$x_j = \sum_{k=1}^{n} A_{kj} b_k / \det A \quad (1 \leq j \leq n)$$

(A_{kj} は $\det A$ における a_{kj} の余因子とする)．

これを方程式 (2.9) の左辺に代入すると

$$\begin{aligned}\sum_{j=1}^{n} a_{ij} x_j &= \sum_{j=1}^{n} a_{ij} \left\{ \sum_{k=1}^{n} A_{kj} b_k / \det A \right\} \\ &= \sum_k \left(\sum_j a_{ij} A_{kj} \right) b_k / \det A \\ &= \sum_k (\delta_{ik} \det A) b_k / \det A \quad ((3.24) \text{ による}) \\ &= \det A \cdot b_i / \det A = b_i.\end{aligned}$$

(証終)

系 連立斉1次方程式

$$\begin{cases} a_{11}x_1 + \cdots + a_{1n}x_n = 0 \\ \cdots \\ a_{n1}x_1 + \cdots + a_{nn}x_n = 0 \end{cases}$$

が $x_1 = \cdots = x_n = 0$ 以外の解をもつならば，係数行列式 $\det(a_{ij})$ は 0 でなければならない．

証明 $\det(a_{ij}) \neq 0$ と仮定すると，(3.25) から解は $x_1 = x_2 = \cdots = x_n = 0$ である．ゆえに，$\det(a_{ij}) = 0$ でなければならない． (証終)

例題 1. つぎの連立1次方程式をクラメルの公式によって解くこと：

$$\begin{cases} x + y + 3z = 3 \\ x + 2y + 4z = 3 \\ 3x - y + 3z = 7 \end{cases}$$

係数行列式を計算すると

$$\begin{vmatrix} 1 & 1 & 3 \\ 1 & 2 & 4 \\ 3 & -1 & 3 \end{vmatrix} = -2.$$

ゆえに，クラメルの公式を計算して

$$x = \frac{1}{-2} \begin{vmatrix} 3 & 1 & 3 \\ 3 & 2 & 4 \\ 7 & -1 & 3 \end{vmatrix} = 1, \quad y = \frac{1}{-2} \begin{vmatrix} 1 & 3 & 3 \\ 1 & 3 & 4 \\ 3 & 7 & 3 \end{vmatrix} = -1,$$

$$z = \frac{1}{-2} \begin{vmatrix} 1 & 1 & 3 \\ 1 & 2 & 3 \\ 3 & -1 & 7 \end{vmatrix} = 1.$$

例題 2. 空間のデカルト座標で，3点 $P(x_1, y_1, z_1)$, $Q(x_2, y_2, z_2)$, $R(x_3, y_3, z_3)$ が同一直線上にあるための条件は，(1.13) によって，

$$x_3-x_1 : y_3-y_1 : z_3-z_1 = x_2-x_1 : y_2-y_1 : z_2-z_1$$

である．この条件は

$$(\text{※}) \qquad \begin{vmatrix} 1 & 1 & 1 \\ y_1 & y_2 & y_3 \\ z_1 & z_2 & z_3 \end{vmatrix} = \begin{vmatrix} 1 & 1 & 1 \\ z_1 & z_2 & z_3 \\ x_1 & x_2 & x_3 \end{vmatrix} = \begin{vmatrix} 1 & 1 & 1 \\ x_1 & x_2 & x_3 \\ y_1 & y_2 & y_3 \end{vmatrix} = 0$$

と同値である．なぜならば，これらの行列式の第1列に -1 をかけ，第2・第3列に加えてから，第1行によって展開して考えればよい．

つぎに，同一直線上にない3点 $P(x_1, y_1, z_1)$, $Q(x_2, y_2, z_2,)$, $R(x_3, y_3, z_3)$ で決定される平面の方程式を求めよう．

1.6 によって平面は座標の1次方程式で表わされるから，この平面の方程式を $a_0+a_1x+a_2y+a_3z=0$ (a_i：定数) とする．このとき，

$$a_0+a_1x_1+a_2y_1+a_3z_1 = 0$$
$$a_0+a_1x_2+a_2y_2+a_3z_2 = 0$$
$$a_0+a_1x_3+a_2y_3+a_3z_3 = 0$$

でなければならない．また，この平面上の任意の点 (x, y, z) に対して

$$a_0+a_1x+a_2y+a_3z = 0.$$

この4つの等式が全部までは 0 でない a_0, a_1, a_2, a_3 に対して成り立つのであるから，定理 3.6 の系によって

$$\begin{vmatrix} 1 & 1 & 1 & 1 \\ x & x_1 & x_2 & x_3 \\ y & y_1 & y_2 & y_3 \\ z & z_1 & z_2 & z_3 \end{vmatrix} = 0$$

でなければならない．この方程式は問題の平面上のすべての点 (x, y, z) によって満たされ，そして左辺の行列式の第1列による展開を考えるとこの方程式は (x, y, z) の1次方程式である（条件（※）を参照せよ）．ゆえに，これは問題の平面の方程式である．

問 11. 2元連立1次方程式 $a_1x+b_1y=c_1$, $a_2x+b_2y=c_2$ において，$a_1b_2-a_2b_1 \neq 0$ の場合，解は

$$x = (c_1b_2 - c_2b_1)/(a_1b_2 - a_2b_1),$$
$$y = (a_1c_2 - a_2c_1)/(a_1b_2 - a_2b_1)$$

であることを，クラメルの定理から確かめよ．

問 12.　つぎの連立1次方程式をクラメルの定理によって解け：

(i) $\begin{cases} x+y+z=1 \\ ax+by+cz=k \\ a^2x+b^2y+c^2z=k^2 \end{cases}$　(a, b, c はたがいに異なる)

(ii) $\begin{cases} x_1+2x_2+x_3-x_4=1 \\ 2x_1+5x_2+2x_3-x_4=4 \\ 2x_1+4x_2+3x_3-2x_4=3 \\ 3x_1+6x_2+3x_3-2x_4=4 \end{cases}$

問 13.　空間のデカルト座標で，4点 $P_i(x_i, y_i, z_i)$ $(1 \leq i \leq 4)$ が同一平面上にあるための条件は

$$\begin{vmatrix} 1 & 1 & 1 & 1 \\ x_1 & x_2 & x_3 & x_4 \\ y_1 & y_2 & y_3 & y_4 \\ z_1 & z_2 & z_3 & z_4 \end{vmatrix} = 0$$

であることを示せ．

問 14.　直線

$$\frac{x-a}{\lambda} = \frac{y-b}{\mu} = \frac{z-c}{\nu}$$

とその上にない点 (x_0, y_0, z_0) とをふくむ平面は方程式

$$\begin{vmatrix} 1 & 1 & 1 & 0 \\ x & x_0 & a & \lambda \\ y & y_0 & b & \mu \\ z & z_0 & c & \nu \end{vmatrix} = 0$$

で表わされることを示せ．

問 15.　2直線

$$\frac{x-a}{\lambda} = \frac{y-b}{\mu} = \frac{z-c}{\nu}, \quad \frac{x-a}{\lambda'} = \frac{y-b}{\mu'} = \frac{z-c}{\nu'}$$

をふくむ平面は方程式

$$\begin{vmatrix} x-a & \lambda & \lambda' \\ y-b & \mu & \mu' \\ z-c & \nu & \nu' \end{vmatrix} = 0$$

で表わされることを示せ．

問 16.　平面上のデカルト座標で，異なる2点 $P(x_1, y_1)$, $Q(x_2, y_2)$ が決定する直線の方程式は

$$\begin{vmatrix} 1 & 1 & 1 \\ x & x_1 & x_2 \\ y & y_1 & y_2 \end{vmatrix} = 0$$

であることを証明せよ．また，3点 $P_i(x_i, y_i)$ $(1\leq i\leq 3)$ が同一直線上にあるための条件は

$$\begin{vmatrix} 1 & 1 & 1 \\ x_1 & x_2 & x_3 \\ y_1 & y_2 & y_3 \end{vmatrix} = 0$$

であることを示せ．

3.9 3角形の面積・4面体の体積

平面上に直交座標をとった場合，平面上で面積を考えるには，x 軸の正の向きから y 軸の正の向きまでの最も近い回転方向を正と定めてこの平面を符号づけるのが普通である．このことは，O(0, 0), $E_1(1, 0)$, $E_2(0, 1)$ の順序によって符号づけるといっても同じである（図 3.7）．P, Q, R を任意の3点とし，$\boldsymbol{x}_1=\overrightarrow{PQ}$, $\boldsymbol{x}_2=\overrightarrow{PR}$ とすると，第2節で見たように，$f(\boldsymbol{x}_1, \boldsymbol{x}_2)=(PQR)$ は $\boldsymbol{x}_1$, $\boldsymbol{x}_2$ の双線形関数で条件（E）を満たす．したがって，

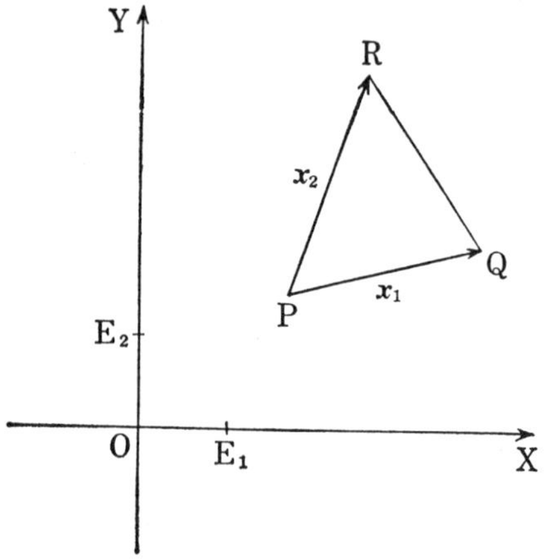

図 3.7

$\boldsymbol{x}_1$, $\boldsymbol{x}_2$ の成分をそれぞれ (x_{11}, x_{21}), (x_{12}, x_{22}) とすると，定理 3.1 から

$$(PQR)=a\begin{vmatrix} x_{11} & x_{12} \\ x_{21} & x_{22} \end{vmatrix} \quad (a : \boldsymbol{x}_1,\ \boldsymbol{x}_2 \text{ に無関係}).$$

特に，P, Q, R としてそれぞれ O, E_1, E_2 をとった場合には $(OE_1E_2)=1/2$ であるから

$$\frac{1}{2}=a\begin{vmatrix} 1 & 0 \\ 0 & 1 \end{vmatrix}=a.$$

したがって，つぎの公式を得る：

$$(※) \qquad (PQR)=\frac{1}{2}\begin{vmatrix} x_{11} & x_{12} \\ x_{21} & x_{22} \end{vmatrix}.$$

P, Q, R の座標をそれぞれ (x, y), (x', y'), (x'', y'') とすれば

$$(PQR)=\frac{1}{2}\begin{vmatrix} x'-x & x''-x \\ y'-y & y''-y \end{vmatrix}.$$

これはつぎのように書き表わされる：

$$(\mathrm{PQR}) = \frac{1}{2}\begin{vmatrix} 1 & 1 & 1 \\ x & x' & x'' \\ y & y' & y'' \end{vmatrix}.$$

なぜなら，第1列を第2列・第3列から引き，ついで第1行によって展開すれば，さきの公式と一致する．

つぎに，空間に直交座標をとった場合，体積を考えるには，O(0, 0, 0)，$E_1(1, 0, 0)$，$E_2(0, 1, 0)$，$E_3(0, 0, 1)$の順序によって空間を符号づけるのが普通である（図3.8）．P, Q, R, S を任意の4点とし，$\boldsymbol{x}_1 = \overrightarrow{\mathrm{PQ}}$, $\boldsymbol{x}_2 = \overrightarrow{\mathrm{PR}}$, $\boldsymbol{x}_3 = \overrightarrow{\mathrm{PS}}$ とすると，第2節で見たように，$f(\boldsymbol{x}_1, \boldsymbol{x}_2, \boldsymbol{x}_3) = (\mathrm{PQRS})$ は $\boldsymbol{x}_1$, $\boldsymbol{x}_2$, $\boldsymbol{x}_3$ の複線形関数で条件（E）を満たす．よって，$\boldsymbol{x}_1$, $\boldsymbol{x}_2$, $\boldsymbol{x}_3$ の成分をそれぞれ (x_{11}, x_{21}, x_{31}), (x_{12}, x_{22}, x_{32}), (x_{13}, x_{23}, x_{33}) とすると，定理3.1から

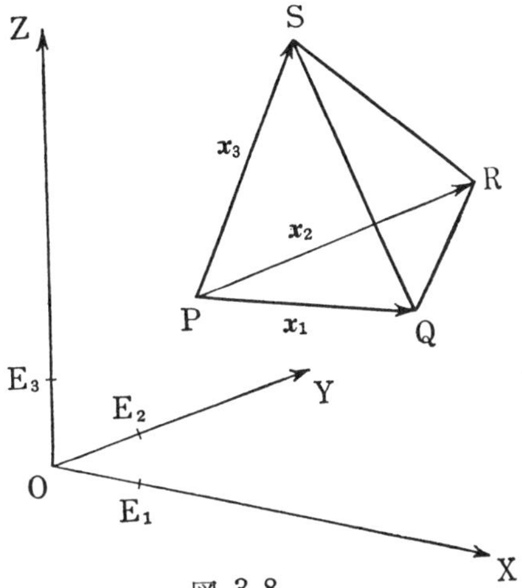

図 3.8

$$(\mathrm{PQRS}) = a\begin{vmatrix} x_{11} & x_{12} & x_{13} \\ x_{21} & x_{22} & x_{23} \\ x_{31} & x_{32} & x_{33} \end{vmatrix} \quad (a : \boldsymbol{x}_1,\ \boldsymbol{x}_2,\ \boldsymbol{x}_3 \text{ に無関係})$$

特に，

$$\frac{1}{6} = (\mathrm{OE_1E_2E_3}) = a\begin{vmatrix} 1 & 0 & 0 \\ 0 & 1 & 0 \\ 0 & 0 & 1 \end{vmatrix} = a.$$

ゆえに，

$$(\mathrm{PQRS}) = \frac{1}{6}\begin{vmatrix} x_{11} & x_{12} & x_{13} \\ x_{21} & x_{22} & x_{23} \\ x_{31} & x_{32} & x_{33} \end{vmatrix}.$$

P, Q, R, S の座標をそれぞれ (x, y, z), (x', y', z'), (x'', y'', z''), (x''', y''', z''') とすれば，つぎの公式が得られる：

$$(\mathrm{PQRS}) = \frac{1}{6}\begin{vmatrix} 1 & 1 & 1 & 1 \\ x & x' & x'' & x''' \\ y & y' & y'' & y''' \\ z & z' & z'' & z''' \end{vmatrix}.$$

問 17.　平面上の3点 P, Q, R の直交座標がつぎのとおりであるとき，(PQR) を計算せよ：

(i)　P(2, 5), Q(−3, −3), R(4, −1).

(ii)　P(1, 4), Q(5, 3), R(3, 1).

問 18.　平面上の n 角形の頂点の直交座標が，順に $(x_1,\ y_1)$, $(x_2,\ y_2)$, $\cdots$, $(x_n,\ y_n)$ であるとき，この n 角形の面積はつぎの公式で与えられることを示せ：

$$\frac{1}{2}\{(x_1y_2-x_2y_1)+(x_2y_3-x_3y_1)+\cdots+(x_{n-1}y_n-x_ny_{n-1})+(x_ny_1-x_1y_n)\}.$$

問 19.　空間の直交座標で P(3, 0, 0), Q(0, 4, 0), R(0, 0, 5), S(−2, −2, −2) のとき，(PQRS) を計算せよ．

問 20.　空間の2つのベクトル $\boldsymbol{x}_1$, $\boldsymbol{x}_2$ の双線形関数 $f(\boldsymbol{x}_1,\ \boldsymbol{x}_2)$ で条件 (E) を満たすものを考える．$\overrightarrow{\mathrm{PQ}}=\boldsymbol{x}_1$, $\overrightarrow{\mathrm{PR}}=\boldsymbol{x}_2$ とし，yz 平面，zx 平面，xy 平面の上の P, Q, R の正射影をそれぞれ P′, Q′, R′, ; P″, Q″, R″ ; P‴, Q‴, R‴ とする．このとき，定理 3·1 を用いて

$$f(\boldsymbol{x}_1,\ \boldsymbol{x}_2) = a_1(\mathrm{P'Q'R'})+a_2(\mathrm{P''Q''R''})+a_2(\mathrm{P'''Q'''R'''})$$
$$(a_1,\ a_2,\ a_3 : \boldsymbol{x}_1,\ \boldsymbol{x}_2 \text{ に無関係})$$

となることを証明せよ．ここに，(P′Q′R′), (P″Q″R″), (P‴Q‴R‴) はそれぞれ yz 平面，zx 平面，xy 平面における符号づき面積である．(定理 3·1 と本節の公式 (※) とを用いよ．また第2節例題3と比較せよ．)

4 行列式の積

4.1 行列式の積

$X=(x_{ij})$, $Y=(y_{jk})$ を任意の2つの n 次正方行列とするとき，積 $XY=Z=(z_{ik})$ はまた n 次正方行列である．そして，2.4 の定義から

$$(4.1)\qquad z_{ik}=\sum_{j=1}^{n}x_{ij}y_{jk}\quad(1\leq i\leq n,\ 1\leq k\leq n).$$

このとき，つぎの定理が成り立つ：

定理 4.1 $\det(XY)=(\det X)(\det Y)$.

証明 x_{ij}, y_{jk} が変数の場合にこの等式を証明すれば十分である．

$$\det Z=\begin{vmatrix} z_{11}\cdots z_{1n}\\ \cdots\\ z_{n1}\cdots z_{nn}\end{vmatrix}$$

の列ベクトルを $\boldsymbol{z}_1,\cdots,\boldsymbol{z}_n$ と書き表わすとき，各 $k(1\leq k\leq n)$ につき，$\det Z$ は $\boldsymbol{z}_k$ の線形関数，すなわち $z_{1k}, z_{2k},\cdots,z_{nk}$ の1次形式であり，その係数は 3.7 で見たように Z の第 k 列以外の要素だけの整式である．(4.1) からわかるように，Z の第 k 列以外の要素はいずれも Y の第 k 列の要素をふくまない．そして，$z_{1k},\cdots,z_{nk}$ は Y の第 k 列の要素 $y_{1k},\cdots,y_{nk}$ の1次形式である．ゆえに，$\det Z$ は $y_{1k},\cdots,y_{nk}$ の1次形式である．したがって，Y の列ベクトルを $\boldsymbol{y}_1,\cdots,\boldsymbol{y}_n$ と書き表わすと，$\det Z$ は $\boldsymbol{y}_1,\cdots,\boldsymbol{y}_n$ の複線形関数である．

つぎに，$1\leq h\leq n$ かつ $h\neq k$ とし，$\boldsymbol{y}_k$ と $\boldsymbol{y}_h$ に同じベクトルを代入すると，(4.1) から $\boldsymbol{z}_k$ と $\boldsymbol{z}_h$ とは等しいベクトルとなり，$\det Z=0$ となる．

これで，$\det Z$ が $\boldsymbol{y}_1,\cdots,\boldsymbol{y}_n$ の複線形関数で条件 (E) を満たすことがわかったから，定理 3.1 の 1° によって

$$(4.2)\qquad \det Z=a\det Y\quad(a: Y\text{ の要素に無関係})^*$$

そこで $y_{jk}=\delta_{jk}$ $(1\leq j\leq n,\ 1\leq k\leq n)$，すなわち $Y=E$，と代入すると，$Z=XE=X$, $\det Y=\det E=1$ となり，(4.2) は $\det X=a$ となる． (証終)

たとえば，$n=2$ の場合には，この定理の等式は

---

* 実は，定理 3.1 をここに応用するためには，その定理でのスカラーの範囲を 1.3 で規約したよりも広めておかなければならない．本書では，スカラーの範囲を実数の全体または複素数の全体としている．しかし，たとえば，いくつかの文字の実係数有理式の全体あるいは複素係数有理式の全体のように，その範囲内で4則演算が通常通りに行なえるならば，そのような範囲をスカラーの範囲にとることにしても，本書の一般理論はすべて成り立つ（特に断ってある部分はもちろん別問題である）．ここでは，定理 1.3 のスカラーの範囲を x_{ij} $(1\leq i\leq n,\ 1\leq j\leq n)$ の実係数有理式の全体または複素係数有理式の全体ととれば，十分である．

$$\begin{vmatrix} x_{11}y_{11}+x_{12}y_{21} & x_{11}y_{12}+y_{12}y_{22} \\ x_{21}y_{11}+x_{22}y_{21} & x_{21}y_{12}+x_{22}y_{22} \end{vmatrix} = \begin{vmatrix} x_{11} & x_{12} \\ x_{21} & x_{22} \end{vmatrix} \cdot \begin{vmatrix} y_{11} & y_{12} \\ y_{21} & y_{22} \end{vmatrix}$$

となる．

例題 1.　$P=ax+by+cz$, $Q=cx+ay+bz$, $R=bx+cy+az$ のとき，

$$P^3+Q^3+R^3-3PQR=(a^3+b^3+c^3-3abc)(x^3+y^3+z^3-3xyz)$$

となる．なぜならば，定理 4.1 から

$$\begin{vmatrix} a & b & c \\ c & a & b \\ b & c & a \end{vmatrix} \cdot \begin{vmatrix} x & z & y \\ y & x & z \\ z & y & x \end{vmatrix} = \begin{vmatrix} P & R & Q \\ Q & P & R \\ R & Q & P \end{vmatrix}.$$

これに 3.5 の問 7 を参照すれば，はじめの等式が得られる．

例題 2.　行列式

$$D=\begin{vmatrix} x_{11}\cdots x_{1n} \\ \cdots \\ x_{n1}\cdots x_{nn} \end{vmatrix}$$

において x_{ij} の余因子を X_{ij} で表わすときは，

$$\begin{vmatrix} X_{11}\cdots X_{1n} \\ \cdots \\ X_{n1}\cdots X_{nn} \end{vmatrix} = D^{n-1}$$

となる．なぜならば，定理 3.5 から

$$(4.2)\qquad \begin{bmatrix} x_{11}\cdots x_{1n} \\ \cdots \\ x_{n1}\cdots x_{nn} \end{bmatrix} \begin{bmatrix} X_{11}\cdots X_{n1} \\ \cdots \\ X_{1n}\cdots X_{nn} \end{bmatrix} = \begin{bmatrix} D\cdots 0 \\ \cdots \\ 0\cdots D \end{bmatrix}.$$

この右辺の行列では，主対角線の要素は D，ほかのすべての要素は 0 である．したがって，定理 4.1 から

$$(4.3)\qquad D\cdot \begin{vmatrix} X_{11}\cdots X_{1n} \\ \cdots \\ X_{n1}\cdots X_{nn} \end{vmatrix} = D^n.$$

問題の等式は x_{ij} が変数の場合に証明すれば十分である．この場合には，$D\neq 0$ であるから，(4.3) から目標の等式が得られる．

問 1.　つぎの等式を証明せよ：

$$(\mathrm{i})\qquad \begin{vmatrix} a & b & c \\ c & a & b \\ b & c & a \end{vmatrix}^2 = \begin{vmatrix} a^2-bc & b^2-ca & c^2-ab \\ c^2-ab & a^2-bc & b^2-ca \\ b^2-ca & c^2-ab & a^2-bc \end{vmatrix},$$

$$\text{(ii)} \quad \begin{vmatrix} \sin(\alpha_1+\beta_1) & \sin(\alpha_1+\beta_2) & \sin(\alpha_1+\beta_3) \\ \sin(\alpha_2+\beta_1) & \sin(\alpha_2+\beta_2) & \sin(\alpha_2+\beta_3) \\ \sin(\alpha_3+\beta_1) & \sin(\alpha_3+\beta_2) & \sin(\alpha_3+\beta_3) \end{vmatrix} = 0.$$

4.2 前節の定理の拡張

前節の定理の拡張を考える．$X=(x_{ij})$ を (p, n)-行列とし，$Y=(y_{jk})$ を (n, p)-行列とするとき，$XY=Z=(z_{ik})$ は p 次正方行列となる．このときの $\det Z$ についてつぎの定理が成り立つ：

定理 4.2

$p=n$ の場合には，$\det Z=\det X\cdot\det Y$.

$p>n$ の場合には，$\det Z=0$.

$p<n$ の場合には，

$$\det Z=\sum_{\alpha,\beta,\cdots,\kappa}\begin{vmatrix} x_{1\alpha} & x_{1\beta} \cdots x_{1\kappa} \\ \cdots & \\ \cdots & \\ x_{p\alpha} & x_{p\beta} \cdots x_{p\kappa}\end{vmatrix}\cdot\begin{vmatrix} y_{\alpha 1}\cdots y_{\alpha p} \\ y_{\beta 1}\cdots y_{\beta p} \\ \cdots \\ y_{\kappa 1}\cdots y_{\kappa p}\end{vmatrix}.$$

ここに $\alpha, \beta, \cdots, \kappa$ は $1, 2, \cdots, n$ から p 個をとった組合せ $(\alpha<\beta<\cdots<\kappa)$ の全体を流れる．

証明　$p=n$ の場合は定理 4.1 にほかならないから，$p\neq n$ の場合だけ考えれば十分である．また，x_{ij}, y_{jk} が変数の場合に証明すれば十分である．

定理 4.1 の証明中と同じように，$\det Z$ は Y の列ベクトル $\boldsymbol{y}_1, \cdots, \boldsymbol{y}_p$ の複線形関数で条件 (E) を満たす．したがって，定理 3.1 の 2° および 3° によって，$p>n$ の場合には $\det Z=0$ となり，$p<n$ の場合には

$$\det Z=\sum_{\alpha,\beta\cdots,\kappa} a_{\alpha\beta\cdots\kappa}\begin{vmatrix} y_{\alpha 1}\cdots y_{\alpha p} \\ y_{\beta 1}\cdots y_{\beta p} \\ \cdots \\ y_{\kappa 1}\cdots y_{\kappa p}\end{vmatrix} \tag{4.4}$$

$(a_{\alpha\beta\cdots\kappa}$：$Y$ の要素に無関係)

となる．ここに $\alpha, \beta, \cdots, \kappa$ は $1, 2, \cdots, n$ から p 個をとった組合せ $(\alpha<\beta<\cdots<\kappa)$ の全体を流れる．(定理 4.1 の証明に関する脚注を参照せよ.)

いま，そのような組合せの任意の1つ $\alpha, \beta, \cdots, \kappa$ をとり，$y_{\alpha 1}=y_{\beta 2}=\cdots=y_{\kappa p}=1$ とおき，ほかのすべての y_{jk} を 0 とおくと，(4.4) の左辺では

$$Z = XY = \begin{bmatrix} x_{1\alpha} & x_{1\beta}\cdots x_{1\kappa} \\ x_{2\alpha} & x_{2\beta}\cdots x_{2\kappa} \\ \cdots & \\ x_{p\alpha} & x_{p\beta}\cdots x_{p\kappa} \end{bmatrix}$$

となり，(4.4) の右辺ではこの組合せに対応する項以外の行列式はすべて 0 となって，(4.4) は

$$\begin{vmatrix} x_{1\alpha} & x_{1\beta}\cdots x_{1\kappa} \\ x_{2\alpha} & x_{2\beta}\cdots x_{2\kappa} \\ \cdots & \\ x_{p\alpha} & x_{p\beta}\cdots x_{p\kappa} \end{vmatrix} = a_{\alpha\beta\cdots\kappa} \begin{vmatrix} 1 & 0\cdots 0 \\ 0 & 1\cdots 0 \\ \cdots & \\ 0 & 0\cdots 1 \end{vmatrix}$$

$$= a_{\alpha\beta\cdots\kappa}$$

となる．　　　　　　　　　　　　　　　　　　　　　　　　(証終)

たとえば，$X=(x_{ij})$，$Y=(y_{jk})$ がそれぞれ $(2, n)$-行列，$(n, 2)$-行列であり，$n \geq 2$ である場合には，この定理の等式は

$$(4.5)\quad \begin{vmatrix} x_{11}y_{11}+x_{12}y_{21}+\cdots+x_{1n}y_{n1} & x_{11}y_{12}+x_{12}y_{22}+\cdots+x_{1n}y_{n2} \\ x_{21}y_{11}+x_{22}y_{21}+\cdots+x_{2n}y_{n1} & x_{21}y_{12}+x_{22}y_{22}+\cdots+x_{2n}y_{n2} \end{vmatrix}$$

$$= \sum_{1\leq j<k\leq n} \begin{vmatrix} x_{1j} & x_{1k} \\ x_{2j} & x_{2k} \end{vmatrix} \cdot \begin{vmatrix} y_{j1} & y_{j2} \\ y_{k1} & y_{k2} \end{vmatrix}$$

特に，

$$X = \begin{bmatrix} a_1 & a_2\cdots a_n \\ b_1 & b_2\cdots b_n \end{bmatrix},\quad Y = {}^tX$$

の場合には，上の等式はつぎの周知の公式となる：

$$(a_1{}^2+\cdots+a_n{}^2)(b_1{}^2+\cdots+b_n{}^2)-(a_1b_1+\cdots+a_nb_n)^2$$

$$= \sum_{1\leq j<k\leq n} (a_jb_k-a_kb_j)^2.$$

もし $a_1, \cdots, a_n, b_1, \cdots, b_n$ が実数ならば，この等式から，

$$(a_1{}^2+\cdots+a_n{}^2)(b_1{}^2+\cdots+b_n{}^2) \geq (a_1b_1+\cdots+a_nb_n)^2.$$

ここで等号が成り立つための条件は

$$a_1 : a_2 : \cdots : a_n = b_1 : b_2 : \cdots : b_n$$

である．

4.3　正則行列の判定・逆行列

本節では，正方行列が正則であることの判定法と，正則行列に対して逆行列

をつくるための公式とを考える.

A が正則行列であると，2.7 の定義から

$$AA^{-1} = E = A^{-1}A$$

を満たす逆行列 A^{-1} が存在し，したがって，定理 4.1 から

$$\det A \cdot \det(A^{-1}) = \det E = 1.$$

ゆえに，$\det A \neq 0$ でなければならない.

逆に，n 次正方行列 $A = (a_{ij})$ が条件 $\det A \neq 0$ を満たすとする．このとき，$\det A$ における a_{ij} の余因子を A_{ij} と書き表わし，

$$a'_{ij} = A_{ji}/\det A \quad (1 \leq i \leq n,\ 1 \leq j \leq n) \tag{4.6}$$

とおくと，

$$\begin{bmatrix} a_{11} \cdots a_{1n} \\ \cdots \\ a_{n1} \cdots a_{nn} \end{bmatrix} \begin{bmatrix} a'_{11} \cdots a'_{1n} \\ \cdots \\ a'_{n1} \cdots a'_{nn} \end{bmatrix} = \begin{bmatrix} 1 \cdots 0 \\ \cdots \\ 0 \cdots 1 \end{bmatrix}$$

となる．なぜなら，左辺の行列の積の (i, k)-要素は

$$\begin{aligned} \sum_{j=1}^{n} a_{ij} a'_{jk} &= \sum_j a_{ij} (A_{kj}/\det A) \\ &= (\sum_j a_{ij} A_{kj})/\det A \\ &= \delta_{ik} \det A/\det A \quad ((3.24) \text{ による}) \\ &= \delta_{ik}. \end{aligned}$$

また，(3.23) から

$$\begin{bmatrix} a'_{11} \cdots a'_{1n} \\ \cdots \\ a'_{n1} \cdots a'_{nn} \end{bmatrix} \begin{bmatrix} a_{11} \cdots a_{1n} \\ \cdots \\ a_{n1} \cdots a_{nn} \end{bmatrix} = \begin{bmatrix} 1 \cdots 0 \\ \cdots \\ 0 \cdots 1 \end{bmatrix}.$$

ゆえに，定理 2.1 から，A は正則行列であり，(a'_{ij}) はその逆行列である.

以上を定理としてまとめておく：

定理 4.3 n 次正方行列 $A = (a_{ij})$ が正則であるための条件は $\det A \neq 0$ である．この条件が満たされるとき，A の逆行列 $A^{-1} = (a'_{ij})$ は (4.6) で与えられる.

系 2つの n 次正方行列 A, B に対して $AB = E$ ならば，A と B はいずれも正則行列であり，たがいに他の逆行列である.

証明　$AB=E$ であるから，定理 4.1 によって

$$\det A\cdot\det B=\det E=1.$$

したがって，$\det A\neq 0$, $\det B\neq 0$ となり，A と B はいずれも正則である．そして，定理 2.1 から，A と B はたがいに他の逆行列でなければならない．　(証終)

例題 1.　つぎの行列が正則であることを示し，またその逆行列を求めること：

$$A=\begin{bmatrix} 2 & 2 & 3 \\ -1 & 1 & 0 \\ -1 & -2 & -2 \end{bmatrix}.$$

計算すれば $\det A=1$ となるから，定理 4.3 によって A は正則である．本節での上記の記号を用いると

$$A_{11}=\begin{vmatrix} 1 & 0 \\ -2 & -2 \end{vmatrix}=-2,\quad A_{12}=-\begin{vmatrix} -1 & 0 \\ -1 & -2 \end{vmatrix}=-2,\quad A_{13}=\begin{vmatrix} -1 & 1 \\ -1 & -2 \end{vmatrix}=3,$$

$$A_{21}=-\begin{vmatrix} 2 & 3 \\ -2 & -2 \end{vmatrix}=-2,\quad A_{22}=\begin{vmatrix} 2 & 3 \\ -1 & -2 \end{vmatrix}=-1,\quad A_{23}=-\begin{vmatrix} 2 & 2 \\ -1 & -2 \end{vmatrix}=2,$$

$$A_{31}=\begin{vmatrix} 2 & 3 \\ 1 & 0 \end{vmatrix}=-3,\quad A_{32}=-\begin{vmatrix} 2 & 3 \\ -1 & 0 \end{vmatrix}=-3,\quad A_{33}=\begin{vmatrix} 2 & 2 \\ -1 & 1 \end{vmatrix}=4,$$

$$a'_{11}=-2,\quad a'_{12}=-2,\quad a'_{13}=-3,$$

$$a'_{21}=-2,\quad a'_{22}=-1,\quad a'_{23}=-3,$$

$$a'_{31}=3,\quad a'_{32}=2,\quad a'_{33}=4,$$

$$A^{-1}=\begin{bmatrix} -2 & -2 & -3 \\ -2 & -1 & -3 \\ 3 & 2 & 4 \end{bmatrix}.$$

問 2.　A が正則行列ならば，$\det(A^{-1})=(\det A)^{-1}$ であることを確かめよ．

問 3.　つぎの行列が正則であることを示し，その逆行列を求めよ：

(i) $\begin{bmatrix} 2 & 7 \\ 1 & 3 \end{bmatrix}$,　　(ii) $\begin{bmatrix} -1 & 0 & -2 \\ 2 & 1 & 2 \\ 0 & 1 & -1 \end{bmatrix}$.

連立 1 次方程式 (2.9) の係数行列を $A=(a_{ij})$，変数のたてベクトルを $\boldsymbol{x}=(x_i)$，右辺のたてベクトルを $\boldsymbol{b}=(b_i)$ と書き表わすと，この連立 1 次方程式は

$$(※)\qquad A\boldsymbol{x}=\boldsymbol{b}$$

と書かれる．ここで $\det A \neq 0$ の場合，A は正則行列であるから，2.7 のように，その解 $\boldsymbol{x}$ は，(※) に A^{-1} を左乗したものとして，一意的に定まり，

(4.7) $$\boldsymbol{x} = A^{-1}\boldsymbol{b}$$

で与えられる．これに (4.6) を用いると

(4.7′) $$x_j = \sum_{i=1}^{n} a'_{ji} b_i = \sum_{i=1}^{n} A_{ij} b_i / \det A \qquad (1 \leq j \leq n)$$

となる．これはクラメルの公式 (3.25) の分子を第 j 列によって展開したものにほかならない．

最後に，多くの 1 次関係式の取り扱いに当り，行列を応用すると便利であることを示すような 1 つの例をつけ加えておこう．

例題 2. つぎの関係式から，$x_i\,(1 \leq i \leq m)$ を $a_{kj}\,(1 \leq j \leq m,\ 1 \leq k \leq n)$ と $z_k\,(1 \leq k \leq n)$ とで書き表わすこと：

$$x_i = \sum_{k=1}^{n} c_{ik} z_k \quad (1 \leq i \leq m),$$

$$\sum_{k=1}^{n} c_{ik} a_{kj} = \delta_{ij} \quad (1 \leq i \leq m,\ 1 \leq j \leq m),$$

$$\sum_{j=1}^{m} \lambda_{ij} a_{kj} = c_{ik} \quad (1 \leq i \leq m,\ 1 \leq k \leq n).$$

m 次元たてベクトル $\boldsymbol{x} = (x_i)$，n 次元たてベクトル $\boldsymbol{z} = (z_k)$，(m, n)-行列 $C = (c_{ik})$，(n, m)-行列 $A = (a_{kj})$，m 次正方行列 $\Lambda = (\lambda_{ij})$ を用いると，与えられた 3 つの関係式は

$$\boldsymbol{x} = C\boldsymbol{z}, \quad CA = E, \quad \Lambda \cdot {}^t A = C$$

と書き表わされる．第 2 等式に第 3 等式を用いて

$$\Lambda \cdot {}^t AA = E.$$

Λ, ${}^t AA$ はともに m 次正方行列であるから，定理 4.3 の系により，${}^t AA$ は正則行列であり，したがって

$$\Lambda = ({}^t AA)^{-1}.$$

これをはじめの第 3 等式に用い，$({}^t AA)^{-1} \cdot {}^t A = C$ を得る．さらに，これをはじめの第 1 等式に用いて

$$x = ({}^tAA)^{-1} \cdot {}^tAz.$$

これで，x_i が a_{kj} と z_k とで書き表わされた．

4.4 基本操作

本節では，連立1次方程式の解を求める計算と，逆行列をつくる計算とに関する注意を述べる．

$L_1, \cdots, L_n$ を $x_1, \cdots, x_n$ の n 個の斉1次式とし，$b_1, \cdots, b_n$ を定数として，連立1次方程式

(4.8) $$L_1 = b_1, \cdots, L_n = b_n$$

を考える．これに対する**基本操作**とはつぎの操作を意味する：

1° 1つの方程式に 0 でない1つの定数をかけること，

2° 1つの方程式に1つの定数をかけてほかの1つの方程式に加えること，

3° 2つの方程式を互換すること．

(4.8) に基本操作を繰り返してつぎの連立1次方程式が得られたとする：

(4.9) $$M_1 = c_1, \cdots, M_n = c_n.$$

このとき，(4.9) は (4.8) と同値である（すなわち，同じ解をもつ）．なぜならば，さきと逆の基本操作を (4.9) に行なって (4.8) を得ることができる．

(4.8) の係数行列が正則である場合には，(4.8) に適当に基本操作を繰り返し行なうと，最後に

(4.10) $$x_1 = k_1, \cdots, x_n = k_n \quad (k_i : 定数)$$

の形になるようにできる（その理由はつぎの例題1を参照して考えよ）．この (4.10) は (4.8) の解である．

この解法は通常の消去法による解法にほかならないが，未知数の個数が多かったり，あるいは係数のけた数が多いときは，一般に行列式の計算が面倒になるから，クラメルの公式によるよりもこの方法による方が計算はたやすくなる．クラメルの公式は理論上では大切なものであるが，実際面ではそのような不便が見られる．

例題 1. 3.8 の例題1の連立1次方程式をここの方法で解くこと．

(イ) $$x+y+3z = 3,$$

(ロ) $$x+2y+4z=3,$$

(ハ) $$3x-y+3z=7.$$

(イ) に -1 をかけて (ロ) に加え，また，(イ) に -3 をかけて (ハ) に加えると

(ニ) $$x+y+3z=3,$$

(ホ) $$y+z=0,$$

(ヘ) $$-4y-6z=-2.$$

(ホ) に 4 をかけて (ヘ) に加えると

(ト) $$x+y+3z=3$$

(チ) $$y+z=0$$

(リ) $$-2z=-2$$

(チ) に -1 をかけて (ト) に加えると

(ヌ) $$x \quad +2z=3$$

(ル) $$y+z=0$$

(ヲ) $$-2z=-2$$

(ヲ) に 1 をかけて (ヌ) に加え，また，(ヲ) に $\dfrac{1}{2}$ をかけて (ル) に加え，さらにまた，(ヲ) に $-\dfrac{1}{2}$ をかけると

$$\begin{cases} x \qquad\qquad = 1 \\ \quad y \qquad = -1 \\ \qquad\quad z = 1 \end{cases}$$

問 4. 3.8 の問 12 の (ii) をこの方法で解け.

つぎに，行列に対する基本操作について考える.

行列の**行に対する基本操作**とはつぎの操作を意味する：

1° 第 k 行に 0 でない 1 つの数 c をかけること，

2° 第 k 行に 1 つの数 c をかけて第 l 行に加えること，$(k \neq l)$,

3° 第 k 行と第 l 行とを互換すること，$(k \neq l)$.

行列の**列に対する基本操作**とは，この 1°, 2°, 3° で「行」を「列」といいかえた操作を意味する.

一般に，(m, n)- 行列 A に行に関する基本操作 1°, 2°, 3° を行なうこと

は，それぞれ A につぎの m 次正則行列 $M=(\mu_{ij})$，$S=(s_{ij})$，$T=(t_{ij})$ を左乗することと同じである：

1°　$\mu_{kk}=c,\quad \mu_{ii}=1\ (i\neq k),\quad \mu_{ij}=0\ (i\neq j).$

2°　$s_{lk}=c,\quad s_{ii}=1,\quad s_{ij}=0\ (i\neq j,\quad (i,j)\neq(l,k)).$

3°　$t_{kl}=t_{lk}=1,\quad t_{kk}=t_{ll}=0,\quad t_{ii}=1\ (i\neq k,\ i\neq l),$

$$t_{ij}=0\ (i\neq j,\quad (i,j)\neq(k,l),\quad (i,j)\neq(l,k)).$$

また，列に関する基本操作を行なうことは，上の形の r 次正則行列（ただし，2° では $s_{kl}=c,\quad s_{ii}=1,\quad s_{ij}=0\ (i\neq j,\quad (i,j)\neq(k,l)$ と変更する）を Aに右乗することと同じである．

さて，(4.8) の係数行列を $A=(a_{ij})$ とすると，(4.8) は

(4.8′)
$$\begin{bmatrix} a_{11}\cdots a_{1n} \\ \cdots \\ a_{n1}\cdots a_{nn} \end{bmatrix}\begin{bmatrix} x_1 \\ \vdots \\ x_n \end{bmatrix}=\begin{bmatrix} 1\cdots 0 \\ \cdots \\ 0\cdots 1 \end{bmatrix}\begin{bmatrix} b_1 \\ \vdots \\ b_n \end{bmatrix}$$

と書き表わされる．(4.8) に基本操作を繰り返し行なうことは，(4.8′) の両辺の第1因子の行に対して，対応する基本操作を繰り返し行なうことにほかならない．(4.8) を (4.10) の形までもってくることは，(4.8′) の両辺の第1因子の行に基本操作を繰り返し行なうことによって

(4.10′)
$$\begin{bmatrix} 1\cdots 0 \\ \cdots \\ 0\cdots 1 \end{bmatrix}\begin{bmatrix} x_1 \\ \vdots \\ x_n \end{bmatrix}=\begin{bmatrix} a'_{11}\cdots a'_{1n} \\ \cdots \\ a'_{n1}\cdots a'_{nn} \end{bmatrix}\begin{bmatrix} b_1 \\ \vdots \\ b_n \end{bmatrix}$$

の形までもち来たることにほかならない．$\boldsymbol{x}=(x_i)$，$A'=(a'_{ij})$，$\boldsymbol{b}=(b_i)$ と書き表わせば，(4.10′) は

$$\boldsymbol{x}=A'\boldsymbol{b}$$

と書かれる．ここまで $b_1,\cdots,b_n$ の値は任意であるから，これと (4.7) とを比較して，$A'=A^{-1}$ でなければならない．

これで，逆行列 A^{-1} を求めるためのつぎの計算方法がわかった：

n 次正則行列 $A=(a_{ij})$ が与えられたとき，それと n 次単位行列とを

$$\begin{bmatrix} a_{11}\cdots a_{1n} \\ \cdots \\ a_{n1}\cdots a_{nn} \end{bmatrix},\qquad \begin{bmatrix} 1\cdots 0 \\ \cdots \\ 0\cdots 1 \end{bmatrix}$$

のように左右に書き，両者の行に同じ基本操作を繰り返し行ない，最後に A が単位行列になるようにしたとき，右側に得られた行列が A^{-1} である．

例題 2. 第3節の例題1の行列 A の逆行列を求めること.

$$A=\begin{bmatrix}2&2&3\\-1&1&0\\-1&-2&-2\end{bmatrix},\quad \begin{bmatrix}1&0&0\\0&1&0\\0&0&1\end{bmatrix}.$$

第2行に1をかけて第1行に加えると

$$\begin{bmatrix}1&3&3\\-1&1&0\\-1&-2&-2\end{bmatrix},\quad \begin{bmatrix}1&1&0\\0&1&0\\0&0&1\end{bmatrix}.$$

第1行に1をかけ，第2行および第3行に加えると

$$\begin{bmatrix}1&3&3\\0&4&3\\0&1&1\end{bmatrix},\quad \begin{bmatrix}1&1&0\\1&2&0\\1&1&1\end{bmatrix}.$$

第3行に -3 をかけて第2行に加えると

$$\begin{bmatrix}1&3&3\\0&1&0\\0&1&1\end{bmatrix},\quad \begin{bmatrix}1&1&0\\-2&-1&-3\\1&1&1\end{bmatrix}.$$

第2行に -1 をかけて第3行に加えると

$$\begin{bmatrix}1&3&3\\0&1&0\\0&0&1\end{bmatrix},\quad \begin{bmatrix}1&1&0\\-2&-1&-3\\3&2&4\end{bmatrix}.$$

第2行に -3 をかけて第1行に加え，また，第3行に -3 をかけて第1行に加えると

$$\begin{bmatrix}1&0&0\\0&1&0\\0&0&1\end{bmatrix},\quad \begin{bmatrix}-2&-2&-3\\-2&-1&-3\\3&2&4\end{bmatrix}=A^{-1}.$$

問 5. 4.3 の 問3の2つの行列の逆行列を求めよ.

4.5 グラム行列式

$\boldsymbol{a}$, $\boldsymbol{b}$ を通常の空間内または平面上の2つのベクトルとし，1つの点 P からこれらを表現する2つの有向線分 $\overrightarrow{\mathrm{PQ}}$, $\overrightarrow{\mathrm{PR}}$ をとる. このとき，3角形 PQR の面積を S とすると，つぎの等式が成り立つ.

(4.11)
$$S^2=\frac{1}{4}\begin{vmatrix}(\boldsymbol{a},\boldsymbol{a})&(\boldsymbol{a},\boldsymbol{b})\\(\boldsymbol{b},\boldsymbol{a})&(\boldsymbol{b},\boldsymbol{b})\end{vmatrix}.$$

なぜならば，角 QPR を θ とすると，この行列式は

$$\frac{1}{4}\begin{vmatrix} |\boldsymbol{a}|^2 & |\boldsymbol{a}|\cdot|\boldsymbol{b}|\cos\theta \\ |\boldsymbol{a}|\cdot|\boldsymbol{b}|\cos\theta & |\boldsymbol{b}|^2 \end{vmatrix}$$

$$= \frac{1}{4}|\boldsymbol{a}|^2|\boldsymbol{b}|^2\sin^2\theta$$

となるからである (図 4.1).

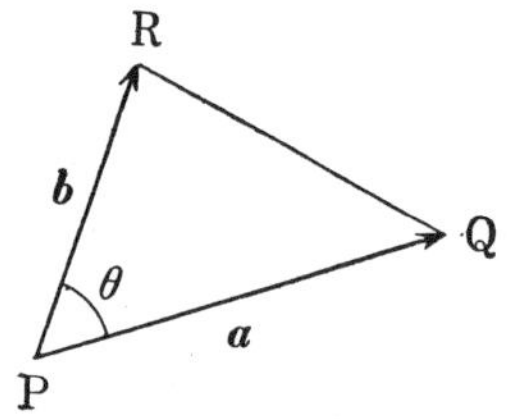

図 4.1

$\boldsymbol{a}, \boldsymbol{b}$ が平面上のベクトルの場合，平面上の直交座標に関する成分をそれぞれ (a_1, a_2), (b_1, b_2) とすると，(4.11) から

$$S^2 = \frac{1}{4}\begin{vmatrix} a_1{}^2+a_2{}^2 & a_1b_1+a_2b_2 \\ b_1a_1+b_2a_2 & b_1{}^2+b_2{}^2 \end{vmatrix}$$

$$= \frac{1}{4}\begin{vmatrix} a_1 & a_2 \\ b_1 & b_2 \end{vmatrix}\cdot\begin{vmatrix} a_1 & b_1 \\ a_2 & b_2 \end{vmatrix} \quad (\text{定理 4.1 による})$$

$$= \left(\frac{1}{2}\begin{vmatrix} a_1 & b_1 \\ a_2 & b_2 \end{vmatrix}\right)^2.$$

これは 3.9 の公式と適合した結果である.

また，$\boldsymbol{a}, \boldsymbol{b}$ が空間内のベクトルの場合，直交座標に関する成分をそれぞれ (a_1, a_2, a_3), (b_1, b_2, b_3) とすると，(4.11) から

$$S^2 = \frac{1}{4}\begin{vmatrix} a_1{}^2+a_2{}^2+a_3{}^2 & a_1b_1+a_2b_2+a_3b_3 \\ a_1b_1+a_2b_2+a_3b_3 & b_1{}^2+b_2{}^2+b_3{}^2 \end{vmatrix}.$$

第 2 節の最後の公式から，つぎ公式が得られる：

$$(4.12) \qquad S^2 = \frac{1}{4}\left\{\begin{vmatrix} a_2 & b_2 \\ a_3 & b_3 \end{vmatrix}^2 + \begin{vmatrix} a_3 & b_3 \\ a_1 & b_1 \end{vmatrix}^2 + \begin{vmatrix} a_1 & b_1 \\ a_2 & b_2 \end{vmatrix}^2\right\}.$$

注意　1 つの平面上の 3 角形 PQR をほかの 1 つの平面の上に正射影して得られる 3 角形を P′Q′R′ とする．この 2 つの 3 角形の面積をそれぞれ S, S′ とし，この 2 平面のなす角を α とするとき，

$$S' = S\cos\alpha$$

となることはよく知られている．これを用い，公式 (4.12) の別証をしよう．

3 角形 PQR を yz 平面，zx 平面，xy 平面の上へ正射影して得られる 3 つの 3 角形をそれぞれ P′Q′R′, P″Q″R″, P‴Q‴R‴ とし，それらの面積をそれぞれ S', S'', S''' とする．いま，3 角形 PQR の平面の法線の向きの単位ベクトルの成分を l, m, n とすると，これらはこの単位ベクトルが x 軸，y 軸，z 軸となす角の余弦に等しく，したがって，3 角形 PQR の平面が yz 平面，zx 平面，xy 平面となす角（またはその補角）

の余弦に等しい．ゆえに，

$$S' = \pm lS, \quad S'' = \pm mS, \quad S''' = \pm nS$$

となり，これらの平方和をつくると

(4.13) $$S^2 = S'^2 + S''^2 + S'''^2$$

となる．ところが，ベクトル $\overrightarrow{\mathrm{P'Q'}}$, $\overrightarrow{\mathrm{P'R'}}$ の y 軸，z 軸に関する成分はそれぞれ (a_2, a_3), (b_2, b_3) であるから

$$S' = \pm \frac{1}{2}\begin{vmatrix} a_2 & b_2 \\ a_3 & b_3 \end{vmatrix} \quad (3.9\text{ の公式}).$$

また，S'', S''' に対しても同じようになるから，(4.13) によって (4.12) が得られる．

つぎに，$\boldsymbol{a}$, $\boldsymbol{b}$, $\boldsymbol{c}$ を空間内の2つのベクトルとし，1つの点 P からこれらを表現する有向線分 $\overrightarrow{\mathrm{PQ}}$, $\overrightarrow{\mathrm{PR}}$, $\overrightarrow{\mathrm{PS}}$ をとる．このとき，4面体 PQRS の体積を V とすると，つぎの等式が成り立つ：

(4.14) $$V^2 = \frac{1}{36}\begin{vmatrix} (\boldsymbol{a}, \boldsymbol{b}) & (\boldsymbol{a}, \boldsymbol{b}) & (\boldsymbol{a}, \boldsymbol{c}) \\ (\boldsymbol{b}, \boldsymbol{a}) & (\boldsymbol{b}, \boldsymbol{b}) & (\boldsymbol{b}, \boldsymbol{c}) \\ (\boldsymbol{c}, \boldsymbol{a}) & (\boldsymbol{c}, \boldsymbol{b}) & (\boldsymbol{c}, \boldsymbol{c}) \end{vmatrix}.$$

なぜならば，直交座標に関する $\boldsymbol{a}$, $\boldsymbol{b}$, $\boldsymbol{c}$ の成分をそれぞれ (a_1, a_2, a_3), (b_1, b_2, b_3), (c_1, c_2, c_3) とすると，この右辺は

$$\frac{1}{36}\begin{vmatrix} a_1^2+a_2^2+a_3^2 & a_1b_1+a_2b_2+a_3b_3 & a_1c_1+a_2c_2+a_3c_3 \\ b_1a_1+b_2a_2+b_3a_3 & b_1^2+b_2^2+b_3^2 & b_1c_1+b_2c_2+b_3c_3 \\ c_1a_1+c_2a_2+c_3a_3 & c_1b_1+c_2b_2+c_3b_3 & c_1^2+c_2^2+c_3^2 \end{vmatrix}$$

$$= \frac{1}{36}\begin{vmatrix} a_1 & a_2 & a_3 \\ b_1 & b_2 & b_3 \\ c_1 & c_2 & c_3 \end{vmatrix} \cdot \begin{vmatrix} a_1 & b_1 & c_1 \\ a_2 & b_2 & c_2 \\ a_3 & b_3 & c_3 \end{vmatrix} \quad (\text{定理 } 4.1)$$

$$= \left(\frac{1}{6}\begin{vmatrix} a_1 & b_1 & c_1 \\ a_2 & b_2 & c_2 \\ a_3 & b_3 & c_3 \end{vmatrix}\right)^2 = V^2 \quad (3.9\text{ の公式})$$

となるからである．なお，角 RPS $=\lambda$，角 SPQ $=\mu$，角 QPR $=\nu$ とすると，(4.14) と定理 1.1 とから

(4.15) $$V^2 = \frac{|\boldsymbol{a}|^2|\boldsymbol{b}|^2|\boldsymbol{c}|^2}{36}\begin{vmatrix} 1 & \cos\nu & \cos\mu \\ \cos\nu & 1 & \cos\lambda \\ \cos\mu & \cos\lambda & 1 \end{vmatrix}$$

$$= \frac{|\boldsymbol{a}|^2|\boldsymbol{b}|^2|\boldsymbol{c}|^2}{36}(1+2\cos\lambda\cos\mu\cos\nu$$

$$-\cos^2\lambda-\cos^2\mu-\cos^2\nu).$$

ベクトルの内積を (4.11), (4.14) のように書きならべてつくった行列を**グラム** (Gram) **の行列式**という.

問 6. 空間の直交座標で, 3つの点 $P(x, y, z)$, $Q(x', y', z')$, $R(x'', y'', z'')$ を頂点とする3角形の面積 S に対し, つぎの公式が成り立つことを示せ:

$$4S^2=\begin{vmatrix}1&1&1\\y&y'&y''\\z&z'&z''\end{vmatrix}^2+\begin{vmatrix}1&1&1\\z&z'&z''\\x&x'&x''\end{vmatrix}^2+\begin{vmatrix}1&1&1\\x&x'&x''\\y&y'&y''\end{vmatrix}^2.$$

問 7. P_1, P_2, P_3, P_4 を4つの点とし, $\overline{P_iP_j}=d_{ij}(1\leqq i\leqq 4,\ 1\leqq j\leqq 4)$ と書き表わす. 4面体 $P_1P_2P_3P_4$ の体積 V に対するつぎの公式を証明せよ:

$$288\,V^2=\begin{vmatrix}0&1&1&1&1\\1&0&d_{12}^2&d_{13}^2&d_{14}^2\\1&d_{21}^2&0&d_{23}^2&d_{24}^2\\1&d_{31}^2&d_{32}^2&0&d_{34}^2\\1&d_{41}^2&d_{42}^2&d_{43}^2&0\end{vmatrix}.$$

4.6 ラプラス展開

まず, つぎの等式を証明する:

$$(4.16)\qquad \begin{vmatrix}x_{11}\cdots x_{1m}&z_{11}\cdots z_{1n}\\\cdots&\cdots\\x_{m1}\cdots x_{mm}&z_{m1}\cdots z_{mn}\\0\ \cdots\ 0&y_{11}\cdots y_{1n}\\\cdots&\cdots\\0\ \cdots\ 0&y_{n1}\cdots y_{nn}\end{vmatrix}=\begin{vmatrix}x_{11}\cdots x_{1m}\\\cdots\\x_{m1}\cdots x_{mm}\end{vmatrix}\cdot\begin{vmatrix}y_{11}\cdots y_{1n}\\\cdots\\y_{n1}\cdots y_{nn}\end{vmatrix}.$$

証明 x_{ij}, y_{hk}, z_{ih} が変数の場合に証明すればよい. 左辺の行列式はその各列の要素について1次形式であるから, 特に, m 次元ベクトル $\boldsymbol{x}_1=(x_{i1}),\cdots,\boldsymbol{x}_m=(x_{im})$ の複1次形式である. そして, $\boldsymbol{x}_1,\cdots,\boldsymbol{x}_m$ のうちの2つに同じベクトルを代入すると, 左辺の行列式の2つの列が一致するから, 行列式は0になる. したがって, 定理 3.1 の 1° により,

$$(4.16)\ \text{の左辺の行列式}=\begin{vmatrix}x_{11}\cdots x_{1m}\\\cdots\\x_{m1}\cdots x_{mm}\end{vmatrix}\cdot k$$

(k : x_{ij} に無関係).

(定理 4.1 の証明に関する脚注を参照せよ.)

ここで, $x_{ij}=\delta_{ij}(1\leqq i\leqq m,\ 1\leqq j\leqq m)$ と代入すると,

$$\begin{vmatrix} 1\cdots 0 & z_{11}\cdots z_{1n} \\ \cdots & \cdots \\ 0\cdots 1 & z_{m1}\cdots z_{mn} \\ 0\cdots 0 & y_{11}\cdots y_{1n} \\ \cdots & \cdots \\ 0\cdots 0 & y_{n1}\cdots y_{nn} \end{vmatrix} = \begin{vmatrix} 1\cdots 0 \\ \cdots \\ 0\cdots 1 \end{vmatrix} k = k$$

となる．この左辺の行列式を，まず最初の列によって展開し，ついでまたその最初の列によって展開するというように，展開を m 回ひき続いて行なうと，上の等式は

$$\begin{vmatrix} y_{11}\cdots y_{1n} \\ \cdots \\ y_{n1}\cdots y_{nn} \end{vmatrix} = k$$

となる．これで等式 (4.16) の成り立つことがわかった． (証終)

さて，つぎの等式を証明する：

(4.17)
$$\begin{vmatrix} x_{11}\cdots & x_{1m} & y_{11}\cdots & y_{1n} \\ \cdots \\ x_{m+n,\,1}\cdots & x_{m+n,\,m} & y_{m+n,\,1}\cdots & y_{m+n,\,n} \end{vmatrix}$$
$$= \sum_{\alpha,\beta,\cdots,\kappa} (-1)^{1+2+\cdots+m+\alpha+\beta+\cdots+\kappa} \begin{vmatrix} x_{\alpha 1}\cdots x_{\alpha m} \\ x_{\beta 1}\cdots x_{\beta m} \\ \cdots \\ x_{\kappa 1}\cdots x_{\kappa m} \end{vmatrix} \cdot \begin{vmatrix} y_{\sigma 1}\cdots y_{\sigma n} \\ y_{\tau 1}\cdots y_{\tau n} \\ \cdots \\ y_{\omega 1}\cdots y_{\omega n} \end{vmatrix}.$$

ここに $\sum$ は，1, 2, $\cdots$, $m+n$ から m 個をとった組合せ $\alpha, \beta, \cdots, \kappa$ ($\alpha<\beta<\cdots<\kappa$) の全体を流れ，$\sigma, \tau, \cdots, \omega$ は 1, 2, $\cdots$, $m+n$ のうちの $\alpha, \beta, \cdots, \kappa$ 以外のもの ($\sigma<\tau<\cdots<\omega$) である．この等式を左辺の行列式の**第1列，$\cdots$，第 m 列によるラプラス (Laplace) の展開**という．

証明 x_{ij}, y_{ik} が変数の場合に証明すれば十分である．左辺の行列式は，その各行の要素について1次形式であるから，特に，$m+n$ 次元ベクトル $\boldsymbol{x}_1=(x_{i1}), \cdots, \boldsymbol{x}_m=(x_{im})$ の複1次形式である．そして，$\boldsymbol{x}_1, \cdots, \boldsymbol{x}_m$ のうちの2つに同じベクトルを代入すると，行列式は0になる．したがって，定理 3.1 の 3° により，

(4.18)
$$(4.17)\text{の左辺} = \sum_{\alpha,\beta\cdots,\kappa} \begin{vmatrix} x_{\alpha 1}\cdots x_{\alpha m} \\ x_{\beta 1}\cdots x_{\beta m} \\ \cdots \\ x_{\kappa 1}\cdots x_{\kappa m} \end{vmatrix} \cdot k_{\alpha\beta\cdots\kappa}$$

($k_{\alpha\beta\cdots\kappa}$：$x_{ij}$ に無関係)．

(定理 4.1 の証明に関する脚注を参照せよ．)

ここで，1, 2, $\cdots$, $m+n$ から m 個をとった任意の1つの組合せ $\alpha, \beta, \cdots, \kappa$ ($\alpha<\beta<\cdots<\kappa$) をとり，(4.18) の左辺の行列式の第 α 行，第 β 行，$\cdots$，第 κ 行以外の行の x_{ij} をすべて0とおく．こうして得られた行列式に $(\alpha-1)+(\beta-2)+\cdots+(\kappa-m)$

回の行の互換を行なうと，(4.18) の左辺をつぎの形に書くことができる：

$$(4.19)\qquad (-1)^{\alpha+\beta+\cdots+\kappa-1-2-\cdots-m}\begin{vmatrix} x_{\alpha 1}\cdots x_{\alpha m} & y_{\alpha 1}\cdots y_{\alpha n} \\ x_{\beta 1}\cdots x_{\beta m} & y_{\beta 1}\cdots y_{\beta n} \\ \cdots & \cdots \\ x_{\kappa 1}\cdots x_{\kappa m} & y_{\kappa 1}\cdots y_{\kappa n} \\ 0\ \cdots\ 0 & y_{\sigma 1}\cdots y_{\sigma n} \\ 0\ \cdots\ 0 & y_{\tau 1}\cdots y_{\tau n} \\ \cdots & \cdots \\ 0\ \cdots\ 0 & y_{\omega 1}\cdots y_{\omega n} \end{vmatrix}.$$

さきのような x_{ij} の値に対して，(4.18) の右辺はいまとった組合せ $\alpha, \beta, \cdots, \kappa$ に対応する項だけとなり，つぎのようになる：

$$(4.20)\qquad \begin{vmatrix} x_{\alpha 1}\cdots x_{\alpha m} \\ x_{\beta 1}\cdots x_{\beta m} \\ \cdots \\ x_{\kappa 1}\cdots x_{\kappa m} \end{vmatrix}\cdot k_{\alpha\beta\cdots\kappa}.$$

(4.19) に等式 (4.16) を用いて (4.20) と比較すると，

$$k_{\alpha\beta\cdots\kappa} = (-1)^{\alpha+\beta+\cdots+\kappa+1+2+\cdots+m}\begin{vmatrix} y_{\sigma 1}\cdots y_{\sigma n} \\ y_{\tau 1}\cdots y_{\tau n} \\ \cdots \\ y_{\omega 1}\cdots y_{\omega n} \end{vmatrix}$$

でなければならないことがわかり，等式 (4.17) が証明された．　　　　(証終)

等式 (4.16), (4.17) で行列式をすべて転置したものも成り立つ．この場合の (4.17) に相当する等式を，左辺の行列式の**第1行，…，第 m 行によるラプラス展開**という．

例題 1.

$$\begin{vmatrix} x_{11} & x_{12} & y_{11} & y_{12} \\ x_{21} & x_{22} & y_{21} & y_{22} \\ x_{31} & x_{32} & y_{31} & y_{32} \\ x_{41} & x_{42} & y_{41} & y_{42} \end{vmatrix} = \sum_{1\le i<j\le 4}(-1)^{i+j+1+2}\begin{vmatrix} x_{i1} & x_{i2} \\ x_{j1} & x_{j2} \end{vmatrix}\cdot\begin{vmatrix} y_{h1} & y_{h2} \\ y_{k1} & y_{k2} \end{vmatrix}.$$

これは左辺の行列式の第1列と第2列によるラプラス展開であり，h, k は 1, 2, 3, 4 のうちの i, j 以外のものであり，$h<k$ であるとしている．右辺をくわしく書けば，つぎのとおりになる：

$$\begin{vmatrix} x_{11} & x_{12} \\ x_{21} & x_{22} \end{vmatrix}\cdot\begin{vmatrix} y_{31} & y_{32} \\ y_{41} & y_{42} \end{vmatrix} - \begin{vmatrix} x_{11} & x_{12} \\ x_{31} & x_{32} \end{vmatrix}\cdot\begin{vmatrix} y_{21} & y_{22} \\ y_{41} & y_{42} \end{vmatrix} + \begin{vmatrix} x_{11} & x_{12} \\ x_{41} & x_{42} \end{vmatrix}\cdot\begin{vmatrix} y_{21} & y_{22} \\ y_{31} & y_{32} \end{vmatrix}$$

$$+\begin{vmatrix} x_{21} & x_{22} \\ x_{31} & x_{32} \end{vmatrix}\cdot\begin{vmatrix} y_{11} & y_{12} \\ y_{41} & y_{42} \end{vmatrix} - \begin{vmatrix} x_{21} & x_{22} \\ x_{41} & x_{42} \end{vmatrix}\cdot\begin{vmatrix} y_{11} & y_{12} \\ y_{31} & y_{32} \end{vmatrix} + \begin{vmatrix} x_{31} & x_{32} \\ x_{41} & x_{42} \end{vmatrix}\cdot\begin{vmatrix} y_{11} & y_{12} \\ y_{21} & y_{22} \end{vmatrix}.$$

4.7 プリュッカー座標

本節では，通常の空間における直線のプリュッカー座標を考える．空間にはデカルト座標がとってあるとする．

1つの直線 g が与えられたとき，g の上に異なる2点 $P(x', y', z')$, Q (x'', y'', z'') をとって

$$p_{01}=\begin{vmatrix}1 & 1\\ x' & x''\end{vmatrix},\quad p_{02}=\begin{vmatrix}1 & 1\\ y' & y''\end{vmatrix},\quad p_{03}=\begin{vmatrix}1 & 1\\ z' & z''\end{vmatrix},$$

(4.21)

$$p_{23}=\begin{vmatrix}y' & y''\\ z' & z''\end{vmatrix},\quad p_{31}=\begin{vmatrix}z' & z''\\ x' & x''\end{vmatrix},\quad p_{12}=\begin{vmatrix}x' & x''\\ y' & y''\end{vmatrix}$$

とおく．さらに，$p_{ji}=-p_{ij}(0\leq i\leq 3,\ 0\leq j\leq 3,\ i\neq j)$ と規約する．このとき，(4.21) の6つの値の連比は，g 上の異なる2点のとり方に無関係に，g によって定まる．

なぜならば，g 上に P, Q 以外の点 $R(x''', y''', z''')$ をとるとき，(1.12) から

$$x'''=\lambda x'+\mu x'',\quad y'''=\lambda y'+\mu y'',\quad z'''=\lambda z'+\mu z''$$
$$(\lambda+\mu=1,\ \lambda\neq 0,\ \mu\neq 0)$$

を満たす実数 λ, μ が定まる．いま，P, R から上記の p_{ij} に相当するものをつくると

$$\begin{vmatrix}1 & 1\\ x' & x'''\end{vmatrix}=\begin{vmatrix}1 & \lambda+\mu\\ x' & \lambda x'+\mu x''\end{vmatrix}=\begin{vmatrix}1 & \mu\\ x' & \mu x''\end{vmatrix}=\mu p_{01},\cdots,$$

$$\begin{vmatrix}y' & y'''\\ z' & z'''\end{vmatrix}=\begin{vmatrix}y' & \lambda y'+\mu y''\\ z' & \lambda z'+\mu z''\end{vmatrix}=\begin{vmatrix}y' & \mu y''\\ z' & \mu z''\end{vmatrix}=\mu p_{23},\cdots$$

のようになり，連比は等しくなる．Q, R から p_{ij} に相当するものをつくっても同じようになる．

この $(p_{01}, p_{02}, p_{03}, p_{23}, p_{31}, p_{12})$ を g の**プリュッカー** (Plücker) **座標**という．これはつねにつぎの関係式を満たしている：

(4.22) $$p_{01}p_{23}+p_{02}p_{31}+p_{03}p_{12}=0.$$

なぜならば，

$$\begin{vmatrix} 1 & 1 & 1 & 1 \\ x' & x'' & x' & x'' \\ y' & y'' & y' & y'' \\ z' & z'' & z' & z'' \end{vmatrix} = 0$$

の左辺の行列式を第1列，第2列によってラプラス展開すれば，(4.22) が得られる（前節の例題を参照せよ）.

P, Q はたがいに異なるから p_{01}, p_{02}, p_{03} のうちの少なくとも1つは0でない．また，g はつぎの3つの1次方程式を満たす：

$$(4.23) \qquad \begin{cases} p_{23}+p_{02}z+p_{30}y = 0, \\ p_{31}+p_{03}x+p_{10}z = 0, \\ p_{12}+p_{01}y+p_{20}x = 0. \end{cases}$$

（いま，$p_{01} \neq 0$ とすれば，第2，第3方程式から x を消去すると第1方程式が得られる．したがって，g は第2，第3方程式で表わされる.）

なぜなら，g の任意の点 (x, y, z) をとると

$$x = \lambda x'+\mu x'', \quad y = \lambda y'+\mu y'', \quad z = \lambda z'+\mu z'' \qquad (\lambda+\mu = 1)$$

を満たす実数 λ, μ が定まるから，行列

$$\begin{bmatrix} 1 & 1 & 1 \\ x & x' & x'' \\ y & y' & y'' \\ z & z' & z'' \end{bmatrix}$$

の第1列が第2列と第3列とにそれぞれ λ, μ をかけて加え合せたものに等しい．したがって，

$$\begin{vmatrix} 1 & 1 & 1 \\ y & y' & y'' \\ z & z' & z'' \end{vmatrix} = 0, \quad \begin{vmatrix} 1 & 1 & 1 \\ z & z' & z'' \\ x & x' & x'' \end{vmatrix} = 0, \quad \begin{vmatrix} 1 & 1 & 1 \\ x & x' & x'' \\ y & y' & y'' \end{vmatrix} = 0.$$

これらの行列式を第1列によって展開すれば (4.23) が得られる.

こんどは，逆に，(4.22) を満たす p_{01}, p_{02}, p_{03}, p_{23}, p_{31}, p_{12} ($p_{01} = p_{02} = p_{03} = 0$ ではない) を任意にとると，これは1つの直線のプリュッカー座標になる.

なぜなら，いま $p_{01} \neq 0$ の場合として，(4.23) の第2，第3方程式で定まる直線 g' を考え，その異なる2点 (x', y', z'), (x'', y'', z'') をとると，

$$y' = -(p_{12}+p_{20}x')/p_{01}, \quad z' = -(p_{31}+p_{03}x')/p_{10},$$

$$y'' = -(p_{12}+p_{20}x'')/p_{01}, \quad z'' = -(p_{31}+p_{03}x'')/p_{10}$$
$$(x' \neq x'')$$

となり，したがって

$$\begin{vmatrix} 1 & 1 \\ y' & y'' \end{vmatrix} = -\frac{p_{20}}{p_{01}}\begin{vmatrix} 1 & 1 \\ x' & x'' \end{vmatrix}, \quad \begin{vmatrix} 1 & 1 \\ z' & z'' \end{vmatrix} = -\frac{p_{03}}{p_{10}}\begin{vmatrix} 1 & 1 \\ x' & x'' \end{vmatrix},$$
$$\begin{vmatrix} x' & x'' \\ y' & y'' \end{vmatrix} = \frac{p_{12}}{p_{01}}\begin{vmatrix} 1 & 1 \\ x' & x'' \end{vmatrix}, \quad \begin{vmatrix} z' & z'' \\ x' & x'' \end{vmatrix} = -\frac{p_{31}}{p_{10}}\begin{vmatrix} 1 & 1 \\ x' & x'' \end{vmatrix},$$
$$\begin{vmatrix} y' & y'' \\ z' & z'' \end{vmatrix} = -\frac{p_{12}p_{03}-p_{31}p_{20}}{p_{01}p_{10}}\begin{vmatrix} 1 & 1 \\ x' & x'' \end{vmatrix} = \frac{p_{23}}{p_{10}}\begin{vmatrix} 1 & 1 \\ x' & x'' \end{vmatrix}$$

となって，g' のプリュッカー座標の連比が与えられた $p_{01}, p_{02}, p_{03}, p_{23}, p_{31}, p_{12}$ の連比にちょうど一致する．

問 8. 2直線 g, g' のプリュッカー座標を (p_{ij}), (p'_{ij}) とするとき，g と g' とが同一平面上にあるための条件は

$$p_{01}p'_{23}+p_{02}p'_{31}+p_{03}p'_{12}+p_{23}p'_{01}+p_{31}p'_{02}+p_{12}p'_{03}=0$$

であることを証明せよ．

5. 行列の階数

5.1 1次独立と1次従属

本章の第1～5節ではベクトルといえば，特に断らない限り，n 次元ベクトルを意味する．

ベクトルの組 $\boldsymbol{x}_1, \cdots, \boldsymbol{x}_m$ が与えられたとき，

$$c_1\boldsymbol{x}_1 + \cdots + c_m\boldsymbol{x}_m = 0$$

を満たすスカラー $c_1, \cdots, c_m$ が $c_1 = \cdots = c_m = 0$ だけであるならば，$\boldsymbol{x}_1, \cdots, \boldsymbol{x}_m$ は **1次独立**（略して単に**独立**）であるという．1次独立でないならば，$\boldsymbol{x}_1, \cdots, \boldsymbol{x}_m$ は **1次従属**（略して単に**従属**）であるという*．この定義から明らかであるように，$\boldsymbol{x}_1, \cdots, \boldsymbol{x}_m$ が独立であるか従属であるかは，$\boldsymbol{x}_1, \cdots, \boldsymbol{x}_m$ の順序には関係しない．

ただ1つのベクトルから成る組 $\boldsymbol{x}$ が独立であるとは，$\boldsymbol{x} \neq 0$ であることにほかならない．なぜなら，$\boldsymbol{x} \neq 0$ ならば，$c\boldsymbol{x} = 0$ を満たすスカラー c は0だけであり，また，$\boldsymbol{x} = 0$ ならば，$c\boldsymbol{x} = 0$ はすべてのスカラー c に対して成り立つ．

定理 5.1 1° 独立なベクトルの組から1部分のベクトルをとってつくった組はつねにまた独立である．

2° 独立なベクトルの組の各ベクトルは 0 でない．

証明 1° $\boldsymbol{x}_1, \cdots, \boldsymbol{x}_m$ が独立であるとき，それから r 個 $(0 < r < m)$ をとった組，たとえば $\boldsymbol{x}_1, \cdots, \boldsymbol{x}_r$ について見よう．$c_1\boldsymbol{x}_1 + \cdots + c_r\boldsymbol{x}_r = 0$ ならば，

$$c_1\boldsymbol{x}_1 + \cdots + c_r\boldsymbol{x}_r + 0\boldsymbol{x}_{r+1} + \cdots + 0\boldsymbol{x}_m = 0$$

となるから，$\boldsymbol{x}_1, \cdots, \boldsymbol{x}_m$ が独立であるという仮定により，$c_1 = \cdots = c_r = 0$ でなければならない．ゆえに，$\boldsymbol{x}_1, \cdots, \boldsymbol{x}_r$ は独立である．

2° 独立なベクトルの組から任意に1つのベクトルをとると，それは 1° によって独立である．ゆえに，上に述べたことから，それは0でない．　　(証終)

---

* 独立，従属はベクトルの組に対する性質である．したがって，組 $\{\boldsymbol{x}_1, \cdots, \boldsymbol{x}_m\}$ が独立であるとか，従属であるとかいい表わす方が誤解の恐れが少ないかも知れない．本書では簡単のため本文のようにいい表わす．

ベクトル $\boldsymbol{x}_1, \cdots, \boldsymbol{x}_m$ の1次結合とは，$c_1\boldsymbol{x}_1+\cdots+c_m\boldsymbol{x}_m$ ($c_1, \cdots, c_m$：スカラー) の形のベクトルを意味する．

定理 5.2 $\boldsymbol{x}_1, \cdots, \boldsymbol{x}_m$ が独立であるとき，$\boldsymbol{x}, \boldsymbol{x}_1, \cdots, \boldsymbol{x}_m$ が従属であることは，$\boldsymbol{x}$ が $\boldsymbol{x}_1, \cdots, \boldsymbol{x}_m$ の1次結合に等しいことにほかならない．

証明 $\boldsymbol{x}, \boldsymbol{x}_1, \cdots, \boldsymbol{x}_m$ が従属であると仮定する．このとき，$c\boldsymbol{x}+c_1\boldsymbol{x}_1+\cdots+c_m\boldsymbol{x}_m=0$ を満たし，しかも $c=c_1=\cdots=c_m=0$ ではないスカラー $c, c_1, \cdots, c_m$ がある．このようなスカラーについては $c \neq 0$ でなければならない．なぜならば，$c=0$ とすると，$c_1\boldsymbol{x}_1+\cdots+c_m\boldsymbol{x}_m=0$ であり，$\boldsymbol{x}_1, \cdots, \boldsymbol{x}_m$ が独立であることから $c_1=\cdots=c_m=0$ となって，$c=c_1=\cdots=c_m=0$ でないということと矛盾する．このように $c \neq 0$ であるから，はじめの等式に $1/c$ をかけて移項し，

$$\boldsymbol{x}=(-c_1/c)\boldsymbol{x}_1+\cdots+(-c_m/c)\boldsymbol{x}_m,$$

ゆえに，$\boldsymbol{x}$ は $\boldsymbol{x}_1, \cdots, \boldsymbol{x}_m$ の1次結合に等しい．

逆に，$\boldsymbol{x}$ が $\boldsymbol{x}_1, \cdots, \boldsymbol{x}_m$ の1次結合 $c_1'\boldsymbol{x}_1+\cdots+c_m'\boldsymbol{x}_m$ ($c_1', \cdots, c_m'$：スカラー) に等しいと仮定する．このとき，$\boldsymbol{x}+(-c_1')\boldsymbol{x}_1+\cdots+(-c_m')\boldsymbol{x}_m=0$ となり，この係数 $1, -c_1', \cdots, -c_m'$ のうちに0でないものがあるから，$\boldsymbol{x}, \boldsymbol{x}_1, \cdots, \boldsymbol{x}_m$ は従属である．

（証終）

例題 1. 2つのベクトル $\boldsymbol{x}_1=(x_{i1})$, $\boldsymbol{x}_2=(x_{i2})$ が従属であることは，一方が他方のスカラー倍に等しいこと，また成分でいえば

$$x_{11}:x_{21}:\cdots:x_{n1}=x_{12}:x_{22}:\cdots:x_{n2}$$

であることにほかならない．

$\boldsymbol{x}_1, \boldsymbol{x}_2$ が従属であると仮定すると，$c_1\boldsymbol{x}_1+c_2\boldsymbol{x}_2=0$ を満たし，そして $c_1=c_2=0$ でないスカラー c_1, c_2 がある．いま，$c_1 \neq 0$ とすると $\boldsymbol{x}_1=(-c_2/c_1)\boldsymbol{x}_2$，すなわち $x_{i1}=(-c_2/c_1)x_{i2}$ $(1 \leq i \leq n)$ となり，上記の連比例式が成り立つ．

逆に，上記の連比例式が成り立つと仮定する．$x_{i2}=0$ $(1 \leq i \leq n)$ のときは，$\boldsymbol{x}_2=0=0\boldsymbol{x}_1$，したがって $\boldsymbol{x}_1, \boldsymbol{x}_2$ は従属である．$x_{i2}=0$ $(1 \leq i \leq n)$ でないときは，$x_{i1}=cx_{i2}$ $(1 \leq i \leq n)$ を満たすスカラー c があり，したがって $\boldsymbol{x}_1=c\boldsymbol{x}_2$，すなわち $\boldsymbol{x}_1, \boldsymbol{x}_2$ は従属である．

5.2 ベクトルの組の階数

ベクトルの組 $\boldsymbol{x}_1, \cdots, \boldsymbol{x}_m$ が与えられたとき，これらのベクトルのうちか

ら，r 個の独立なベクトル（r 個のベクトルから成る独立な組）はとり出せるが，$r+1$ 個のベクトルをとれば必ず従属になるとする．このとき，$\boldsymbol{x}_1, \cdots, \boldsymbol{x}_m$ の**階数**（rank）は r であるといい，

$$r = \mathrm{rank}\,(\boldsymbol{x}_1, \cdots, \boldsymbol{x}_m)$$

と書き表わす．

この場合 $\boldsymbol{x}_1, \cdots, \boldsymbol{x}_m$ から $r+2$ 個以上のベクトルをとっても必ず従属になる．なぜなら，$r+s$ 個（$s \geq 2$）の独立なベクトルがとれたと仮定すると，定理 5.1 の 1° から，これらのうちの $r+1$ 個は独立となり，階数の定義に反する．

r は $\boldsymbol{x}_1, \cdots, \boldsymbol{x}_m$ からとり出せる独立なベクトルの最大個数であり，もちろん $0 \leq r \leq m$ である．特に，階数が 0 であるとは，$\boldsymbol{x}_1 = \cdots = \boldsymbol{x}_m = 0$ であることにほかならない．また，階数が m であるとは，$\boldsymbol{x}_1, \cdots, \boldsymbol{x}_m$ が独立であることにほかならない．

定理 5.3　ベクトルの組の階数はつぎの操作を行なっても不変である：

1°　1 つのベクトルに 0 でないスカラーをかけること，

2°　1 つのベクトルにスカラーをかけてほかのベクトルに加えること，

3°　2 つのベクトルを互換すること．

証明　独立・従属はベクトルの順序に無関係であるから，階数が操作 3° のもとで不変であることは明らかである．操作 1°，2° のもとで不変であることを証明する．

いま，

(5.1)　$$r = \mathrm{rank}\ (\boldsymbol{x}_1, \cdots, \boldsymbol{x}_m)$$

とする．

1°　$\boldsymbol{x}_j$ に 0 でないスカラー c をかけて

(5.2)　$$\boldsymbol{x}_1, \cdots, \overset{j}{c\boldsymbol{x}_j}, \cdots, \boldsymbol{x}_m$$

をつくる．これらのうちから任意に $r+1$ 個をとり出すと必ず従属になることを確かめる．つぎの 2 つの場合に分けて考える：

まず，この $r+1$ 個のうちに $c\boldsymbol{x}_j$ がふくまれない場合には，(5.1) から明らかにそれらは従属である．

つぎに，この $r+1$ 個が $c\boldsymbol{x}_j$ をふくみ，

(5.3)　$$\boldsymbol{x}_{i_1}, \cdots, \boldsymbol{x}_{i_r}, c\boldsymbol{x}_j$$

（$i_1, \cdots, i_r$ はいずれも j でない）

である場合には，(5.1) から，$c_1\boldsymbol{x}_{i_1} + \cdots + c_r\boldsymbol{x}_{i_r} + d\boldsymbol{x}_j = 0$（$c_1 = \cdots = c_r = d = 0$ では

ない）を満たすスカラー $c_1, \cdots, c_r, d$ がある．したがって，

$$c_1 \boldsymbol{x}_{i_1} + \cdots + c_r \boldsymbol{x}_{i_r} + (d/c) c \boldsymbol{x}_j = 0$$
$$(c_1 = \cdots = c_r = d/c = 0 \text{ ではない})$$

となり，(5.3) は従属である．

これでつぎの不等式が確かめられた：

$$\operatorname{rank}(\boldsymbol{x}_1, \cdots, c\boldsymbol{x}_j, \cdots, \boldsymbol{x}_m) \leq \operatorname{rank}(\boldsymbol{x}_1, \cdots, \boldsymbol{x}_m)$$

ところで，$\boldsymbol{x}_j = (1/c) c\boldsymbol{x}_j$ であるから，上と同じ理由で，つぎの不等式も成り立つ：

$$\operatorname{rank}(\boldsymbol{x}_1, \cdots, c\boldsymbol{x}_j, \cdots, \boldsymbol{x}_m) \geq \operatorname{rank}(\boldsymbol{x}_1, \cdots, \boldsymbol{x}_m).$$

したがって

$$\operatorname{rank}(\boldsymbol{x}_1, \cdots, c\boldsymbol{x}_j, \cdots, \boldsymbol{x}_m) = \operatorname{rank}(\boldsymbol{x}_1, \cdots, \boldsymbol{x}_m).$$

2°　$\boldsymbol{x}_j$ にスカラー c をかけて $\boldsymbol{x}_k\ (k \neq j)$ に加え，

$$\boldsymbol{x}_1, \cdots, \overset{\overset{j}{\smile}}{\boldsymbol{x}_j}, \cdots, \boldsymbol{x}_k \overset{\overset{k}{\smile}}{+} c\boldsymbol{x}_j, \cdots, \boldsymbol{x}_m \tag{5.4}$$

をつくる．1° と同じ方針で，(5.4) の中から任意に $r+1$ 個をとり出すと必ず従属になることを確かめる．

1° におけると同じように，この $r+1$ 個が $\boldsymbol{x}_k + c\boldsymbol{x}_j$ を含み，

$$\boldsymbol{x}_{i_1}, \cdots, \boldsymbol{x}_{i_r}, \boldsymbol{x}_k + c\boldsymbol{x}_j \tag{5.5}$$
$$(i_1, \cdots, i_r \text{ はいずれも } k \text{ でない})$$

である場合だけ考えれば十分である．(5.1) から

$$\begin{cases} c_1 \boldsymbol{x}_{i_1} + \cdots + c_r \boldsymbol{x}_{i_r} + d\boldsymbol{x}_k = 0 \\ \qquad (c_1 = \cdots = c_r = d = 0 \text{ ではない}), \\ c_1' \boldsymbol{x}_{i_1} + \cdots + c_r' \boldsymbol{x}_{i_r} + d' \boldsymbol{x}_j = 0 \\ \qquad (c_1' = \cdots = c_r' = d' = 0 \text{ ではない}) \end{cases} \tag{5.6}$$

を満たすスカラー $c_1, \cdots, c_r, d, c_1', \cdots, c_r', d'$ がある．$d = 0$ ならば $c_1, \cdots, c_r$ のうちに 0 でないものがあり，また，$d' = 0$ ならば $c_1', \cdots, c_r'$ のうちに 0 でないものがあり，いずれにしろ $\boldsymbol{x}_{i_1}, \cdots, \boldsymbol{x}_{i_r}$ は従属，したがって (5.5) は従属である．ゆえに，残るところは $d \neq 0,\ d' \neq 0$ の場合である．この場合には，(5.6) から

$$\sum_{\alpha=1}^{r} \left(c_\alpha + \frac{cd}{d'} c_\alpha' \right) \boldsymbol{x}_{i_\alpha} + d(\boldsymbol{x}_k + c\boldsymbol{x}_j) = 0$$

となり，この係数のうちには 0 でないもの（たとえば d）があるから，(5.5) は従属である．

これでつぎの不等式が得られた：

$$\operatorname{rank}(\boldsymbol{x}_1, \cdots, \overset{\overset{j}{\smile}}{\boldsymbol{x}_j}, \cdots, \boldsymbol{x}_k \overset{\overset{k}{\smile}}{+} c\boldsymbol{x}_j, \cdots, \boldsymbol{x}_m)$$
$$\leq \operatorname{rank}(\boldsymbol{x}_1, \cdots, \overset{\overset{j}{\smile}}{\boldsymbol{x}_j}, \cdots, \overset{\overset{k}{\smile}}{\boldsymbol{x}_k}, \cdots, \boldsymbol{x}_m).$$

ところで，$\boldsymbol{x}_k = (\boldsymbol{x}_k + c\boldsymbol{x}_j) + (-c)\boldsymbol{x}_j$ であるから，上と同じ理由で，上と反対向きの不等式も成り立つ．したがって

$$\operatorname{rank}(\boldsymbol{x}_1, \cdots, \boldsymbol{x}_j, \cdots, \boldsymbol{x}_k + c\boldsymbol{x}_j, \cdots, \boldsymbol{x}_m)$$

$$= \mathrm{rank}\,(\boldsymbol{x}_1, \cdots, \boldsymbol{x}_j, \cdots, \boldsymbol{x}_k, \cdots, \boldsymbol{x}_m).$$

（証終）

この定理にいう操作を**基本操作**という．

定理 5.4 $\boldsymbol{x}$ が $\boldsymbol{x}_1, \cdots, \boldsymbol{x}_m$ の1次結合に等しいとき

$$\mathrm{rank}\,(\boldsymbol{x}, \boldsymbol{x}_1, \cdots, \boldsymbol{x}_m) = \mathrm{rank}\,(\boldsymbol{x}_1, \cdots, \boldsymbol{x}_m)$$

となる．

証明 $\boldsymbol{x} = c_1\boldsymbol{x}_1 + \cdots + c_m\boldsymbol{x}_m$ のとき，$\boldsymbol{x}, \boldsymbol{x}_1, \cdots, \boldsymbol{x}_m$ に基本操作 2° を繰り返し行なうと（$(-c_1)\boldsymbol{x}_1, \cdots, (-c_m)\boldsymbol{x}_m$ を $\boldsymbol{x}$ に加えると），定理 5.3 によって

$$\mathrm{rank}\,(\boldsymbol{x}, \boldsymbol{x}_1, \cdots, \boldsymbol{x}_m) = \mathrm{rank}\,(0, \boldsymbol{x}_1, \cdots, \boldsymbol{x}_m).$$

他方，階数の定義から明らかに

$$\mathrm{rank}\,(0, \boldsymbol{x}_1, \cdots, \boldsymbol{x}_m) = \mathrm{rank}\,(\boldsymbol{x}_1, \cdots, \boldsymbol{x}_m).$$

（証終）

問 1. $\boldsymbol{x}_1, \cdots, \boldsymbol{x}_r$ が独立で，$\boldsymbol{x}_{r+1}, \boldsymbol{x}_{r+2}, \cdots, \boldsymbol{x}_m$ がいずれも $\boldsymbol{x}_1, \cdots, \boldsymbol{x}_r$ の1次結合に等しいとき，

$$\mathrm{rank}\,(\boldsymbol{x}_1, \cdots, \boldsymbol{x}_m) = r$$

であることを示せ．

例題 1. つぎの3つの3次元ベクトルの階数が2になるようにスカラー a を定めること：

$$\boldsymbol{x}_1 = \begin{bmatrix} 1 \\ 2 \\ -1 \end{bmatrix}, \quad \boldsymbol{x}_2 = \begin{bmatrix} 2 \\ -1 \\ 2 \end{bmatrix}, \quad \boldsymbol{x}_3 = \begin{bmatrix} 3 \\ 1 \\ a \end{bmatrix}.$$

前節の例題によって $\boldsymbol{x}_1, \boldsymbol{x}_2$ は独立であるから，$\boldsymbol{x}_1, \boldsymbol{x}_2, \boldsymbol{x}_3$ が従属になるように a を定めればよい．定理 5.2 により，$\boldsymbol{x}_3 = c_1\boldsymbol{x}_1 + c_2\boldsymbol{x}_2$ が成り立つように，スカラー c_1, c_2 および a を定めることになる．ベクトルの成分を考えて

$$3 = c_1 + 2c_2, \quad 1 = 2c_1 - c_2, \quad a = -c_1 + 2c_2.$$

第1・第2方程式から $c_1 = c_2 = 1$．第3方程式によって $a = 1$．

問 2. つぎの4つの3次元ベクトルの階数を求めよ：

$$\boldsymbol{x}_1 = \begin{bmatrix} 1 \\ 2 \\ -1 \end{bmatrix}, \quad \boldsymbol{x}_2 = \begin{bmatrix} 2 \\ -1 \\ 2 \end{bmatrix}, \quad \boldsymbol{x}_3 = \begin{bmatrix} 3 \\ 1 \\ 1 \end{bmatrix}, \quad \boldsymbol{x}_4 = \begin{bmatrix} -1 \\ 3 \\ -3 \end{bmatrix}.$$

例題 2. 通常の空間で3つのベクトル $\boldsymbol{x}_1, \boldsymbol{x}_2, \boldsymbol{x}_3$ を考え，任意の点 P か

らこれらを表現する有向線分 $\overrightarrow{PQ}$, $\overrightarrow{PR}$, $\overrightarrow{PS}$ をとる.

$\boldsymbol{x}_1$, $\boldsymbol{x}_2$ が独立であるとは, 3点 P, Q, R が同一直線上にないことにほかならない.

これを示すために, $\boldsymbol{x}_1$, $\boldsymbol{x}_2$ が従属, すなわち $\mathrm{rank}(\boldsymbol{x}_1, \boldsymbol{x}_2)<2$ であるときを調べる:

1° 階数が 0 の場合. $\boldsymbol{x}_1=\boldsymbol{x}_2=0$ であるから, $\mathrm{P}=\mathrm{Q}=\mathrm{R}$ である.

2° 階数が 1 の場合. $\boldsymbol{x}_1$, $\boldsymbol{x}_2$ のいずれかは 0 でないから, $\boldsymbol{x}_1 \neq 0$ として一般性を失わない. このとき, 前節の例題から, $\boldsymbol{x}_2=c\boldsymbol{x}_1$ を満たすスカラー c がある. したがって, $\overrightarrow{PR}$ は $\overrightarrow{PQ}$ と同じ向きまたは反対向きをもち, P, Q, R は同一線上にある.

いずれにしろ, $\boldsymbol{x}_1$, $\boldsymbol{x}_2$ が従属ならば, P, Q, R は同一直線上にあるといってよい. 逆に, P, Q, R が同一直線上にあれば, $\boldsymbol{x}_1$, $\boldsymbol{x}_2$ が従属になることも, 容易に確かめられる.

つぎに, $\boldsymbol{x}_1$, $\boldsymbol{x}_2$, $\boldsymbol{x}_3$ が独立であるとは, 4点 P, Q, R, S が同一平面上にないことにほかならない.

これを示すために, $\boldsymbol{x}_1$, $\boldsymbol{x}_2$, $\boldsymbol{x}_3$ が従属, すなわち $\mathrm{rank}(\boldsymbol{x}_1, \boldsymbol{x}_2, \boldsymbol{x}_3)<3$ であるときを調べる:

1° 階数が 0 または 1 の場合. 上記と同じように, 4点はたがいに等しいか, または同一直線上にある.

2° 階数が 2 の場合. $\boldsymbol{x}_1$, $\boldsymbol{x}_2$ が独立であるとして一般性を失わない. このとき, 上記のように P, Q, R は同一直線上にない. また, 定理 5.2 から, $\boldsymbol{x}_3=c_1\boldsymbol{x}_1+c_2\boldsymbol{x}_2$ を満たすスカラー c_1, c_2 がある. ゆえに, S は P, Q, R が決定する平面の上にある (図 5.1).

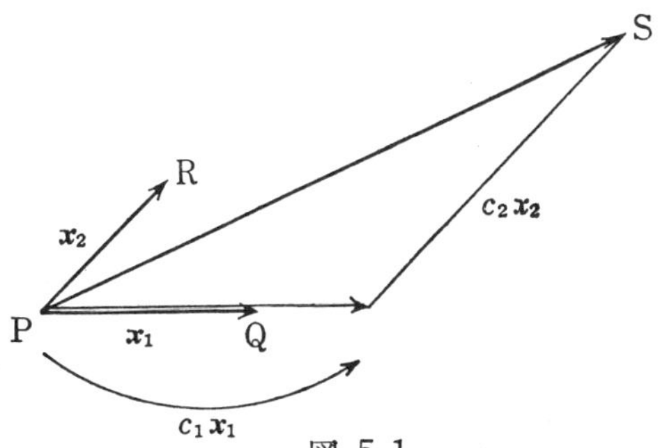

図 5.1

いずれにしろ, $\boldsymbol{x}_1$, $\boldsymbol{x}_2$, $\boldsymbol{x}_3$ が従属ならば, P, Q, R, S は同一平面上にあるといってよい. 逆に, P, Q, R, S が同一平面上にあれば, $\boldsymbol{x}_1$, $\boldsymbol{x}_2$, $\boldsymbol{x}_3$ が従属

になることも，容易に確かめられる．

5.3 線形部分空間

n 次元数空間 $\boldsymbol{V}$ の中の空でない1つの部分集合 $\boldsymbol{M}$ がつぎの条件を満たすとする：

1° $\boldsymbol{M}$ の任意の2つのベクトル $\boldsymbol{x}, \boldsymbol{y}$ に対し，$\boldsymbol{x}+\boldsymbol{y}$ は $\boldsymbol{M}$ にふくまれる．

2° $\boldsymbol{M}$ の任意のベクトル $\boldsymbol{x}$ と任意のスカラー c とに対し，$c\boldsymbol{x}$ は $\boldsymbol{M}$ にふくまれる．

このとき，$\boldsymbol{M}$ を $\boldsymbol{V}$ の**線形部分空間**という．この条件 1°, 2° はつぎの1つの条件 (L) と同値である：

(L) $\boldsymbol{M}$ の有限個のベクトル $\boldsymbol{x}_1, \cdots, \boldsymbol{x}_m$ と同じ個数のスカラー $c_1, \cdots, c_m$ とを任意にとるとき，$c_1\boldsymbol{x}_1+\cdots+c_m\boldsymbol{x}_m$ はつねに $\boldsymbol{M}$ にふくまれる．

たとえば，$\mathbf{0}$ だけから成る集合は，条件 1°, 2° を満たすから1つの線形部分空間である．これは $\boldsymbol{V}$ の中の最小の線形部分空間である．（なぜなら，任意の線形部分空間は条件 2° によってつねに $\mathbf{0}$ をふくんでいる．）また，$\boldsymbol{V}$ 自身も $\boldsymbol{V}$ の1つの線形部分空間である．これは $\boldsymbol{V}$ の中の最大の線形部分空間である．

$\boldsymbol{V}$ のベクトル $\boldsymbol{u}_1, \cdots, \boldsymbol{u}_s$ が与えられたとき，その1次結合 $c_1\boldsymbol{u}_1+\cdots+c_s\boldsymbol{u}_s$ ($c_1, \cdots, c_s$：任意のスカラー) の全体を $\boldsymbol{M}$ と表わせば，$\boldsymbol{M}$ は条件 1°, 2° を満たす．この $\boldsymbol{M}$ を $\boldsymbol{u}_1, \cdots, \boldsymbol{u}_s$ で**張られた**線形部分空間といい，$L(\boldsymbol{u}_1, \cdots, \boldsymbol{u}_s)$ と書き表わす．

ベクトルの2組 $\{\boldsymbol{x}_1, \cdots, \boldsymbol{x}_s\}$, $\{\boldsymbol{y}_1, \cdots, \boldsymbol{y}_t\}$ が**同値**であるとは，各 $\boldsymbol{x}_i$ が $\boldsymbol{y}_1, \cdots, \boldsymbol{y}_t$ の1次結合に等しく，そして各 $\boldsymbol{y}_j$ が $\boldsymbol{x}_1, \cdots, \boldsymbol{x}_s$ の1次結合に等しいことであると定義し，この場合に

$$\{\boldsymbol{x}_1, \cdots, \boldsymbol{x}_s\} \sim \{\boldsymbol{y}_1, \cdots, \boldsymbol{y}_t\}$$

と書き表わすことにする．このことは

$$L(\boldsymbol{x}_1, \cdots, \boldsymbol{x}_s) = L(\boldsymbol{y}_1, \cdots, \boldsymbol{y}_t)$$

であることにほかならない．

この同値関係に関してつぎの性質は明らかである：

(i) $\{\boldsymbol{x}_1, \cdots, \boldsymbol{x}_s\} \sim \{\boldsymbol{x}_1, \cdots, \boldsymbol{x}_s\}$ (反射性),

(ii) $\{\boldsymbol{x}_1, \cdots, \boldsymbol{x}_s\} \sim \{\boldsymbol{y}_1, \cdots, \boldsymbol{y}_t\}$ ならば，$\{\boldsymbol{y}_1, \cdots, \boldsymbol{y}_t\} \sim \{\boldsymbol{x}_1, \cdots, \boldsymbol{x}_s\}$ (対称性),

(iii) $\{\boldsymbol{x}_1, \cdots, \boldsymbol{x}_s\} \sim \{\boldsymbol{y}_1, \cdots, \boldsymbol{y}_t\}$ かつ $\{\boldsymbol{y}_1, \cdots, \boldsymbol{y}_t\} \sim \{\boldsymbol{z}_1, \cdots, \boldsymbol{z}_p\}$ ならば，$\{\boldsymbol{x}_1, \cdots, \boldsymbol{x}_s\} \sim \{\boldsymbol{z}_1, \cdots, \boldsymbol{z}_p\}$ (推移性).

定理 5.5 $\boldsymbol{V}$ のベクトル $\boldsymbol{x}_1, \cdots, \boldsymbol{x}_s$ が独立であり，このおのおのが $\boldsymbol{V}$ のベクトル $\boldsymbol{y}_1, \cdots, \boldsymbol{y}_t$ の1次結合に等しいとする．このときには，$s \leq t$ であり，$\boldsymbol{y}_1, \cdots, \boldsymbol{y}_t$ のうちの適当な s 個を $\boldsymbol{x}_1, \cdots, \boldsymbol{x}_s$ でおきかえて得られる組を $\{\boldsymbol{y}_1, \cdots, \boldsymbol{y}_t\}$ と同値になるようにすることができる．

証明 s に関する数学的帰納法によって証明する．

$s=0$ のときには自明である．

$s>0$ のとき，$s-1$ に対しては成り立つという帰納法の仮定を $\{\boldsymbol{x}_1, \cdots, \boldsymbol{x}_{s-1}\}$ と $\{\boldsymbol{y}_1, \cdots, \boldsymbol{y}_t\}$ に適用して，$s-1 \leq t$，そして $\boldsymbol{y}_1, \cdots, \boldsymbol{y}_t$ のうちの適当な $s-1$ 個を $\boldsymbol{x}_1, \cdots, \boldsymbol{x}_{s-1}$ でとりかえて得られる組を $\{\boldsymbol{y}_1, \cdots, \boldsymbol{y}_t\}$ と同値になるようにすることができる．あらかじめ $\boldsymbol{y}_1, \cdots, \boldsymbol{y}_t$ の順序を変えておいたとして

$$\{\boldsymbol{x}_1, \cdots, \boldsymbol{x}_{s-1}, \boldsymbol{y}_s, \boldsymbol{y}_{s+1}, \cdots, \boldsymbol{y}_t\} \sim \{\boldsymbol{y}_1, \cdots, \boldsymbol{y}_t\} \tag{5.7}$$

として一般性を失わない．ところで，$\boldsymbol{x}_s$ は $\boldsymbol{y}_1, \cdots, \boldsymbol{y}_t$ の1次結合に等しいのであるから，(5.7) によって

$$\boldsymbol{x}_s = c_1\boldsymbol{x}_1 + \cdots + c_{s-1}\boldsymbol{x}_{s-1} + c_s\boldsymbol{y}_s + c_{s+1}\boldsymbol{y}_{s+1} + \cdots + c_t\boldsymbol{y}_t$$
$$(c_1, \cdots, c_t : \text{スカラー}).$$

ここに $c_s, c_{s+1}, \cdots, c_t$ のうちには 0 でないものがなければならない．(なぜなら，$c_s = c_{s+1} = \cdots = c_t = 0$ と仮定すると，$\boldsymbol{x}_s$ が $\boldsymbol{x}_1, \cdots, \boldsymbol{x}_{s-1}$ の1次結合に等しいことになり，それらが独立であることと矛盾する.) そこで $c_s \neq 0$ として一般性を失わない．このとき

$$\{\boldsymbol{x}_1, \cdots, \boldsymbol{x}_{s-1}, \boldsymbol{y}_s, \boldsymbol{y}_{s+1}, \cdots, \boldsymbol{y}_t\}$$
$$\sim \{\boldsymbol{x}_1, \cdots, \boldsymbol{x}_{s-1}, \boldsymbol{x}_s, \boldsymbol{y}_{s+1}, \cdots, \boldsymbol{y}_t\}.$$

これと (5.7) とから

$$\{\boldsymbol{x}_1, \cdots, \boldsymbol{x}_s, \boldsymbol{y}_{s+1}, \cdots, \boldsymbol{y}_t\} \sim \{\boldsymbol{y}_1, \cdots, \boldsymbol{y}_t\}$$

(証終)

系 1 $\boldsymbol{x}_1, \cdots, \boldsymbol{x}_s$ が独立であり，$\boldsymbol{y}_1, \cdots, \boldsymbol{y}_t$ も独立であり，そして $\{\boldsymbol{x}_1, \cdots, \boldsymbol{x}_s\} \sim \{\boldsymbol{y}_1, \cdots, \boldsymbol{y}_t\}$ であるならば，$s=t$ である．

証明 定理 5.5 によって，$s \leq t$ かつ $s \geq t$ となるから，$s=t$ でなければならない．

(証終)

系 2 $\boldsymbol{V}$ のベクトル $\boldsymbol{x}_1, \cdots, \boldsymbol{x}_m$ が与えられたとき，その中から適当に $\boldsymbol{x}_{i_1}, \cdots, \boldsymbol{x}_{i_r}$ を選び出すと，これらが独立で，しかも

(5.8)
$$\{\boldsymbol{x}_1, \cdots, \boldsymbol{x}_m\} \sim \{\boldsymbol{x}_{i_1}, \cdots, \boldsymbol{x}_{i_r}\}$$

となるようにできる．この個数 r は $\boldsymbol{x}_1, \cdots, \boldsymbol{x}_m$ に対して一意的に定まる．($r = \mathrm{rank}\,(\boldsymbol{x}_1, \cdots, \boldsymbol{x}_m)$ である．)

証明 $\boldsymbol{x}_1, \cdots, \boldsymbol{x}_m$ の中から独立なベクトルの組をとり出すすべてのしかたのうち，その組のベクトルの個数が最大になるものを選び，それを $\boldsymbol{x}_{i_1}, \cdots, \boldsymbol{x}_{i_r}$ とする．(したがって，$r = \mathrm{rank}\,(\boldsymbol{x}_1, \cdots, \boldsymbol{x}_m)$ である．) このとき，$\boldsymbol{x}_1, \cdots, \boldsymbol{x}_m$ のうちの各ベクトル $\boldsymbol{x}_k$ に対し，$\boldsymbol{x}_k, \boldsymbol{x}_{i_1}, \cdots, \boldsymbol{x}_{i_r}$ は従属，したがって，定理 5.2 から，$\boldsymbol{x}_k$ は $\boldsymbol{x}_{i_1}, \cdots, \boldsymbol{x}_{i_r}$ の 1 次結合に等しい．このことから (5.8) の成り立つことがわかる．また，$\boldsymbol{x}_1, \cdots, \boldsymbol{x}_m$ の中から $\boldsymbol{x}_{j_1}, \cdots, \boldsymbol{x}_{j_s}$ をとり，これが独立で，そして

$$\{\boldsymbol{x}_1, \cdots, \boldsymbol{x}_m\} \sim \{\boldsymbol{x}_{j_1}, \cdots, \boldsymbol{x}_{j_s}\}$$

となるようにすれば，系1から，$r = s$ でなければならない．　(証終)

5.4 次　　元

n 次元数空間 $\boldsymbol{V}$ からは独立な n 個のベクトルの組はとり出せる．たとえば，基本ベクトル $\boldsymbol{e}_1, \cdots, \boldsymbol{e}_n$ は独立である．しかし，$n+1$ 個以上のベクトルをとればつねに従属になる．なぜなら，$\boldsymbol{u}_1, \cdots, \boldsymbol{u}_{n+s}\,(s \geq 1)$ が独立であると仮定すると，各 $\boldsymbol{u}_i$ が $\boldsymbol{e}_1, \cdots, \boldsymbol{e}_n$ の 1 次結合に等しいことから，定理 5.5 によって $n+s \leq n$ となって矛盾である．

$\boldsymbol{M}$ を線形部分空間とするとき，$\boldsymbol{M}$ からとり出せる独立なベクトルの個数は，上記のとおり，n を越し得ない．いま，$\boldsymbol{M}$ から独立な r 個のベクトルはとり出せるが，$r+1$ 個以上をとり出すとつねに従属になるとする．このとき，r を $\boldsymbol{M}$ の次元 (dimension) といい，$\dim \boldsymbol{M}$ と書き表わす．また，$\boldsymbol{M}$ は r 次元であるという．

$\boldsymbol{V}$ を線形部分空間とみなしたときの次元は n である．また，0 次元の線形部分空間とは 0 だけから成るものである．

定理 5.6 $\boldsymbol{L}(\boldsymbol{x}_1, \cdots, \boldsymbol{x}_m)$ の次元は $\mathrm{rank}\,(\boldsymbol{x}_1, \cdots, \boldsymbol{x}_m)$ に等しい．

証明 $r = \mathrm{rank}\,(\boldsymbol{x}_1, \cdots, \boldsymbol{x}_m)$ とする．$\boldsymbol{x}_1, \cdots, \boldsymbol{x}_m$ の中から独立な r 個のベクトル

がとり出せるから，それを $\boldsymbol{x}_{i_1}, \cdots, \boldsymbol{x}_{i_r}$ とする．このとき，定理 5.5 の系 2 の証明にいうように，各 $\boldsymbol{x}_k (1 \leq k \leq m)$ は $\boldsymbol{x}_{i_1}, \cdots, \boldsymbol{x}_{i_r}$ の 1 次結合に等しい．したがって，$\boldsymbol{L}(\boldsymbol{x}_1, \cdots, \boldsymbol{x}_m)$ の各ベクトルは $\boldsymbol{x}_{i_1}, \cdots, \boldsymbol{x}_{i_r}$ の 1 次結合に等しい．

さて，$\boldsymbol{L}(\boldsymbol{x}_1, \cdots, \boldsymbol{x}_m)$ の中から，独立な r 個のベクトル $\boldsymbol{x}_{i_1}, \cdots, \boldsymbol{x}_{i_r}$ はとり出せるのであるから，任意に $r+s$ 個 $(s \geq 1)$ のベクトル $\boldsymbol{y}_1, \cdots, \boldsymbol{y}_{r+s}$ をとり出せばつねに従属になることを確かめると証明が完了する．ところが，$\boldsymbol{y}_1, \cdots, \boldsymbol{y}_{r+s}$ が独立であると仮定すると，これらが，$\boldsymbol{x}_{i_1}, \cdots, \boldsymbol{x}_{i_r}$ の 1 次結合であることから，定理 5.5 によって $r+s \leq r$ となり，矛盾である．　　(証終)

定理 5.7　$\boldsymbol{M}$ を r 次元線形部分空間とし，$\boldsymbol{u}_1, \cdots, \boldsymbol{u}_r$ を $\boldsymbol{M}$ からの独立な r 個のベクトルとする．このとき，

1°　$\boldsymbol{M}$ の各ベクトル $\boldsymbol{x}$ は $\boldsymbol{u}_1, \cdots, \boldsymbol{u}_r$ の 1 次結合として一意的に書き表わされる．

2°　$\boldsymbol{M}$ は $\boldsymbol{u}_1, \cdots, \boldsymbol{u}_r$ で張られた線形部分空間と一致する．

証明　1°　$\boldsymbol{x}, \boldsymbol{u}_1, \cdots, \boldsymbol{u}_r$ は $\boldsymbol{M}$ からの $r+1$ 個のベクトルであるから従属であり，したがって，定理 5.2 により，$\boldsymbol{x}$ は $\boldsymbol{u}_1, \cdots, \boldsymbol{u}_r$ の 1 次結合に等しい．いま，

$$(5.9)\qquad \begin{aligned} \boldsymbol{x} &= \xi_1 \boldsymbol{u}_1 + \cdots + \xi_r \boldsymbol{u}_r \\ &= \xi_1' \boldsymbol{u}_1 + \cdots + \xi_r' \boldsymbol{u}_r \\ &\quad (\xi_1, \cdots, \xi_r, \xi_1', \cdots, \xi_r' : \text{スカラー}) \end{aligned}$$

とすると，

$$(\xi_1 - \xi_1')\boldsymbol{u}_1 + \cdots + (\xi_r - \xi_r')\boldsymbol{u}_r = \boldsymbol{0}.$$

したがって，$\boldsymbol{u}_1, \cdots, \boldsymbol{u}_r$ が独立であることから，

$$\xi_1 - \xi_1' = \cdots = \xi_r - \xi_r' = 0.$$

2°　は 1° によって明らかである．　　(証終)

この定理にいうような $\boldsymbol{u}_1, \cdots, \boldsymbol{u}_r$ を $\boldsymbol{M}$ の**基底**という．また，$\boldsymbol{M}$ の各ベクトル $\boldsymbol{x}$ に対して一意的に定まる (5.9) の係数 $\xi_1, \cdots, \xi_r$ を，基底 $\boldsymbol{u}_1, \cdots, \boldsymbol{u}_r$ に関する $\boldsymbol{x}$ の**座標**という．

$\boldsymbol{e}_1, \cdots, \boldsymbol{e}_n$ は $\boldsymbol{V}$ の 1 つの基底であり，$\boldsymbol{V}$ の各ベクトル $\boldsymbol{x} = (x_i)$ の成分 $x_1, \cdots, x_n$ は，基底 $\boldsymbol{e}_1, \cdots, \boldsymbol{e}_n$ に関する $\boldsymbol{x}$ の座標にほかならない．

定理 5.8　線形部分空間 $\boldsymbol{M}$ が線形部分空間 $\boldsymbol{N}$ にふくまれるならば，$\dim \boldsymbol{M} \leq \dim \boldsymbol{N}$ である．この場合に等号が成り立つことは，$\boldsymbol{M} = \boldsymbol{N}$ であることにほかならない．

証明　$\dim \boldsymbol{M} \leq \dim \boldsymbol{N}$ であることは，本節のはじめの次元の定義から明らかである．また，$\dim \boldsymbol{M} = \dim \boldsymbol{N}$ であるとすると，$\boldsymbol{M}$ の基底は $\boldsymbol{N}$ に対しても基底になり，定理 5.7 の 2° から，$\boldsymbol{M} = \boldsymbol{N}$ である．逆に，$\boldsymbol{M} = \boldsymbol{N}$ ならば，明らかに $\dim \boldsymbol{M} = \dim \boldsymbol{N}$ となる．（証終）

定理 5.9　$\boldsymbol{x}_1, \cdots, \boldsymbol{x}_s$ を r 次元線形部分空間 $\boldsymbol{M}$ の中の独立なベクトルとし，$s < r$ とする．このとき，適当に $\boldsymbol{M}$ からベクトル $\boldsymbol{x}_{s+1}, \cdots, \boldsymbol{x}_r$ をとり，$\boldsymbol{x}_1, \cdots, \boldsymbol{x}_r$ が $\boldsymbol{M}$ の基底となるようにすることができる．

証明　$\boldsymbol{u}_1, \cdots, \boldsymbol{u}_r$ を $\boldsymbol{M}$ の1つの基底とすると，$\boldsymbol{x}_1, \cdots, \boldsymbol{x}_s$ はいずれも $\boldsymbol{u}_1, \cdots, \boldsymbol{u}_r$ の1次結合に等しい．このとき，定理 5.5 により，$\boldsymbol{u}_1, \cdots, \boldsymbol{u}_r$ のうちの適当な s 個を $\boldsymbol{x}_1, \cdots, \boldsymbol{x}_s$ でおきかえて得られる組を $\{\boldsymbol{u}_1, \cdots, \boldsymbol{u}_r\}$ と同値になるようにできる．この組を $\{\boldsymbol{x}_1, \cdots, \boldsymbol{x}_s, \boldsymbol{u}_{s+1}, \cdots, \boldsymbol{u}_r\}$ としてよい（あらかじめ $\boldsymbol{u}_1, \cdots, \boldsymbol{u}_r$ の順序を変えておけばよい）．この組は $\boldsymbol{M}$ の基底になる．（証終）

例題 1.　通常の空間にデカルト座標をとると，1.5 で見たように，幾何的ベクトルの全体は3次元実数空間 $\boldsymbol{R}^3$ とみなされる．$\boldsymbol{R}^3$ の各ベクトルはデカルト座標の原点 O からでる1つの有向線分で一意的に表現され，逆に，O からでる各有向線分は $\boldsymbol{R}^3$ の1つのベクトルを表現する．

いま，$\boldsymbol{M}$ を $\boldsymbol{R}^3$ の1つの線形部分空間とするとき，上記の有向線分のうちで $\boldsymbol{M}$ のベクトルを表現するものの全体は，どのような様子になっているであろうか．これを $\boldsymbol{M}$ の次元によって4つの場合に分けて考えよう．

1°　$\boldsymbol{M}$ の次元が 0 の場合．$\boldsymbol{M}$ は $\boldsymbol{0}$ だけから成る．

2°　$\boldsymbol{M}$ の次元が 1 の場合．$\boldsymbol{M}$ から $\boldsymbol{0}$ でないベクトル $\boldsymbol{u}$ を任意にとると，定理 5.7 から，$\boldsymbol{M}$ は $\boldsymbol{x} = \xi \boldsymbol{u}$（$\xi$：スカラー）の形のベクトル $\boldsymbol{x}$ の全体である．したがって，$\boldsymbol{u} = \overrightarrow{\mathrm{OU}}$，$\boldsymbol{x} = \overrightarrow{\mathrm{OP}}$ とすると，$\overrightarrow{\mathrm{OP}} = \xi \overrightarrow{\mathrm{OU}}$ である．よって，$\boldsymbol{M}$ は O から直線 OU の上の点までの有向線分で表現されるベクトルの全体にほかならない（図 5.2）．

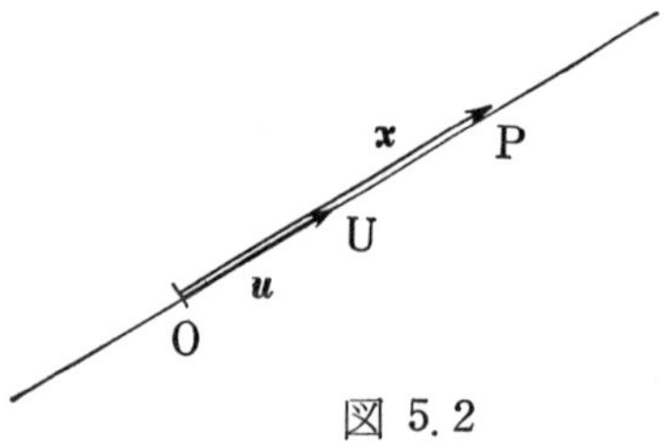

図 5.2

3°　$\boldsymbol{M}$ の次元が 2 の場合．$\boldsymbol{M}$ の1つの基底 $\boldsymbol{u}_1, \boldsymbol{u}_2$ をとると，定理 5.7 から，$\boldsymbol{M}$ は $\boldsymbol{x} = \xi_1 \boldsymbol{u}_1 + \xi_2 \boldsymbol{u}_2$（$\xi_1, \xi_2$：スカラー）の形のベクトル $\boldsymbol{x}$ の全体で

ある．$\boldsymbol{u}_1 = \overrightarrow{\mathrm{OU}_1}$, $\boldsymbol{u}_2 = \overrightarrow{\mathrm{OU}_2}$, $\boldsymbol{x} = \overrightarrow{\mathrm{OP}}$ とすると

$$\overrightarrow{\mathrm{OP}} = \xi_1\overrightarrow{\mathrm{OU}_1} + \xi_2\overrightarrow{\mathrm{OU}_2}.$$

5.2 の例題 2 で見たように，O, U_1, U_2 は同一直線上になく，1つの平面を決定する．そして，P はこの平面上にある（図 5.3）．よって，$\boldsymbol{M}$ は O からこの平面の点までの有向線分で表現されるベクトルの全体にほかならない．

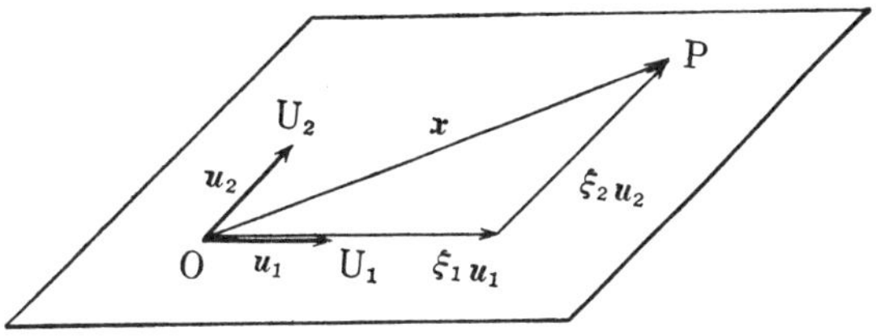

図 5.3

4° $\boldsymbol{M}$ の次元が 3 の場合．$\boldsymbol{M} = \boldsymbol{R}^3$ である．$\boldsymbol{M}$ の 1 つの基底 $\boldsymbol{u}_1, \boldsymbol{u}_2, \boldsymbol{u}_3$ をとると，$\boldsymbol{M}$ は $\boldsymbol{x} = \xi_1\boldsymbol{u}_1 + \xi_2\boldsymbol{u}_2 + \xi_3\boldsymbol{u}_3$ (ξ_1, ξ_2, ξ_3：スカラー) の形のベクトル $\boldsymbol{x}$ の全体である．$\boldsymbol{u}_1 = \overrightarrow{\mathrm{OU}_1}$, $\boldsymbol{u}_2 = \overrightarrow{\mathrm{OU}_2}$, $\boldsymbol{u}_3 = \overrightarrow{\mathrm{OU}_3}$, $\boldsymbol{x} = \overrightarrow{\mathrm{OP}}$ とすると，

$$\overrightarrow{\mathrm{OP}} = \xi_1\overrightarrow{\mathrm{OU}_1} + \xi_2\overrightarrow{\mathrm{OU}_2} + \mu_3\overrightarrow{\mathrm{OU}_3}.$$

5.2 の例題 2 で見たように，O, U_1, U_2, U_3 は同一平面上にない（図 5.4）．

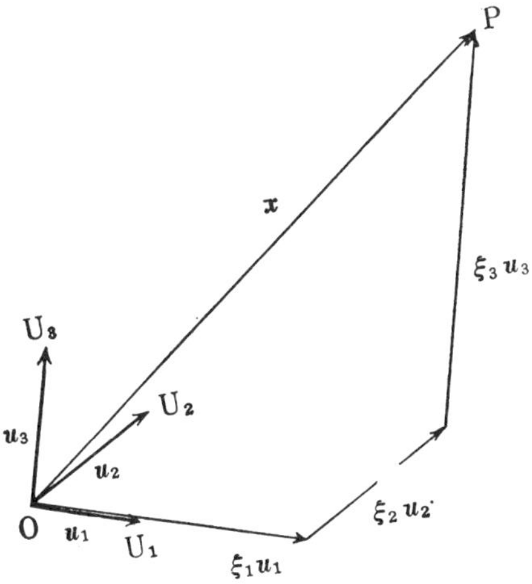

図 5.4

問 3. $\boldsymbol{M}, \boldsymbol{N}$ を n 次元数空間 $\boldsymbol{V}$ の 2 つの線形部分空間とする．

1° $\boldsymbol{M}$ の任意のベクトル $\boldsymbol{x}$ と $\boldsymbol{N}$ の任意のベクトル $\boldsymbol{y}$ ととでつくった和 $\boldsymbol{x}+\boldsymbol{y}$ の全体は，$\boldsymbol{V}$ の 1 つの線形部分空間になることを示せ．この線形部分空間を $\boldsymbol{M}+\boldsymbol{N}$ と書き表わす．

2° $\boldsymbol{M}$ と $\boldsymbol{N}$ とに共通なベクトルの全体は，$\boldsymbol{V}$ の 1 つの線形部分空間になることを示せ．これを $\boldsymbol{M} \cap \boldsymbol{N}$ と書き表わす．

3° つぎの等式を証明せよ：

$$\dim(\boldsymbol{M}+\boldsymbol{N}) + \dim(\boldsymbol{M} \cap \boldsymbol{N}) = \dim \boldsymbol{M} + \dim \boldsymbol{N}.$$

5.5 行列の階数

(m, n)-行列 $X = (x_{ij})$ が与えられたとし，その r 次小行列式のうちには

値の 0 でないものはあるが，$r+1$ 次小行列式はすべて値が 0 であるとする．このとき，r を X の**階数**といい，$r=\operatorname{rank} X$ と書き表わす*.

この場合，X の $r+2$ 次以上の小行列式はすべて値が 0 である．なぜならば，$r+s$ 次 $(s\geq 2)$ の小行列式は，3.7 の展開を繰り返し行ない，$r+1$ 次小行列式の1次結合として書き表わされるから，その値は 0 である．

r は X の 0 でない値をもつ小行列式の次数の最大値である．もちろん，$0\leq r\leq m$, $0\leq r\leq n$ である．X の階数が 0 であるとは，X が零行列であることにほかならない．

定理 5.10 (m, n)-行列 $X=(x_{ij})$ の階数が r であって

$$\det X\begin{pmatrix}\alpha & \beta\cdots\kappa \\ \alpha' & \beta'\cdots\kappa'\end{pmatrix}\neq 0 \tag{5.10}$$

であるとする．ここに $\alpha, \beta, \cdots, \kappa$ は $1, 2, \cdots, m$ のうちの r 個 $(\alpha<\beta<\cdots<\kappa)$ であり，$\alpha', \beta', \cdots, \kappa'$ は $1, 2, \cdots, n$ のうちの r 個 $(\alpha'<\beta'<\cdots<\kappa')$ である．このとき，

1° X の第 α, 第 $\beta, \cdots$, 第 κ の行ベクトルは独立であり，ほかの行ベクトルはいずれもこれら r 個の行ベクトルの1次結合に等しい．

2° X の第 α', 第 $\beta', \cdots$, 第 κ' の列ベクトルは独立であり，ほかの列ベクトルはいずれもこれら r 個の列ベクトルの1次結合に等しい．

証明 あらかじめ行や列の順序を変えておいて，仮定 (5.10) を

$$\det X\begin{pmatrix}1 & 2\cdots r \\ 1 & 2\cdots r\end{pmatrix}\neq 0 \tag{5.11}$$

としてよい．このとき，結論 2°，すなわち，第1, 第2, $\cdots$, 第 r の列ベクトルは独立であり，ほかの列ベクトルはこれらの1次結合に等しいということを証明する．
（結論 1° についても同じように証明できる．）

X の第 j 列ベクトルを $\boldsymbol{x}_j$ と書き表わす．

まず，$c_1\boldsymbol{x}_1+\cdots+c_r\boldsymbol{x}_r=0$ を満たすスカラー $c_1, \cdots, c_r$ に対しては，両辺の成分を考えて

$$x_{i1}c_1+\cdots+x_{ir}c_r=0 \quad (1\leq i\leq n).$$

この i を $1, 2, \cdots, r$ としたときの r 個の式から，(5.11) と定理 3.6 とにより，$c_1=\cdots=c_r=0$ でなければならない．ゆえに，$\boldsymbol{x}_1, \cdots, \boldsymbol{x}_r$ は独立である．

---

* $r=m$ または $r=n$ の場合には，$r+1$ 次小行列式はつくれないから，定義の第2条件は不問に付する．

つぎに，$r+1\leq j\leq n$ を満たすおのおのの j に対し，$\boldsymbol{x}_j$ が $\boldsymbol{x}_1, \cdots, \boldsymbol{x}_r$ の1次結合に等しいことを確かめる．見やすくするために問題の列だけとり出して書けば

$$\begin{bmatrix} x_{11} & \cdots & x_{1r} & x_{1j} \\ \cdots & & & \\ x_{r1} & \cdots & x_{rr} & x_{rj} \\ x_{r+1,1} & \cdots & x_{r+1,r} & x_{r+1,j} \\ \cdots & & & \\ x_{m1} & \cdots & x_{mr} & x_{mj} \end{bmatrix}.$$

ここで，方程式

(5.12)
$$\begin{cases} x_{11}c_1+\cdots+x_{1r}c_r = x_{1j} \\ \cdots \\ x_{r1}c_1+\cdots+x_{rr}c_r = x_{rj} \end{cases}$$

を満たすスカラー $c_1, \cdots, c_r$ をとる．その存在は (5.11) と定理 3.6 とで保証される．この $c_1, \cdots, c_r$ に対しては

(5.12′)
$$x_{h1}c_1+\cdots+x_{hr}c_r = x_{hj} \quad (r+1\leq h\leq m)$$

が成り立つ．なぜならば，X の階数が r であることから

$$0 = \begin{vmatrix} x_{11}\cdots x_{1r} & x_{1j} \\ \cdots & \\ x_{r1}\cdots x_{rr} & x_{rj} \\ x_{h1}\cdots x_{hr} & x_{hj} \end{vmatrix},$$

第1列，$\cdots$，第 r 列にそれぞれ $-c_1, \cdots, -c_r$ をかけて最後の列に加えると

$$= \begin{vmatrix} x_{11}\cdots x_{1r} & 0 \\ \cdots & \\ x_{r1}\cdots x_{rr} & 0 \\ x_{h1}\cdots x_{hr} & x_{hj}-x_{h1}c_1-\cdots-x_{hr}c_r \end{vmatrix}$$

$$= \det X\begin{pmatrix} 1 & 2\cdots r \\ 1 & 2\cdots r \end{pmatrix}\cdot \ (x_{hj}-x_{h1}c_1-\cdots-x_{hr}c_r).$$

したがって，(5.11) により，(5.12′) が得られる．

(5.12) と (5.12′) とで，$c_1\boldsymbol{x}_1+\cdots+c_r\boldsymbol{x}_r = \boldsymbol{x}_j$ となる． (証終)

系 (m, n)-行列 $X=(x_{ij})$ の列ベクトルを $\boldsymbol{x}_1, \cdots, \boldsymbol{x}_n$，行ベクトルを $\boldsymbol{x}_1', \cdots, \boldsymbol{x}_m'$ と書き表わすとき，

$$\operatorname{rank} X = \operatorname{rank}(\boldsymbol{x}_1, \cdots, \boldsymbol{x}_n) = \operatorname{rank}(\boldsymbol{x}_1', \cdots, \boldsymbol{x}_m')$$

となる．

証明 定理 5.10 と第2節の問1とによる． (証終)

例題 1. (m, n)-行列 $X=(x_{ij})$ の階数が1であるとは，X が零行列でなくて，連比

$$x_{i1} : x_{i2} : \cdots : x_{in} \quad (1\leq i\leq m)$$

がたがいに等しいことである（X の行ベクトルに対して上記の系と第 1 節の例題とによる）．また，連比

$$x_{1j} : x_{2j} : \cdots : x_{mj} \quad (1 \leq j \leq n)$$

がたがいに等しいことであるといってもよい．

例題 2. 行列

$$X = \begin{bmatrix} 1 & 2 & -1 \\ 2 & -1 & 3 \\ 3 & 1 & 2 \end{bmatrix}$$

について見る．2 次小行列式のうちには値が 0 でないものがある．たとえば

$$\det X\begin{pmatrix} 1 & 2 \\ 1 & 2 \end{pmatrix} = \begin{vmatrix} 1 & 2 \\ 2 & -1 \end{vmatrix} = -5.$$

3 次小行列式はただ 1 つであって，それを計算すると

$$\begin{vmatrix} 1 & 2 & -1 \\ 2 & -1 & 3 \\ 3 & 1 & 2 \end{vmatrix} = 0.$$

ゆえに，X の階数は 2 である．

これについて定理 5.10 をためしてみよう．

第 1，第 2 行ベクトルは，成分が比例しないから，第 1 節の例題によって独立である．そして，それらにそれぞれ 1, 1 をかけて加えると第 3 行ベクトルになる．同じように，第 1，第 2 列ベクトルは独立であり，それらにそれぞれ 1, −1 をかけて加えると第 3 列ベクトルになる．

問 4. つぎの行列の階数を求めよ：

$$\begin{bmatrix} 1 & -1 & 2 & -1 \\ 2 & 3 & -1 & 2 \\ 3 & 2 & 1 & 1 \end{bmatrix}.$$

定理 5.11 行列の階数は，その行列に対して行に関する基本操作を行なっても，また，列に関する基本操作を行なっても，不変である．

証明 定理 5.10 の系で，行列の階数はその行ベクトルの階数および列ベクトルの階数に等しいから，定理 5.3 によって上記の結論が得られる． （証終）

定理 5.12 行列に，その行ベクトルの 1 次結合を新たに行として添加して

も，また，その列ベクトルの1次結合を新たに列として添加しても，階数は不変である．

証明 前定理と同じように，定理 5.10 の系と定理 5.4 とから結論が得れる．

(証終)

例題 3. 例題2の行列の階数を定理 5.11 と定理 5.12 とによって求めること．

$$\text{rank}\begin{bmatrix}1 & 2 & -1\\2 & -1 & 3\\3 & 1 & 2\end{bmatrix} \overset{\substack{1\longrightarrow\\-2\longrightarrow}}{=} \text{rank}\begin{bmatrix}1 & 0 & 0\\2 & -5 & 5\\3 & -5 & 5\end{bmatrix} \quad (\text{定理 } 5.11)$$

$$= \text{rank}\begin{bmatrix}1 & 0\\2 & 5\\3 & 5\end{bmatrix} \quad \begin{pmatrix}\text{上の行列で第2列は第3列}\\\text{のスカラー倍であるから，}\\\text{定理 5.12 を用いた}\end{pmatrix}$$

$$= 2.$$

問 5. 問4を例題3の方法で解け．

例題 4. 第2節の例題1を定理 5.11 と定理 5.12 とによって解くこと．

定理 5.10 の系から，いくつかのベクトルの階数はそれらの成分の行列の階数に等しいから，第2節例題1の3つのベクトル x_1, x_2, x_3 に対しては

$$\text{rank}(x_1, x_2, x_3) = \text{rank}\begin{bmatrix}1 & 2 & 3\\2 & -1 & 1\\-1 & 2 & a\end{bmatrix}^{\substack{-3\longrightarrow\\-2\longrightarrow}}$$

$$= \text{rank}\begin{bmatrix}1 & 0 & 0\\2 & -5 & -5\\-1 & 4 & a+3\end{bmatrix}^{-1\longrightarrow} = \text{rank}\begin{bmatrix}1 & 0 & 0\\2 & -5 & 0\\-1 & 4 & a-1\end{bmatrix}.$$

これが2に等しいための条件は $a-1 = 0$ である．

問 6. 第2節の問2を例題4の方法で解け．

5.6 行列の積の階数

本節ではつぎの定理とその系とについて考える.

定理 5.13 $X=(x_{ij})$ を (m, n)-行列とし, $Y=(y_{jk})$ を (n, p)-行列とするとき, つぎの2つの不等式が成り立つ:

(5.13) $$\operatorname{rank}(XY)\leq \operatorname{rank} X,\ \operatorname{rank}(XY)\leq \operatorname{rank} Y.$$

証明 $XY=Z=(z_{ik})$ とおくと, 行列の積の定義から

$$z_{ik}=\sum_{j=1}^{n} x_{ij}y_{jk}\ \ (1\leq i\leq m,\ 1\leq k\leq p).$$

いま, $\operatorname{rank} X=r$, $\operatorname{rank} Y=s$ とする.

(5.13) の第1不等式を証明するには, Z の $r+1$ 次小行列式がいずれも 0 であることを確かめればよい. そこで, Z の任意の $r+1$ 次小行列式は

(5.14) $$\det Z\begin{pmatrix}\alpha & \beta\cdots\kappa\\ \alpha' & \beta'\cdots\kappa'\end{pmatrix}=\begin{vmatrix}\sum x_{\alpha j}y_{j\alpha'} & \sum x_{\alpha j}y_{j\beta'}\cdots\sum x_{\alpha j}y_{j\kappa'}\\ \sum x_{\beta j}y_{j\alpha'} & \sum x_{\beta j}y_{j\beta'}\cdots\sum x_{\beta j}y_{j\kappa'}\\ \cdots & \\ \sum x_{\kappa j}y_{j\alpha'} & \sum x_{\kappa j}y_{j\beta'}\cdots\sum x_{\kappa j}y_{j\kappa'}\end{vmatrix}$$

の形である. ここに $\alpha, \beta, \cdots, \kappa$ は $1, \cdots, m$ からの $r+1$ 個 $(\alpha<\beta<\cdots<\kappa)$ であり, $\alpha', \beta', \cdots, \kappa'$ は $1, 2, \cdots, p$ からの $r+1$ 個 $(\alpha'<\beta'<\cdots<\kappa')$ である. この行列式をつくっている行列は, 積

$$\begin{bmatrix}x_{\alpha 1} & x_{\alpha 2}\cdots x_{\alpha n}\\ x_{\beta 1} & x_{\beta 2}\cdots x_{\beta n}\\ \cdots & \\ x_{\kappa 1} & x_{\kappa 2}\cdots x_{\kappa n}\end{bmatrix}\begin{bmatrix}y_{1\alpha'} & y_{1\beta'}\cdots y_{1\kappa'}\\ y_{2\alpha'} & y_{2\beta'}\cdots y_{2k'}\\ \cdots & \\ y_{n\alpha'} & y_{n\beta'}\cdots y_{n\kappa'}\end{bmatrix}$$

に等しいから, 定理 4.2 によって, (5.14) の行列式は X の $r+1$ 次小行列式の1次結合に等しい. したがって, (5.14) の行列式は 0 に等しい.

以上では, $r+1\leq m$ かつ $r+1\leq p$ の場合を考えたが, $r+1>m$ または $r+1>p$ の場合には, (m, p)-行列 Z には $r+1$ 次の小行列式はないから, 以上の証明は不要になる.

(5.13) の第2不等式を証明するには, Z の $s+1$ 次小行列式がいずれも 0 になることを上と同じようにして示せばよい. (証終)

系 X を (m, n)-行列とし, A を m 次正則行列, B を n 次正則行列とするとき, つぎの等式が成り立つ:

(5.15) $$\operatorname{rank}(AX)=\operatorname{rank} X,\ \operatorname{rank}(XB)=\operatorname{rank} X.$$

証明 定理 5.13 によって

$$\operatorname{rank}(AX)\leq \operatorname{rank} X.$$

ところが，$X = A^{-1}(AX)$ であるから，同じ定理によって

$$\text{rnak}\, X \leq \text{rank}\,(AX).$$

この2つの不等式から，(5.15) の第1等式が得られる．

第2等式も同じようにして証明できる． （証終）

5.7 連立斉1次方程式

本書でいままでに考えた連立1次方程式では，未知数の個数と方程式の個数とが等しく，しかも未知数の係数の行列が正則である場合だけであった（2.7, 3.2, 3.8 参照）．本節と次節ではその係数行列が正則でなくてよいとした一般の場合や，さらに一般にして，未知数の個数と方程式の個数とが等しくなくてよいとした場合を考え，解があるかどうか，また解の全体がどのような様子になっているか，さらに解の全体をどのようにして求めることができるかというような問題を検討する．

本節では，つぎのような連立斉1次方程式を考える：

$$\text{(5.16)} \qquad \begin{cases} a_{11}x_1 + \cdots + a_{1n}x_n = 0 \\ \cdots \\ a_{m1}x_1 + \cdots + a_{mn}x_n = 0 \end{cases} \qquad (a_{ij}：\text{定スカラー}).$$

係数の (m, n)-行列を $A = (a_{ij})$，未知数のたてベクトルを $\boldsymbol{x} = (x_j)$ と書き表わすと，(5.16) は

$$A\boldsymbol{x} = 0$$

と書かれる．右辺は n 次元零ベクトルである．この連立方程式には必ず解 $\boldsymbol{x} = 0$ がある．これを**自明解**という．それ以外の解は，あることもあり，ないこともある．本節では，n 次元数空間 $\boldsymbol{V}$ の中にある解 $\boldsymbol{x}$ について考えよう．それを**解ベクトル**という．

(5.16) の解ベクトルの全体は $\boldsymbol{V}$ の1つの線形部分空間をなす．なぜならば，任意の2つの解ベクトル $\boldsymbol{x}'$, $\boldsymbol{x}''$ と任意のスカラー c とに対して，

$$A(\boldsymbol{x}'+\boldsymbol{x}'') = A\boldsymbol{x}'+A\boldsymbol{x}'' = 0+0 = 0,$$

$$A(c\boldsymbol{x}') = c(A\boldsymbol{x}') = c0 = 0$$

となり，$\boldsymbol{x}'+\boldsymbol{x}''$, $c\boldsymbol{x}'$ はいずれも解ベクトルになる．

したがって，第3節の (L) から，(5.16) のいくつかの解ベクトル $\boldsymbol{x}^{(1)}, \cdots$

$\cdot$, $\boldsymbol{x}^{(s)}$ と同じ個数のスカラー $c_1, \cdots, c_s$ とに対し, $c_1\boldsymbol{x}^{(1)}+\cdots+c_s\boldsymbol{x}^{(s)}$ はつねにまた解ベクトルである.

さて, 連立斉1次方程式 (5.16) の解については係数行列 A の階数が大切である. いま, その階数を r とする.

A の行の順序を変えることは方程式の順序を変えることであり, A の列の順序を変えることは未知数の順序を変えることであるから, いまの場合, はじめから

$$\det A\begin{pmatrix}1 & 2\cdots r\\ 1 & 2\cdots r\end{pmatrix}=\begin{vmatrix}a_{11}\cdots a_{1r}\\ \cdots\\ a_{r1}\cdots a_{rr}\end{vmatrix}\neq 0 \tag{5.17}$$

であるとして一般性を失わない. このとき, 定理 5.10 から, A の第 $r+1, \cdots$, 第 m の行ベクトルはいずれも第 $1, \cdots$, 第 r の行ベクトルの1次結合に等しい. したがって, (5.16) の第 $r+1, \cdots$, 第 m の方程式はいずれも第 $1, \cdots$, 第 r の方程式の1次結合に等しい. ゆえに, 連立方程式 (5.16) はつぎの連立方程式と同値である:

$$\begin{cases}a_{11}x_1+\cdots+a_{1r}x_r+a_{1,r+1}x_{r+1}+\cdots+a_{1n}x_n=0\\ \cdots\\ a_{r1}x_1+\cdots+a_{rr}x_r+a_{r,r+1}x_{r+1}+\cdots+a_{rn}x_n=0.\end{cases} \tag{5.18}$$

ここで $x_{r+1}, \cdots, x_n$ に任意のスカラー値を代入すると, これらの値に対する $x_1, \cdots, x_r$ の値が一意的に定まる ((5.17) と定理 3.6 とによる). こうして, 解ベクトル $\boldsymbol{x}$ が得られる. また, 逆に, 任意の解ベクトルはこのようにして得られる. ゆえに, このようにしてすべての解ベクトルが得られる.

いま, $x_{r+1}, \cdots, x_n$ につぎの表のような値を代入して得られる解ベクトルを, つぎの表にあるように $\boldsymbol{x}^{(1)}, \cdots, \boldsymbol{x}^{(n-r)}$ と書き表わそう:

	$\boldsymbol{x}^{(1)}$	$\boldsymbol{x}^{(2)}$	$\cdots$	$\boldsymbol{x}^{(n-r)}$
x_1	$x_1^{(1)}$	$x_1^{(2)}$	$\vdots$	$x_1^{(n-r)}$
$\vdots$	$\vdots$	$\vdots$		$\vdots$
x_r	$x_r^{(1)}$	$x_r^{(2)}$		$x_r^{(n-r)}$
x_{r+1}	1	0		0
x_{r+2}	0	1		0
$\vdots$	$\vdots$	$\vdots$		$\vdots$
x_n	0	0		1

これらの解ベクトルは独立である．なぜならば，上の表はそれらの成分の行列とみなされ，この行列の階数は $\boldsymbol{n-r}$ である．

(5.18) の $x_{r+1}, \cdots, x_n$ に任意のスカラー値 $c_1, \cdots, c_{n-r}$ を代入して得られる解ベクトルを $\boldsymbol{x}' = (\boldsymbol{x}_j')$ とすると，

$$\boldsymbol{x}' = c_1\boldsymbol{x}^{(1)} + \cdots + c_{n-r}\boldsymbol{x}^{(n-r)} \tag{5.19}$$

となる．なぜならば，$\boldsymbol{x}' - c_1\boldsymbol{x}^{(1)} - \cdots - c_{n-r}\boldsymbol{x}^{(n-r)} = \boldsymbol{x}'' = (x_j'')$ とおくと，$x''_{r+1} = \cdots = x''_n = 0$ である．ところで，$\boldsymbol{x}''$ も解ベクトルであるから，(5.18) に代入して

$$\begin{cases} a_{11}x_1'' + \cdots + a_{1r}x_r'' = 0 \\ \cdots \\ a_{r1}x_1'' + \cdots + a_{rr}x_r'' = 0. \end{cases}$$

したがって，(5.17) と定理 3.6 とから，$x_1'' = \cdots = x_r'' = 0$ となり，$\boldsymbol{x}'' = 0$ でなければならない．

以上で，解ベクトルの全体は $\boldsymbol{x}^{(1)}, \cdots, \boldsymbol{x}^{(n-r)}$ で張られる線形部分空間であることがわかった．また，定理 5.6 から，この線形部分空間は $\boldsymbol{n-r}$ 次元である．

この線形部分空間の基底を連立斉1次方程式 (5.16) の**基本解**という．定理 5.7 から，上記の $x^{(1)}, \cdots, x^{(n-r)}$ は1組の基本解である．

ここに述べたことの一部を定理としてまとめておく：

定理 5.14　$\boldsymbol{n}$ 個の未知数に関する連立斉1次方程式の係数行列の階数が $\boldsymbol{r}$ ならば，$\boldsymbol{n-r}$ 個の独立な解ベクトルがあり，連立方程式の解ベクトルの全体はそのような $\boldsymbol{n-r}$ 個の独立な解ベクトルの1次結合の全体である．

例題 1.　つぎの連立斉1次方程式を解くこと：

$$\begin{cases} 2x - y + 2z - t = 0 \\ -x + y + 5z - 2t = 0 \\ 7x - 4y + z - t = 0 \end{cases}$$

係数行列の階数を求めると

$$\operatorname{rank}\begin{bmatrix} 2 & -1 & 2 & -1 \\ -1 & 1 & 5 & -2 \\ 7 & -4 & 1 & -1 \end{bmatrix}\begin{matrix} 1 & -4 \\ \downarrow & \\ & \downarrow \end{matrix} = \operatorname{rank}\begin{bmatrix} 2 & -1 & 2 & -1 \\ 1 & 0 & 7 & -3 \\ -1 & 0 & -7 & 3 \end{bmatrix}\begin{matrix} \\ 1 \\ \downarrow \end{matrix}$$

$$= \text{rank}\begin{bmatrix} 2 & -1 & 2 & -1 \\ 1 & 0 & 7 & -3 \\ 0 & 0 & 0 & 0 \end{bmatrix} = 2.$$

係数行列の左上隅の2次小行列式

$$\begin{vmatrix} 2 & -1 \\ -1 & 1 \end{vmatrix} = 1$$

は 0 でないから，第1・第2方程式

$$(\text{※}) \qquad \begin{cases} 2x-y+2z-\ t=0 \\ -x+y+5z-2t=0 \end{cases}$$

を解けばよい．本文中のように，つぎの表のような解が得られる：

	$\boldsymbol{x}^{(1)}$	$\boldsymbol{x}^{(2)}$
x	-7	3
y	-12	5
z	1	0
t	0	1

これは1組の基本解であり，すべての解はその1次結合

$$\begin{cases} x=-\ 7\alpha+3\beta \\ y=-12\alpha+5\beta \\ z=\qquad\ \alpha \\ t=\qquad\qquad\ \beta \end{cases} \qquad (\alpha,\ \beta:\text{任意のスカラー})$$

で与えられる．

注意 この解は本文の推論に応じた方式をとったが，簡潔にするためには，(※) から x, y を z, t の式として求めればよい．このとき

$$x=-7z+3t,\quad y=-12z+5t$$

となる．z, t に任意のスカラー値 α, β を代入すればすべての解が得られる．

これと同じように，定理 3.6 を用い，(5.18) から $x_1, \cdots, x_r$ を $x_{r+1}, \cdots, x_n$ の式として求める．公式 (3.25) を適用し，分子の行列式を第 j 列によって展開すれば

$$x_j=-\frac{1}{D}(D_1x_{r+1}+D_2x_{r+2}+\cdots+D_{n-r}x_n) \quad (1\leq j\leq r)$$

$$(x_{r+1}, \cdots, x_n:\text{任意のスカラー})$$

のようにまとめられる．ここに，D は (5.17) の行列式で，D_k は D の第 j 列を $a_{1,r+k}, a_{2,r+k}, \cdots, a_{r,r+k}$ で置きかえて得られる行列式である．

問 7. つぎの連立斉1次方程式を解け：

$$\begin{cases} 2x+3y+z+4t=0 \\ x+2y+z+3t=0 \\ x+3y+2z+5t=0 \\ 3x+4y+z+5t=0 \end{cases}$$

問 8.　n 個の未知数 $x_1, \cdots, x_n$ の $n-1$ 個の連立斉1次方程式

$$a_{i1}x_1+a_{i2}x_2+\cdots+a_{in}x_n=0 \quad (1\leq i\leq n-1)$$

において，係数行列 $A=(a_{ij})$ の階数が $n-1$ ならば，解は

$$x_1 : x_2 : \cdots : x_n = D_1 : D_2 : \cdots : D_n$$

で与えられることを示せ．ここに，$D_1, \cdots, D_n$ は行列式

$$\begin{vmatrix} * & * & \cdots & * \\ a_{11} & a_{12} & \cdots & a_{1n} \\ \cdots \\ a_{n-1,1} & a_{n-1,2} & \cdots & a_{n-1,n} \end{vmatrix}$$

の第1行の要素の余因子とする．

系　n 個の未知数 $x_1, \cdots, x_n$ の n 個の連立斉1次方程式

$$a_{i1}x_1+\cdots+a_{in}x_n=0 \quad (1\leq i\leq n)$$

が自明解以外に解をもつための条件は，係数行列 $A=(a_{ij})$ の行列式が 0 に等しいことである．（定理 3.6 の系と比較せよ．）

証明　自明解以外に解をもつならば $\det A=0$ でなければならないことは，すでに定理 3.6 の系で示した．

逆に，$\det A=0$ ならば，$\mathrm{rank}\, A=r$ とおくと $r<n$ であるから，定理 5.14 によって自明解以外に解をもつ（$n-r$ 個の独立解がある）．　（証終）

問 9.　つぎの連立斉1次方程式に自明解以外の解があるように a の値を定めよ：

$$x-y-z=0, \quad x-2y+z=0, \quad x+y+az=0.$$

5.8　連立1次方程式

前節では連立斉1次方程式を考えたから，本節では一般な連立1次方程式

$$\begin{cases} a_{11}x_1+\cdots+a_{1n}x_n=b_1 \\ \cdots \\ a_{m1}x_1+\cdots+a_{mn}x_n=b_m \end{cases} \quad (a_{ij}, b_i : \text{定スカラー}) \tag{5.20}$$

について考察する．未知数の係数の行列を $A=(a_{ij})$，定数項のたてベクトルを $\boldsymbol{b}=(b_i)$，解のたてベクトルを $\boldsymbol{x}=(x_j)$ とすると，(5.20) は

$$A\boldsymbol{x}=\boldsymbol{b} \tag{5.20'}$$

と書き表わされる.

定理 5.15　連立1次方程式 (5.20) が解をもつための条件は，2つの行列

$$A=\begin{bmatrix} a_{11} & \cdots & a_{1n} \\ & \cdots & \\ a_{m1} & \cdots & a_{mn} \end{bmatrix},\quad B=\begin{bmatrix} a_{11} & \cdots & a_{1n} & b_1 \\ & \cdots & & \\ a_{m1} & \cdots & a_{mn} & b_m \end{bmatrix}$$

の階数が等しいことである.

証明　(5.20) が解をもつと仮定する. 1組の解を $x_1, \cdots, x_n$ とすると,

$$B=\begin{bmatrix} a_{11} & \cdots a_{1n} & \sum_{j=1}^{n} a_{1j}x_j \\ \cdots & & \\ a_{m1} & \cdots a_{mn} & \sum_{j=1}^{n} a_{mj}x_j \end{bmatrix}$$

となる. これの第 $n+1$ 列は第1, …, 第 n の列の1次結合に等しいから, 定理 5.12 により, B の階数は A の階数と等しくなければならない.

逆に, $\operatorname{rank} A=\operatorname{rank} B=r$ と仮定する. このとき, あらかじめ方程式の順序や未知数の順序を変えて

(5.21)　$$\det A\begin{pmatrix} 1 & 2\cdots r \\ 1 & 2\cdots r \end{pmatrix}=\begin{vmatrix} a_{11} & \cdots & a_{1r} \\ & \cdots & \\ a_{r1} & \cdots & a_{rr} \end{vmatrix}\neq 0$$

と仮定して一般性を失わない. この場合, 定理 5.10 から, B の第 $r+1, \cdots$, 第 m の行はいずれも第1, …, 第 r の行の1次結合に等しく, したがって, (5.20) の第 $r+1$, …, 第 m の方程式はいずれも第1, …, 第 r の方程式の1次結合に等しい. ゆえに, (5.20) は連立方程式

(5.20″)　$$\begin{cases} a_{11}x_1+\cdots+a_{1n}n_n=b_1 \\ \cdots \\ a_{r1}x_1+\cdots+a_{rn}x_n=b_r \end{cases}$$

と同値である. ここで $x_{r+1}, \cdots, x_n$ に任意のスカラー値を代入すると, (5.21) と定理 3.6 とから, それらに対する $x_1, \cdots, x_r$ の値が定まる. よって, (5.20) は解をもつ.

（証終）

連立1次方程式 (5.20) がこの定理の条件を満たすとき, その解ベクトルの全体がどのような様子になっているかを考えよう.

解がとにかくあるのであるから, 1組の解 (解ベクトル) を $\boldsymbol{x}^{(0)}=(x_j{}^0)$ として

$$\boldsymbol{x}=\boldsymbol{x}^{(0)}+\boldsymbol{y}$$

とおく. ここに $\boldsymbol{y}=(y_j)$ は新しい未知ベクトルである. このとき, (5.20′) は

$$A(\boldsymbol{x}^{(0)}+\boldsymbol{y}) = \boldsymbol{b}$$

となるが，$A\boldsymbol{x}^{(0)} = \boldsymbol{b}$ であるから，新未知数 $y_1, \cdots, y_n$ に関する方程式

$$A\boldsymbol{y} = 0,$$

すなわち，連立斉1次方程式

$$(5.22)\qquad \begin{cases} a_{11}y_1+\cdots+a_{1n}y_n = 0 \\ \cdots \\ a_{m1}y_1+\cdots+a_{mn}y_n = 0 \end{cases}$$

に帰着する．これを (5.20) の**補助方程式**とよぼう．$\mathrm{rank}\, A = r$ とすると，定理 5.14 によって，(5.22) には $n-r$ 個の独立な解ベクトル $\boldsymbol{x}^{(1)}, \cdots, \boldsymbol{x}^{(n-r)}$ (基本解) があり，解ベクトルの全体は

$$\boldsymbol{y} = c_1\boldsymbol{x}^{(1)}+\cdots+c_{n-r}\boldsymbol{x}^{(n-r)} \quad (c_1, \cdots, c_{n-r}：任意のスカラー)$$

で与えられる．したがって，(5.20) の解ベクトルの全体は

$$\boldsymbol{x} = \boldsymbol{x}^{(0)}+c_1\boldsymbol{x}^{(1)}+\cdots+c_{n-r}\boldsymbol{x}^{(n-r)}$$
$$(c_1, \cdots, c_{n-r}：任意のスカラー)$$

となる．

以上を定理の形にまとめておく：

定理 5.16 連立1次方程式 (5.20) が解をもつ条件

$$\mathrm{rank}\, A = \mathrm{rank}\, B$$

を満たすとし，この共通の階数を r とする．このとき，(5.20) の解ベクトルの1つを $\boldsymbol{x}^{(0)}$ とし，また，補助方程式 (5.22) の1組の基本解を $\boldsymbol{x}^{(1)}, \cdots, \boldsymbol{x}^{(n-r)}$ とすると，(5.20) の解ベクトルの全体は

$$\boldsymbol{x} = \boldsymbol{x}^{(0)}+c_1\boldsymbol{x}^{(1)}+\cdots+c_{n-r}\boldsymbol{x}^{(n-r)}$$
$$(c_1, \cdots, c_{n-r}：任意のスカラー)$$

で与えられる．

例題 1. つぎの連立1次方程式を解くこと：

$$\begin{cases} 2x-y+2z-\ t = 3 \\ -x+y+5z-2t = 5 \\ 7x-4y+z-\ t = 4 \end{cases} \quad (前節の例と比較せよ).$$

未知数の係数行列の階数は，前節の例題で見たように，2である．この行列に定数項を添えた行列の階数を調べると，

$$\operatorname{rank}\begin{bmatrix} 2 & -1 & 2 & -1 & 3 \\ -1 & 1 & 5 & -2 & 5 \\ 7 & -4 & 1 & -1 & 4 \end{bmatrix} \begin{matrix} 1 & -4 \\ \downarrow & \big\downarrow \\ & \end{matrix} = \operatorname{rank}\begin{bmatrix} 2 & -1 & 2 & -1 & 3 \\ 1 & 0 & 7 & -3 & 8 \\ -1 & 0 & -7 & 3 & -8 \end{bmatrix} \begin{matrix} \\ 1 \\ \downarrow \end{matrix}$$

$$= \operatorname{rank}\begin{bmatrix} 2 & -1 & 2 & -1 & 3 \\ 1 & 0 & 7 & -3 & 8 \\ 0 & 0 & 0 & 0 & 0 \end{bmatrix} = 2.$$

ゆえに，与えられた連立1次方程式は解をもつ.

未知数の係数行列の左上隅の2次小行列式は0でないから，定理 5.15 の証明中に見たように，与えられた連立1次方程式は，はじめの2つの方程式

$$(5.23) \qquad \begin{cases} 2x-y+2z-\ \ t=3 \\ -x+y+5z-2t=5 \end{cases}$$

と同値である. $z=1$, $t=0$ とおき，1組の解 $x=1$, $y=1$, $z=1$, $t=0$ を得る.

補助方程式は前節の例題の通りであるから，そこで求めた基本解をとると，$x=-7$, $y=-12$, $z=1$, $t=0$ および $x=3$, $y=5$, $z=0$, $t=1$ である. ゆえに，解の全体は

$$\begin{cases} x=1-\ \ 7\alpha+3\beta \\ y=1-12\alpha+5\beta \\ z=1+\ \ \ \ \alpha \\ t=\qquad\qquad\ \ \beta \end{cases} \qquad (\alpha,\ \beta:\text{任意のスカラー})$$

で与えられる.

注意 前節の例題に対する注意と同じように，実際には (5.23) を x, y について解いて

$$\begin{cases} x=8-7z+3t \\ y=13-12z+5t \end{cases} \qquad (z,\ t:\text{任意のスカラー})$$

とすればよい. ($z=1+\alpha$, $t=\beta$ とおいて，α, β を任意のスカラーとすれば，上に得た解と同じ形になる.)

これと同じように，(5.20) が定理 5.15 の証明（逆の部分）にいう条件を満たすとき，(5.20″) を $x_1, \cdots, x_r$ について解く. 公式 (3.25) を適用し，分子の行列式を第 j 列によって展開すれば，(5.20) の解に対するつぎの公式が得られる：

$$x_j=\frac{1}{D}(D^{(j)}-D_1x_{r+1}-D_2x_{r+2}-\cdots-D_{n-r}x_n) \quad (1\leq j\leq r)$$
$$(x_{r+1},\ \cdots,\ x_n:\text{任意のスカラー}).$$

ここに，D, $D_1, \cdots, D_{n-r}$ は前節の注意におけると同じであり，$D^{(j)}$ は D の第 j 列を

$b_1, \cdots, b_r$ で置きかえて得られる行列式である.

問 10. つぎの連立1次方程式を解け：

(i) $\begin{cases} 2x-3y+2z=3 \\ x+y-5z=-2 \\ 4x-y-8z=-1 \end{cases}$ (ii) $\begin{cases} 3x_1+2x_2-x_3-4x_4=0 \\ 3x_1+2x_2+x_3+2x_4=8 \\ x_1-x_2+2x_3+x_4=3 \\ 5x_1+5x_2-2x_3-3x_4=5 \end{cases}$

問 11. つぎの連立1次方程式が解をもつように定数 a, b の値を定めよ：

$$\begin{cases} x-2y+2z+t=5 \\ 2x+y+z+3t=0 \\ x+8y-4z+3t=a \\ 4x+7y-z+7t=b \end{cases}$$

そしてそのとき，この連立1次方程式を解け.

5.9 直 線 と 平 面

本章で見て来たことを応用し，平面上の直線について，また，空間の平面について考える.

a. x, y を平面上のデカルト座標とし，2直線

$$g_1 : (L_1(x, y)=)a_1x+b_1y+c_1=0$$
$$g_2 : (L_2(x, y)=)a_2x+b_2y+c_2=0$$

の共通点について考える.（左辺の1次式を関数記号で $L_1(x, y)$, $L_2(x, y)$ と書き表わそう.）共通点の有無は，連立方程式としての解の有無にほかならないから，共通点があるための条件は，2つの行列

$$A=\begin{bmatrix} a_1 & b_1 \\ a_2 & b_2 \end{bmatrix}, \quad B=\begin{bmatrix} a_1 & b_1 & c_1 \\ a_2 & b_2 & c_2 \end{bmatrix}$$

が同じ階数をもつことである（定理 5.15).

(i) 階数がともに1の場合：第5節の例題1によって，$a_1 : b_1 : c_1 = a_2 : b_2 : c_2$ が成り立っ場合であるから，g_1 と g_2 が一致する場合である.

(ii) 階数がともに2の場合：$a_1b_2-a_2b_1 \neq 0$ の場合であるから，g_1 と g_2 が（ただ1点で）交わる場合である（3.8 の問 11).

(iii) その他の場合：$\mathrm{rank}\,A=1$, $\mathrm{rank}\,B=2$ でなければならないから，$a_1 : b_1 = a_2 : b_2$ かつ $a_1 : b_1 : c_1 \neq a_2 : b_2 : c_2$ の場合であり，共通点がない，すなわち，g_1 と g_2 が平行の場合である.

いま，g_1 と g_2 が交わる場合（(ii) の場合）を考え，その交点を $\mathrm{P}(x', y')$ とする．

このとき，λ, μ を同時には 0 でない任意の定数として，方程式

$$\lambda L_1(x, y)+\mu L_2(x, y)=0 \tag{5.24}$$

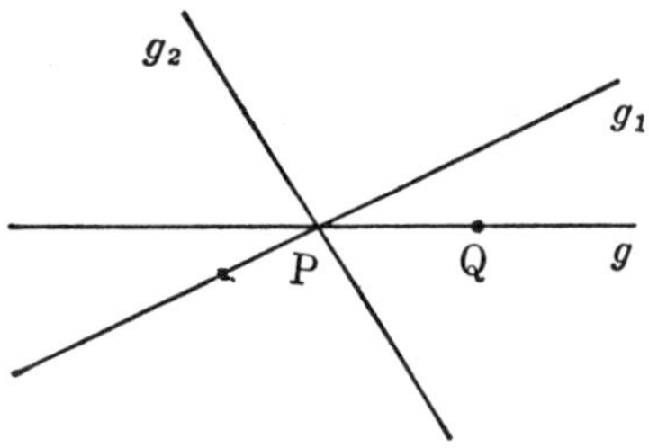

図 5.5

について見る．$a_1b_2-a_2b_1 \neq 0$ であるから，この x, y の係数 $\lambda a_1+\mu a_2$, $\lambda b_1+\mu b_2$ がともに 0 となることはあり得ないで，(5.24) は1つの直線を表わす．そして $L_1(x', y') = L_2(x', y')=0$ であるから，P は (5.24) を満たす．ゆえに，(5.24) は P をとおる1つの直線を表わしている．逆に，g が P をとおる任意の直線であるとき，$\mathrm{Q}(x'', y'')$ を g の上の P 以外の点とし（図 5.5），(5.24) において $\lambda = L_2(x'', y'')$, $\mu = -L_1(x'', y'')$（これらの少なくとも一方は 0 であり得ない）とれば，1次方程式 (5.24) は，P と Q とで満たされるから，g を表わす．

これを定理としてまとめておこう：

定理 5.17　2直線 g_1, g_2 が点 P で交わるとき，λ, μ を同時には 0 でない任意の定数とすれば，方程式 (5.24) はつねに P をとおる直線を表わす．そして逆に，P をとおる任意の直線は，λ, μ の値を適当にとれば，(5.24) の形の方程式で表わされる．

問 12.　g_1, g_2 が平行の場合（(iii) の場合），$\lambda : \mu \neq b_1 : (-a_1)$ である限り，(5.24) はつねに g_1, g_2 と平行な直線を表わす．逆に，g_1, g_2 と平行な任意の直線は，λ, μ を適当にとれば，(5.24) の形の方程式で表わされる．これらを証明せよ．

注意　定理 5.17 でいうような1点をとおる直線の全体，または，問 11 でいうようなたがいに平行な直線の全体を，**直線束**という．

つぎに，直線

$$g_3 : (L_3(x, y)=)\, a_3x+b_3y+c_3=0$$

を考え，3直線 g_1, g_2, g_3 が同じ直線束にふくまれるための条件を考える．定理 5.17 および問 11 から，条件は

(5.25) $$\lambda L_1(x, y)+\mu L_2(x, y)+\nu L_3(x, y) = 0 \quad (\text{恒等的})$$

すなわち

$$\lambda a_1+\mu a_2+\nu a_3 = 0$$
$$\lambda b_1+\mu b_2+\nu b_3 = 0$$
$$\lambda c_1+\mu c_2+\nu c_3 = 0$$

を満たす同時には 0 でない λ, μ, ν が存在することである．定理 5.14 の系によって，条件は

(5.25′) $$\begin{vmatrix} a_1 & b_1 & c_1 \\ a_2 & b_2 & c_2 \\ a_3 & b_3 & c_3 \end{vmatrix} = 0$$

であるということができる．

注意 くわしくいえば，ここの推論は g_1, g_2, g_3 のうちの少なくとも2つが異なるとして定理 5.17 や問 11 を用いている． 3直線が等しい場合には，もちろん同じ1つの直線束にふくまれ，しかも (5.25′) も成り立つ．なお，(5.24) や (5.25) に関して述べたことは，直線が平行でない場合と平行である場合とに分けて考えたが，付録第2章で取り扱う斉次座標によるとそのような場合分けは不要になる．

例題 1. 3角形の3つの内角の2等分線が1点に会することを証明しよう．

3角形 ABC の平面上に直交座標を定める．ただし，原点 O を3角形の内部にとり，図 5.6 のように，O から BC への垂線 $\overrightarrow{\mathrm{OD}}$ の方向余弦を l_1, m_1 とし，$\overline{\mathrm{OD}} = p_1$ とする．CA, AB に対しても同じようにすると，3辺のヘッセ方程式は

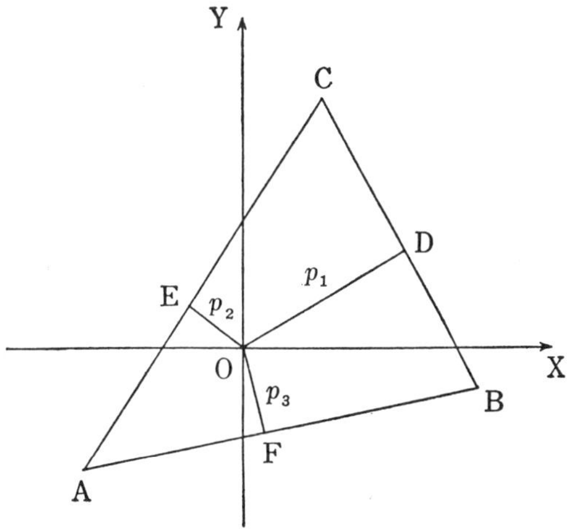

図 5.6

$$l_1x+m_1y-p_1 = 0,$$
$$l_2x+m_2y-p_2 = 0,$$

$$l_3x+m_3y-p_3=0$$

となる，3辺から平面上の点までの（符号つき）距離を考え（1.7 参照），3つの内角の2等分線の方程式

$$(L_1=)\quad (l_2x+m_2y-p_2)-(l_3x+m_3y-p_3)=0,$$
$$(L_2=)\quad (l_3x+m_3y-p_3)-(l_1x+m_1y-p_1)=0,$$
$$(L_3=)\quad (l_1x+m_1y-p_1)-(l_2x+m_2y-p_2)=0$$

が得られる．これらが同じ直線束にふくまれることを確めれば，これらは明らかにたがいに平行ではないから，1点に会することが確かめられたことになる．条件（5.25）で，この場合 $\lambda=\mu=\nu=1$ ととれば

$$L_1+L_2+L_3=0 \quad (\text{恒等的})$$

となる．

問 13. 3角形の1つの頂点における内角とほかの2つの頂点における外角との2等分線が1点に会することを示せ．

b. x, y, z を空間のデカルト座標とし，2平面

$$\pi_1:(L_1(x,\ y,\ z)=)a_1x+b_1y+c_1z+d_1=0$$
$$\pi_2:(L_2(x,\ y,\ z)=)a_2x+b_2y+c_2z+d_2=0$$

の共通点について考える．共通点のあるための条件は，2つの行列

$$A=\begin{bmatrix} a_1 & b_1 & c_1 \\ a_2 & b_2 & c_2 \end{bmatrix},\quad B=\begin{bmatrix} a_1 & b_1 & c_1 & d_1 \\ a_2 & b_2 & c_2 & d_2 \end{bmatrix}$$

が同じ階数をもつことである（定理 5.15）．

（i） 階数がともに1の場合：$a_1:b_1:c_1:d_1=a_2:b_2:c_2:d_2$ が成り立つ場合であるから，π_1 と π_2 が一致する場合である．

（ii） 階数がともに2の場合：共通点の1つを $\mathrm{P}(x_0,\ y_0,\ z_0)$ とし，また

$$a_1x+b_1y+c_1z=0,\quad a_2x+b_2y+c_2z=0$$

の自明でない1つの解を $(p,\ q,\ r)$ とすると，定理 5.16 によって，共通点の全体は

$$x=x_0+pt,\quad y=y_0+qt,\quad z=z_0+rt$$
$$(t:\text{任意の実数})$$

で与えられる．したがって，π_1 と π_2 とは（P をとおる）1つの直線で交わる場合である（1.6 参照）．

(iii) その他の場合：$\operatorname{rank} A = 1$, $\operatorname{rank} B = 2$ でなければならないから，$a_1 : b_1 : c_1 = a_2 : b_2 : c_2$ かつ $a_1 : b_1 : c_1 : d_1 \fallingdotseq a_2 : b_2 : c_2 : d_2$ の場合であり，共通点がない．すなわち，π_1 と π_2 が平行の場合である．

さきと同じようにして，つぎの定理が得られる：

定理 5.18 2平面 π_1, π_2 が直線 l で交わるとき，λ, μ を同時には0でない任意の定数とすれば，方程式

$$\lambda L_1(x,\ y,\ z) + \mu L_2(x,\ y,\ z) = 0 \tag{5.26}$$

はつねに l をふくむ平面を表わす．そして逆に，l をふくむ任意の平面は，λ, μ の値を適当にとれば，(5.26) の形の方程式で表わされる．

問 14. π_1, π_2 が平行の場合，問 12 と同じようなことを明らかにせよ．

注意 定理 5.18 でいうような1つの直線をふくむ平面の全体，または，問 14 でいうようなたがいに平行な平面の全体を**平面束**という．

問 15. π_1, π_2 が直線 l で交わる場合，l の向きのベクトルの成分の連比は $(b_1c_2 - b_2c_1) : (c_1a_2 - c_2a_1) : (a_1b_2 - a_2b_1)$ であることを示せ．

問 16. π_1, π_2 のほかに平面

$$\pi_3 : (L_3(x,\ y,\ z) =)\, a_3x + b_3y + c_3z + d_3 = 0$$

を考えるとき，3平面 π_1, π_2, π_3 が同じ平面束にふくまれるための条件を求めよ．

問 17. 異なる平面 π_1, π_2, π_3 に対して

$$A = \begin{bmatrix} a_1 & b_1 & c_1 \\ a_2 & b_2 & c_2 \\ a_3 & b_3 & c_3 \end{bmatrix}, \quad B = \begin{bmatrix} a_1 & b_1 & c_1 & d_1 \\ a_2 & b_2 & c_2 & d_2 \\ a_3 & b_3 & c_3 & d_3 \end{bmatrix}$$

とおく．A, B の階数のすべての場合とその各場合に対する3平面の相互関係とを示したつぎの表を確かめよ：

Aの階数	Bの階数	3平面の相互関係
3	3	1点で交わる
2	3	
2	2	1直線で交わる
1	2	たがいに平行である

最右欄の空白の場所に記入するべき相互関係はどうか．

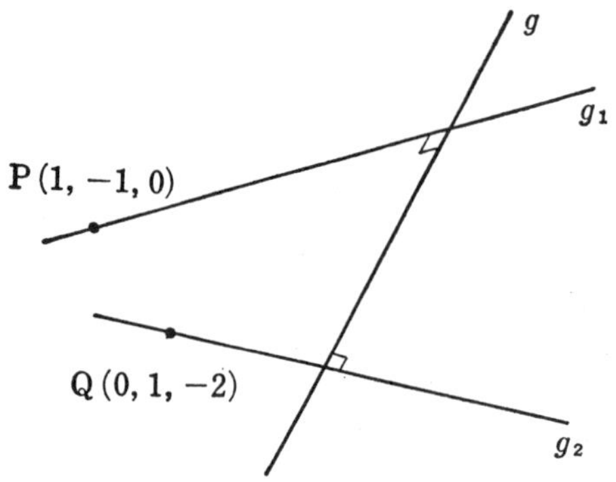

図 5.7

例題 2. 直交座標で，つぎの 2 直線に垂直に交わる直線の方程式を求めること：

$$g_1 : \frac{x-1}{2} = y+1 = \frac{z}{2},$$

$$g_2 : \frac{x}{3} = \frac{y-1}{2} = z+2.$$

求める直線 g の方向余弦の比を $\lambda : \mu : \nu$ とすると，これが g_1, g_2 と垂直であるための条件は

$$2\lambda+\mu+2\nu = 0$$

$$3\lambda+2\mu+\nu = 0$$

である (1.7 の問 17 参照)．これから

$$\lambda : \mu : \nu = -3 : 4 : 1.$$

g_1 と g とをふくむ平面，および g_2 と g とをふくむ平面の方程式はそれぞれ

$$\begin{vmatrix} x-1 & 2 & -3 \\ y+1 & 1 & 4 \\ z & 2 & 1 \end{vmatrix} = 0, \qquad \begin{vmatrix} x & 3 & -3 \\ y-1 & 2 & 4 \\ z+2 & 1 & 1 \end{vmatrix} = 0$$

となる (3.8 の問15参照)．行列式を展開し，これらは

$$7x+8y-11z+1 = 0, \quad x+3y-9z-21 = 0$$

となる．この 2 平面の交線が g であるから，g はこの 2 つの方程式で表わされる．

問 18. 直交座標で，方程式

$$x+2y-z-3 = 0, \quad 2x-y+z-1 = 0$$

で表わされる直線に対し，

$$\frac{x-a}{\lambda} = \frac{y-b}{\mu} = \frac{z-c}{\nu}$$

の形の方程式をつくれ．また，その方向余弦を求めよ．

問 19. 前問の直線と原点とをふくむ平面の方程式を求めよ．

問 20. 例題 2 の 2 直線 g_1, g_2 の間の最短距離を求めよ．(最短距離は g の g_1 と g_2 との間の部分の長さであるから，g の上への $\overline{\mathrm{PQ}}$ の正射影を求めよ．)

6. 座　標　変　換

6.1 基底の変換

n 次元数空間 $\boldsymbol{V}$ の中に n 個の独立ベクトル $\boldsymbol{u}_1, \cdots, \boldsymbol{u}_n$ を1組とると，$\boldsymbol{V}$ の各ベクトル $\boldsymbol{x}$ に対して

$$\boldsymbol{x} = \boldsymbol{u}_1 x_1 + \cdots + \boldsymbol{u}_n x_n \tag{6.1}$$

を満たすスカラーの組 $(x_1, \cdots, x_n)$ が一意的に定まることは 5.4 で見た．そして，そのような $\boldsymbol{u}_1, \cdots, \boldsymbol{u}_n$ を $\boldsymbol{V}$ における1つの**基底**といい，$(x_1, \cdots, x_n)$ をベクトル $\boldsymbol{x}$ の基底 $\boldsymbol{u}_1, \cdots, \boldsymbol{u}_n$ に関する**座標**ということも，すでに知っている．

$\boldsymbol{V}$ の中に他の基底 $\boldsymbol{u}_1', \cdots, \boldsymbol{u}_n'$ をとるとき，この基底に関する同じベクトル $\boldsymbol{x}$ の座標 $(x_1', \cdots, x_n')$ は

$$\boldsymbol{x} = \boldsymbol{u}_1' x_1' + \cdots + \boldsymbol{u}_n' x_n' \tag{6.2}$$

で定まる．本節では，両方の基底に関する座標 (x_i), (x_i') の間にどんな関係があるかを考える．

いま，基底 $\boldsymbol{u}_1, \cdots, \boldsymbol{u}_n$ に関する $\boldsymbol{u}_j'$ の座標を $(a_{1j}, \cdots, a_{nj})$ とする $(1 \leq j \leq n)$．このとき

$$\begin{cases} \boldsymbol{u}_1' = \boldsymbol{u}_1 a_{11} + \boldsymbol{u}_2 a_{21} + \cdots + \boldsymbol{u}_n a_{n1} \\ \boldsymbol{u}_2' = \boldsymbol{u}_1 a_{12} + \boldsymbol{u}_2 a_{22} + \cdots + \boldsymbol{u}_n a_{n2} \\ \quad \cdots \\ \boldsymbol{u}_n' = \boldsymbol{u}_1 a_{1n} + \boldsymbol{u}_2 a_{2n} + \cdots + \boldsymbol{u}_n a_{nn} \end{cases} \tag{6.3}$$

となる．前節まではスカラーをならべた行列を扱ってきたが，今後はベクトルをならべた行列も考えることにし，1行の行列

$$(\boldsymbol{u}_1, \boldsymbol{u}_2, \cdots, \boldsymbol{u}_n), \quad (\boldsymbol{u}_1', \boldsymbol{u}_2', \cdots, \boldsymbol{u}_n')$$

をそれぞれ $(\boldsymbol{u})$, $(\boldsymbol{u}')$ と略記することにする．また，(6.3) の係数でつくった n 次正方行列

$$A = \begin{bmatrix} a_{11} & a_{12} \cdots a_{1n} \\ a_{21} & a_{22} \cdots a_{2n} \\ \cdots & \\ a_{n1} & a_{n2} \cdots a_{nn} \end{bmatrix}$$

を考えて，ベクトルの行列 $(\boldsymbol{u})$ とスカラーの行列 A との積

$$(\boldsymbol{u})A$$

とは，2.4 におけると同じ方式で定義することにする．そうすれば，この積はちょうど $(\boldsymbol{u}')$ に等しいことがわかる：

$$(\boldsymbol{u}_1, \boldsymbol{u}_2, \cdots, \boldsymbol{u}_n)\begin{bmatrix} a_{11} & a_{12}\cdots a_{1n} \\ a_{21} & a_{22}\cdots a_{2n} \\ \cdots & \\ a_{n1} & a_{n2}\cdots a_{nn} \end{bmatrix} = (\boldsymbol{u}_1', \boldsymbol{u}_2', \cdots, \boldsymbol{u}_n').$$

したがって，(6.3) は行列の乗法の形式で

(6.3′) $$(\boldsymbol{u}') = (\boldsymbol{u})A$$

と簡潔に書き表わすことができる．

さらに，上記の座標でつくった 1 列の行列

$$\begin{bmatrix} x_1 \\ \vdots \\ x_n \end{bmatrix}, \quad \begin{bmatrix} x_1' \\ \vdots \\ x_n' \end{bmatrix}$$

をそれぞれ (x), (x') と略記することにして，上と同じような意味で積 $(\boldsymbol{u})(x)$, $(\boldsymbol{u}')(x')$ を考えると，これらはそれぞれ $(1, 1)$-行列

$$(\boldsymbol{u}_1x_1+\cdots+\boldsymbol{u}_nx_n), \quad (\boldsymbol{u}_1'x_1'+\cdots+\boldsymbol{u}_n'x_n')$$

になる．したがって，(6.1) と (6.2) はそれぞれ

(6.1′) $$\boldsymbol{x} = (\boldsymbol{u})(x)$$

(6.2′) $$\boldsymbol{x} = (\boldsymbol{u}')(x')$$

と簡潔に書き表わされる．

(6.1′), (6.2′) から $(\boldsymbol{u})(x) = (\boldsymbol{u}')(x')$．これに (6.3′) を代入して

$$(\boldsymbol{u})(x) = ((\boldsymbol{u})A)(x').$$

右辺の行列の乗法に対しては，それが 2.4 と同じ方式で定義されたことから，2.5 にいう演算法則が成り立つので，

(6.4) $$(\boldsymbol{u})(x) = (\boldsymbol{u})(A(x'))$$

となる．$(n, 1)$-行列 $A(x')$ を

$$\begin{bmatrix} y_1 \\ \vdots \\ y_n \end{bmatrix}$$

と書けば，(6.4) は

$$\boldsymbol{u}_1x_1+\cdots+\boldsymbol{u}_nx_n=\boldsymbol{u}_1y_1+\cdots+\boldsymbol{u}_ny_n$$

であり，$\boldsymbol{u}_1, \cdots, \boldsymbol{u}_n$ が独立であることから

$$x_1=y_1, \cdots, x_n=y_n$$

とならなければならない．ゆえに，独立ベクトルの 1 行行列 $(\boldsymbol{u})$ に対して (6.4) のような等式が得られた場合には

$$(x)=A(x') \tag{6.5}$$

であると結論することができる．この関係式をくわしく書けば

$$\left\{\begin{array}{l} x_1=a_{11}x_1'+a_{12}x_2'+\cdots+a_{1n}x_n' \\ x_2=a_{21}x_1'+a_{22}x_2'+\cdots+a_{2n}x_n' \\ \quad\cdots \\ x_n=a_{n1}x_1'+a_{n2}x_2'+\cdots+a_{nn}x_n' \end{array}\right. \tag{6.5$'$}$$

となって，これがベクトル $\boldsymbol{x}$ の基底 $(\boldsymbol{u})$ および $(\boldsymbol{u}')$ に関する座標 (x), (x') の間の関係式である．この関係式は $\boldsymbol{V}$ の各ベクトル $\boldsymbol{x}$ に対して成り立つ．これは $(\boldsymbol{u})$ から $(\boldsymbol{u}')$ への**基底変換**における**座標変換**の公式である．

問 1. $\boldsymbol{V}$ の基底 $(\boldsymbol{u})$ に関して任意のベクトル $\boldsymbol{x}, \boldsymbol{y}$ の座標をそれぞれ (x), (y) とする．また，$\boldsymbol{x}+\boldsymbol{y}$, $c\boldsymbol{x}$ (c：スカラー) の座標をそれぞれ (p), (q) とする．このとき，1 列行列として等式

$$(p)=(x)+(y), \quad (q)=c(x)$$

が成り立つことを，(6.1′) のような等式を用いて証明せよ．

問 2. $\boldsymbol{V}$ の基底 $(\boldsymbol{u})$ に関してベクトル $\boldsymbol{x}_1, \cdots, \boldsymbol{x}_p$ の座標をそれぞれ $(x_{11}, \cdots, x_{n1}), \cdots, (x_{1p}, \cdots, x_{np})$ とするとき，

$$\operatorname{rank}(\boldsymbol{x}_1, \cdots, \boldsymbol{x}_p)=\operatorname{rank}\begin{bmatrix} x_{11}\cdots x_{1p} \\ \cdots \\ x_{n1}\cdots x_{np} \end{bmatrix}$$

を証明せよ．(定理 5.10 系を参照せよ．)

$\boldsymbol{u}_1', \cdots, \boldsymbol{u}_n'$ は独立であり，したがって $\operatorname{rank}(\boldsymbol{u}_1', \cdots, \boldsymbol{u}_n')=n$ であるから，問 2 によって $\operatorname{rank} A=n$，すなわち，A は正則行列である．そこで，$A^{-1}=(a_{ij}')$ とすると，(6.3′) に A^{-1} を右乗して

$$(\boldsymbol{u})=(\boldsymbol{u}')A^{-1}. \tag{6.6}$$

くわしく書けば，

(6.6′)
$$\begin{cases} \boldsymbol{u}_1 = \boldsymbol{u}_1{}'a_{11}{}' + \cdots + \boldsymbol{u}_n{}'a_{n1}{}' \\ \cdots \\ \boldsymbol{u}_n = \boldsymbol{u}_1{}'a_{1n}{}' + \cdots + \boldsymbol{u}_n{}'a_{nn}{}' \end{cases}$$

また，(6.5) に A^{-1} を左乗して

(6.7)
$$(x') = A^{-1}(x).$$

くわしく書けば，

(6.7′)
$$\begin{cases} x_1{}' = a_{11}{}'x_1 + \cdots + a_{1n}{}'x_n \\ \cdots \\ x_n{}' = a_{n1}{}'x_1 + \cdots + a_{nn}{}'x_n \end{cases}$$

この (6.6) は基底変換 (6.3) の逆の関係式であり，(6.7) は座標変換 (6.5) の逆の関係式である.

6.2 座標軸の変換

空間の1つの点 O をとおり，同一平面上にない3つの有向直線 $\overrightarrow{\mathrm{OX}}$, $\overrightarrow{\mathrm{OY}}$, $\overrightarrow{\mathrm{OZ}}$ を定め，また，O からこれらの向きに 0 でない有向線分 $\overrightarrow{\mathrm{OE}_1}$, $\overrightarrow{\mathrm{OE}_2}$, $\overrightarrow{\mathrm{OE}_3}$ を定める. $\boldsymbol{e}_1 = \overrightarrow{\mathrm{OE}_1}$, $\boldsymbol{e}_2 = \overrightarrow{\mathrm{OE}_2}$, $\boldsymbol{e}_3 = \overrightarrow{\mathrm{OE}_3}$ とおくと，空間の任意のベクトルはこれらの1次結合として一意的に書き表わされ，したがって，空間の任意の点 P に対し，

$$\overrightarrow{\mathrm{OP}} = x\boldsymbol{e}_1 + y\boldsymbol{e}_2 + z\boldsymbol{e}_3$$

となるスカラーの組 (x, y, z) が一意的に定まる (図 6.1). これを

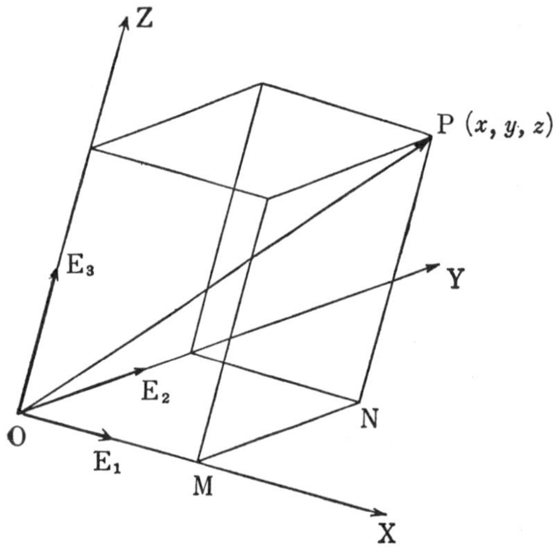

図 6.1

P の**アフィン座標** (affine 座標) といい，O を**原点**，$\boldsymbol{e}_1, \boldsymbol{e}_2, \boldsymbol{e}_3$ を**基本ベクトル**という. この場合，基本ベクトルは単位ベクトルと限らない. 特に，それらが単位ベクトルであれば，(x, y, z) はデカルト座標にほかならない. 上記のアフィン座標は O, $\boldsymbol{e}_1$, $\boldsymbol{e}_2$, $\boldsymbol{e}_3$ で定まるから，アフィン座標系 $(\mathrm{O}\,\boldsymbol{e}_1\,\boldsymbol{e}_2\,\boldsymbol{e}_3)$ とよぶことにする.

さて，2つのアフィン座標系 $(\mathrm{O}\,\boldsymbol{e}_1\,\boldsymbol{e}_2\,\boldsymbol{e}_3)$，$(\mathrm{O}\,\boldsymbol{e}_1'\,\boldsymbol{e}_2'\,\boldsymbol{e}_3')$ を考え，これらに関して任意の点 P の座標をそれぞれ (x, y, z)，(x', y', z') とする (図 6.2). これらの座標の間にどのような関係式が成り立つであろうか.

$(\mathrm{O}\,\boldsymbol{e}_1\,\boldsymbol{e}_2\,\boldsymbol{e}_3)$ に関する O′ の座標を (a, b, c) とし，また

(6.8)
$$\begin{cases} \boldsymbol{e}_1' = \boldsymbol{e}_1 l_{11} + \boldsymbol{e}_2 l_{21} + \boldsymbol{e}_3 l_{31} \\ \boldsymbol{e}_2' = \boldsymbol{e}_1 l_{12} + \boldsymbol{e}_2 l_{22} + \boldsymbol{e}_3 l_{32} \\ \boldsymbol{e}_3' = \boldsymbol{e}_1 l_{13} + \boldsymbol{e}_2 l_{23} + \boldsymbol{e}_3 l_{33} \end{cases}$$

すなわち，前節の記法で

(6.8′)
$$(\boldsymbol{e}_1'\,\boldsymbol{e}_2'\,\boldsymbol{e}_3') = (\boldsymbol{e}_1\,\boldsymbol{e}_2\,\boldsymbol{e}_3)L \qquad L = \begin{bmatrix} l_{11} & l_{12} & l_{13} \\ l_{21} & l_{22} & l_{23} \\ l_{31} & l_{32} & l_{33} \end{bmatrix}$$

とする．ところで

$$\overrightarrow{\mathrm{OP}} = \overrightarrow{\mathrm{OO'}} + \overrightarrow{\mathrm{O'P}}$$

であり，ここで

$$\overrightarrow{\mathrm{OP}} = (\boldsymbol{e}_1\,\boldsymbol{e}_2\,\boldsymbol{e}_3)\begin{bmatrix} x \\ y \\ z \end{bmatrix},$$

$$\overrightarrow{\mathrm{OO'}} = (\boldsymbol{e}_1\,\boldsymbol{e}_2\,\boldsymbol{e}_3)\begin{bmatrix} a \\ b \\ c \end{bmatrix},$$

$$\overrightarrow{\mathrm{O'P}} = (\boldsymbol{e}_1'\,\boldsymbol{e}_2'\,\boldsymbol{e}_3')\begin{bmatrix} x' \\ y' \\ z' \end{bmatrix}$$

$$= (\boldsymbol{e}_1\,\boldsymbol{e}_2\,\boldsymbol{e}_3)L\begin{bmatrix} x' \\ y' \\ z' \end{bmatrix} \quad ((6.8') \text{ による})$$

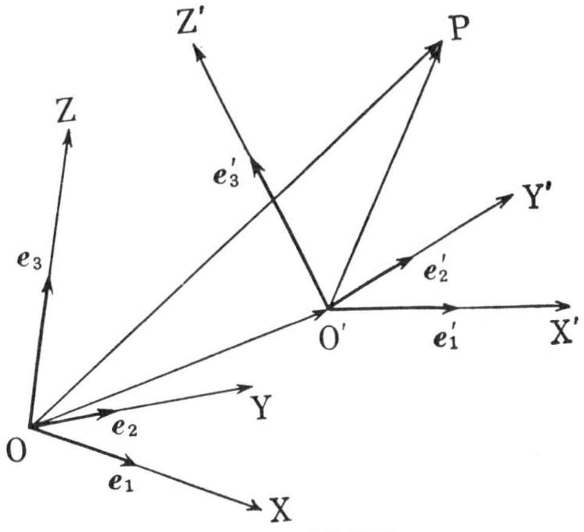

図 6.2

であるから，つぎの関係式が得られる：

(6.9)
$$\begin{bmatrix} x \\ y \\ z \end{bmatrix} = \begin{bmatrix} a \\ b \\ c \end{bmatrix} + L\begin{bmatrix} x' \\ y' \\ z' \end{bmatrix},$$

すなわち

(6.9′)
$$\begin{cases} x = a + l_{11}x' + l_{12}y' + l_{13}z' \\ y = b + l_{21}x' + l_{22}y' + l_{23}z' \\ z = c + l_{31}x' + l_{32}y' + l_{33}z' \end{cases}$$

これは $(\mathrm{O}\,\boldsymbol{e}_1\,\boldsymbol{e}_2\,\boldsymbol{e}_3)$ から $(\mathrm{O}'\,\boldsymbol{e}_1'\,\boldsymbol{e}_2'\,\boldsymbol{e}_3')$ への**座標変換**の公式である．

空間の任意のベクトル $\boldsymbol{a}$ に対して

$$\boldsymbol{a} = \boldsymbol{e}_1 a_1 + \boldsymbol{e}_2 a_2 + \boldsymbol{e}_3 a_3 = (\boldsymbol{e}_1\ \boldsymbol{e}_2\ \boldsymbol{e}_3)\begin{bmatrix} a_1 \\ a_2 \\ a_3 \end{bmatrix}$$

で定まる (a_1, a_2, a_3) を $(\mathrm{O}\,\boldsymbol{e}_1\,\boldsymbol{e}_2\,\boldsymbol{e}_3)$ に関する $\boldsymbol{a}$ の**成分**という．$(\mathrm{O}'\,\boldsymbol{e}_1'\,\boldsymbol{e}_2'\,\boldsymbol{e}_3')$ に関する $\boldsymbol{a}$ の成分を (a_1', a_2', a_3') とすると，

$$\boldsymbol{a} = (\boldsymbol{e}_1'\ \boldsymbol{e}_2'\ \boldsymbol{e}_3')\begin{bmatrix} a_1' \\ a_2' \\ a_3' \end{bmatrix}$$

であるから，これらの等式と (6.8′) とから

$$(\boldsymbol{e}_1\ \boldsymbol{e}_2\ \boldsymbol{e}_3)\begin{bmatrix} a_1 \\ a_2 \\ a_3 \end{bmatrix} = (\boldsymbol{e}_1'\ \boldsymbol{e}_2'\ \boldsymbol{e}_3')\begin{bmatrix} a_1' \\ a_2' \\ a_3' \end{bmatrix} = (\boldsymbol{e}_1\ \boldsymbol{e}_2\ \boldsymbol{e}_3)L\begin{bmatrix} a_1' \\ a_2' \\ a_3' \end{bmatrix}.$$

したがって

(6.10)
$$\begin{bmatrix} a_1 \\ a_2 \\ a_3 \end{bmatrix} = L\begin{bmatrix} a_1' \\ a_2' \\ a_3' \end{bmatrix}.$$

すなわち

(6.10′)
$$\begin{cases} a_1 = l_{11}a_1' + l_{12}a_2' + l_{13}a_3' \\ a_2 = l_{21}a_1' + l_{22}a_2' + l_{23}a_3' \\ a_3 = l_{31}a_1' + l_{32}a_2' + l_{33}a_3' \end{cases}$$

これは $(\mathrm{O}\,\boldsymbol{e}_1\,\boldsymbol{e}_2\,\boldsymbol{e}_3)$ から $(\mathrm{O}'\,\boldsymbol{e}_1'\,\boldsymbol{e}_2'\,\boldsymbol{e}_3')$ への座標変換におけるベクトルの成分の変換公式である．

特に，$\boldsymbol{e}_1' = \boldsymbol{e}_1$, $\boldsymbol{e}_2' = \boldsymbol{e}_2$, $\boldsymbol{e}_3' = \boldsymbol{e}_3$ の場合（図 6.3)，すなわち

$$(\boldsymbol{e}_1'\ \boldsymbol{e}_2'\ \boldsymbol{e}_3') = (\boldsymbol{e}_1\boldsymbol{e}_2\boldsymbol{e}_3)E \quad (E：3\text{次単位行列})$$

の場合には，座標変換の公式 (5.9)，(5.9′) は

$$\begin{bmatrix} x \\ y \\ z \end{bmatrix} = \begin{bmatrix} a \\ b \\ c \end{bmatrix} + \begin{bmatrix} x' \\ y' \\ z' \end{bmatrix}$$

すなわち

$$\begin{cases} x = a + x' \\ y = b + y' \\ z = c + z' \end{cases}$$

となる．これをアフィン座標の**平行移動**という．

座標変換 (6.9) において，O′ を原点とし，$\boldsymbol{e}_1$, $\boldsymbol{e}_2$, $\boldsymbol{e}_3$ を基本ベクトルとする第3のアフィン座標 (x'', y'', z'') をとると，(6.9) を，(O $\boldsymbol{e}_1\,\boldsymbol{e}_2\,\boldsymbol{e}_3$) から (O′ $\boldsymbol{e}_1\,\boldsymbol{e}_2\,\boldsymbol{e}_3$) への平行移動と，(O′ $\boldsymbol{e}_1\,\boldsymbol{e}_2\,\boldsymbol{e}_3$) から原点を共有する (O′ $\boldsymbol{e}_1{}'\,\boldsymbol{e}_2{}'\,\boldsymbol{e}_3{}'$) への変換との2段に分けて考えることができる，それぞれの変換公式はつぎのとおりである：

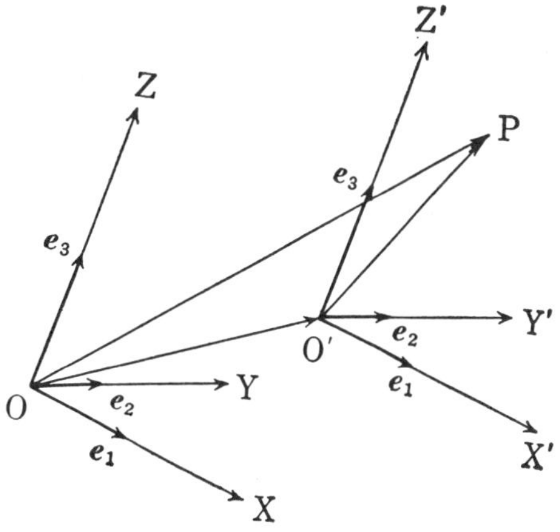

図 6.3

$$\begin{bmatrix} x \\ y \\ z \end{bmatrix} = \begin{bmatrix} a \\ b \\ c \end{bmatrix} + \begin{bmatrix} x'' \\ y'' \\ z'' \end{bmatrix}, \qquad \begin{bmatrix} x'' \\ y'' \\ z'' \end{bmatrix} = L \begin{bmatrix} x' \\ y' \\ z' \end{bmatrix}.$$

平面上あるいは直線上のアフィン座標についても上記と同じようなことがいえる．

問 3. 平面上の直交座標系 (O $\boldsymbol{e}_1\,\boldsymbol{e}_2$) で楕円

$$(x^2/9)+(y^2/4)=1$$

を考える．いま，$\boldsymbol{e}_1{}'=3\boldsymbol{e}_1$, $\boldsymbol{e}'_2=2\boldsymbol{e}_2$ を基本ベクトルにとって，同じ原点をもつアフィン座標系 (O $\boldsymbol{e}_1{}'\,\boldsymbol{e}_2{}'$) をとると，さきの楕円の方程式は $x'^2+y'^2=1$ となることを示せ．

問 4. 空間のアフィン座標では，任意の平面は1つの1次方程式で表わされ，逆に，任意の1つの1次方程式は平面を表わすことを示せ．また，平面上のアフィン座標で，直線と1次方程式とについて，同じようなことを示せ．

$\boldsymbol{e}_1$, $\boldsymbol{e}_2$, $\boldsymbol{e}_3$ および $\boldsymbol{e}_1{}'$, $\boldsymbol{e}_2{}'$, $\boldsymbol{e}_3{}'$ は空間のベクトルに対する基底であるから，前節で見たように，(6.8′) の係数行列 L は正則である．そこで，$L^{-1}=(l'_{ij})$ とおくと，(6.9) および (6.10) に L^{-1} を左乗して

$$\begin{bmatrix} x' \\ y' \\ z' \end{bmatrix} = L^{-1} \begin{bmatrix} x-a \\ y-b \\ z-c \end{bmatrix}, \qquad \begin{bmatrix} a_1' \\ a_2' \\ a_3' \end{bmatrix} = L^{-1} \begin{bmatrix} a_1 \\ a_2 \\ a_3 \end{bmatrix}.$$

すなわち

$$
(6.11)\qquad \begin{cases} x' = l'_{11}(x-a)+l'_{12}(y-b)+l'_{13}(z-c) \\ y' = l'_{21}(x-a)+l'_{22}(y-b)+l'_{23}(z-c) \\ z' = l'_{31}(x-a)+l'_{32}(y-b)+l'_{33}(z-c) \end{cases}
$$

および

$$
(6.12)\qquad \begin{cases} a_1' = l'_{11}a_1+l'_{12}a_2+l'_{13}a_3 \\ a_2' = l'_{21}a_1+l'_{22}a_2+l'_{23}a_3 \\ a_3' = l'_{31}a_1+l'_{32}a_2+l'_{33}a_3 \end{cases}
$$

これらは，座標変換 (6.9) の逆変換の公式，および成分の変換 (6.10) の逆変換の公式である．

平面上の座標変換についても同様である．

例題 1. 平面上のアフィン座標で1つの n 次方程式 $f(x, y) = 0$ で表わされる曲線を **n 次曲線**という．このような曲線を**代数曲線**といい，n をその**次数**という．

いま，ほかの任意のアフィン座標を考え，座標変換の公式を

$$
(イ)\qquad x = a+l_{11}x'+l_{12}y', \quad y = b+l_{21}x'+l_{22}y'
$$

とすると，その曲線は方程式

$$
(ロ)\qquad f(a+l_{11}x'+l_{12}y', b+l_{21}x'+l_{22}y') = 0
$$

で表わされる．この方程式は $f(x, y) = 0$ の x, y へ (イ) の右辺の1次式を代入して得られたから，(ロ) の x', y' に関する次数を n' とすれば，明らかに $n' \leq n$ である．ところで，(イ) の逆の変換公式を

$$
(ハ)\qquad x' = l'_{11}(x-a)+l'_{12}(y-b), \quad y' = l'_{21}(x-a)+l'_{22}(y-b)
$$

とするとき，これを (ロ) に代入するともとの方程式 $f(x, y) = 0$ にもどるから，上と同じ理由で，$n \leq n'$ となる．したがって，$n = n'$ でなければならない．

ゆえに，代数曲線の次数はアフィン座標のとりかたには無関係である．

問 5. 空間のアフィン座標で1つの n 次方程式で表わされる曲面を **n 次曲面**という．また，それを**代数曲面**とよび，n をその**次数**という．代数曲面の次数はアフィン座標のとりかたに無関係であることを証明せよ．

6.3 直交座標の変換

前節の特殊の場合ではあるが，本節では直交座標について考える．前節で見たように，一般に座標変換は，平行移動と原点を共有する変換との 2 段に分けて行なえるから，本節では原点を共有する直交座標の変換だけを考えよう．

直交座標 ($\mathrm{O}\,\boldsymbol{e}_1\,\boldsymbol{e}_2\,\boldsymbol{e}_3$) に関し，3 つのベクトル

(6.13) $$\boldsymbol{e}_j' = \boldsymbol{e}_1 l_{1j} + \boldsymbol{e}_2 l_{2j} + \boldsymbol{e}_3 l_{3j} \quad (1 \le j \le 3)$$

が与えられたとする．これらがたがいに垂直な単位ベクトルであるための条件は，定理 1.1 によって，

(6.14) $$(\boldsymbol{e}_j', \boldsymbol{e}_k') = \delta_{jk} \quad (1 \le j \le 3,\ 1 \le k \le 3)$$

すなわち，(1.16) によって

(6.15) $$\begin{cases} l_{1j}^2 + l_{2j}^2 + l_{3j}^2 = 1 \\ l_{1j}l_{1k} + l_{2j}l_{2k} + l_{3j}l_{3k} = 0 \end{cases} \quad \begin{pmatrix} 1 \le j \le 3,\ 1 \le k \le 3 \\ j \neq k \end{pmatrix}$$

である．

さて，この条件が満たされているとき，($\mathrm{O}\,\boldsymbol{e}_1'\,\boldsymbol{e}_2'\,\boldsymbol{e}_3'$) で定まる直交座標とはじめの直交座標との変換公式は，前節によって，

(6.16) $$\begin{bmatrix} x \\ y \\ z \end{bmatrix} = L \begin{bmatrix} x' \\ y' \\ z' \end{bmatrix}, \quad L = \begin{bmatrix} l_{11} & l_{12} & l_{13} \\ l_{21} & l_{22} & l_{23} \\ l_{31} & l_{32} & l_{33} \end{bmatrix}.$$

この係数行列 L は条件 (6.15) を満たすが，この条件はつぎの各条件と同値である：

(6.15 a) $\quad {}^tLL = E \quad$ (E：3 次単位行列)；

(6.15 b) $\quad L$ は正則行列で，その逆行列は ${}^tL$ に等しい；

(6.15 c) $\quad L{}^tL = E$；

(6.15 d) $$\begin{cases} l_{j1}^2 + l_{j2}^2 + l_{j3}^2 = 1 \\ l_{j1}l_{k1} + l_{j2}l_{k2} + l_{j3}l_{k3} = 0 \end{cases} \quad \begin{pmatrix} 1 \le j \le 3,\ 1 \le k \le 3 \\ j \neq k \end{pmatrix}.$$

これらの条件を満たす行列 L を 3 次の**直交行列**という．

問 6. 直交行列 L について $\det L = \pm 1$ を証明せよ．それが 1 であるか -1 であるかに従い，L をそれぞれ**正直交行列**，**負直交行列**という．

問 7. 直交行列 L の行列式において，l_{jk} の余因子を $\hat{l}_{jk}$ と書き表わすとき，$\hat{l}_{jk}$

$= \pm l_{jk}\,(1\leqq j\leqq 3,\ 1\leqq k\leqq 3)$ となることを示せ．複号は，L が正直交行列であるか負直交行列であるかに従い，それぞれ $+,-$ をとる．

問 8. $\overrightarrow{\mathrm{OX}}, \overrightarrow{\mathrm{OY}}, \overrightarrow{\mathrm{OZ}}$ を直交座標軸とし，$\overrightarrow{\mathrm{OX}'}, \overrightarrow{\mathrm{OY}'}, \overrightarrow{\mathrm{OZ}'}$ は原点を共有するデカルト座標軸とし，それらの向きのはじめの直交座標に関する方向余弦をそれぞれ (l_1, m_1, n_1)，(l_2, m_2, n_2)，(l_3, m_3, n_3) とする．このとき，座標変換の公式はつぎのとおりであることを示せ：

$$\begin{bmatrix} x \\ y \\ z \end{bmatrix} = \begin{bmatrix} l_1 & l_2 & l_3 \\ m_1 & m_2 & m_3 \\ n_1 & n_2 & n_3 \end{bmatrix} \begin{bmatrix} x' \\ y' \\ z' \end{bmatrix}$$

ここで，直交座標の変換（6.16）において，$\det L$ が 1 であるか -1 であるかの違いが，幾何的に何を意味するかを考えておこう．

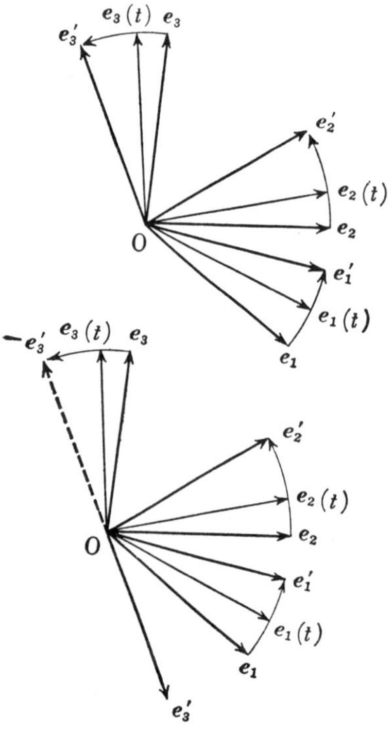

図 6.4

いま，$\boldsymbol{e}_1(t), \boldsymbol{e}_2(t), \boldsymbol{e}_3(t)$ を時間 t とともに連続的に変動するたがいに垂直な単位ベクトルとし，$t=0$ および $t=1$ のときには，

$$\boldsymbol{e}_1(0) = \boldsymbol{e}_1,\ \boldsymbol{e}_2(0) = \boldsymbol{e}_2,\ \boldsymbol{e}_3(0) = \boldsymbol{e}_3$$
$$\boldsymbol{e}_1(1) = \boldsymbol{e}_1',\ \boldsymbol{e}_2(1) = \boldsymbol{e}_2'$$

となるとする．このとき，$(\mathrm{O}\,\boldsymbol{e}_1\,\boldsymbol{e}_2\,\boldsymbol{e}_3)$ と $(\mathrm{O}\,\boldsymbol{e}_1'\,\boldsymbol{e}_2'\,\boldsymbol{e}_3')$ とがともに右手系であるかともに左手系であるかの場合には $\boldsymbol{e}_3(1) = \boldsymbol{e}_3'$，そして一方が右手系で他方が左手系である場合には $\boldsymbol{e}_3(1) = -\boldsymbol{e}_3'$ とならなければならない（図 6.4）．ところで，

$$\boldsymbol{e}_j(t) = \boldsymbol{e}_1 l_{1j}(t) + \boldsymbol{e}_2 l_{2j}(t) + \boldsymbol{e}_3 l_{3j}(t) \quad (1\leqq j\leqq 3)$$

とおくと，$l_{ij}(t)$ は仮定から t の連続関数である．そして，

$$L(t) = \begin{bmatrix} l_{11}(t) & l_{12}(t) & l_{13}(t) \\ l_{21}(t) & l_{22}(t) & l_{23}(t) \\ l_{31}(t) & l_{32}(t) & l_{33}(t) \end{bmatrix}$$

とおくと，これは直交行列であり，したがって $\det L(t) = \pm 1$ である．この行列式は t の連続関数でなければならないから，それはつねに 1 であるか，

つねに -1 であるかのいずれかである．ところが

$$L(0)=\begin{bmatrix}1&0&0\\0&1&0\\0&0&1\end{bmatrix},\quad \det L(0)=1$$

であるから，$\det L(t)$ はつねに 1 でなければならない．よって，$t=1$ のときを考えて

$$\begin{vmatrix}l_{11}&l_{12}&\pm l_{13}\\l_{21}&l_{22}&\pm l_{23}\\l_{31}&l_{32}&\pm l_{33}\end{vmatrix}=\det L(1)=1.$$

したがって，

$$\det L=\pm 1.$$

ゆえに，$(\mathrm{O}\,\boldsymbol{e}_1\,\boldsymbol{e}_2\,\boldsymbol{e}_3)$ と $(\mathrm{O}\,\boldsymbol{e}_1'\,\boldsymbol{e}_2'\,\boldsymbol{e}_3')$ とがともに右手系であるかともに左手系である場合には $\det L=1$ であり，一方が右手系で他方が左手系である場合には $\det L=-1$ である．

平面上の直交座標 $(\mathrm{O}\,\boldsymbol{e}_1\,\boldsymbol{e}_2)$，$(\mathrm{O}\,\boldsymbol{e}_1'\,\boldsymbol{e}_2')$ の間の座標変換についても同じようなことが成り立つ：

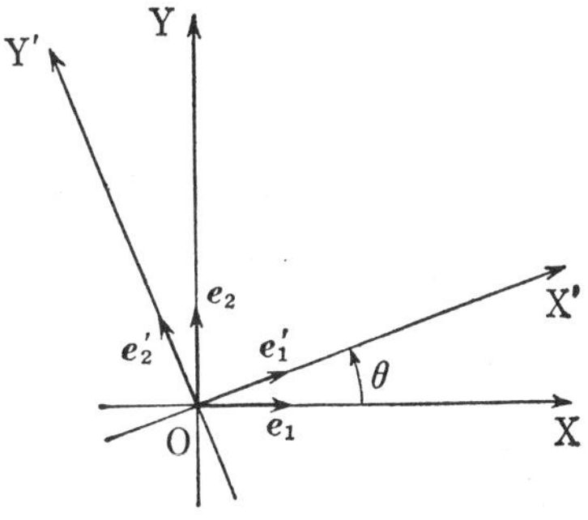

図 6.5

(6.17) $$\begin{bmatrix}x\\y\end{bmatrix}=L\begin{bmatrix}x'\\y'\end{bmatrix},\quad L=\begin{bmatrix}l_{11}&l_{12}\\l_{21}&l_{22}\end{bmatrix}.$$

ここに，L は 2 次の**直交行列**であり，(6.15)，(6.15a)～(6.15d) と同じような条件を満たす．特に，両方とも正直交座標であり，$\overrightarrow{\mathrm{OX}}$ から $\overrightarrow{\mathrm{OX}'}$ までの（符号つきの）角を θ とすれば，(6.7) は

(6.18) $$\begin{cases}x=x'\cos\theta-y'\sin\theta\\y=x'\sin\theta+y'\cos\theta\end{cases}$$

となる（図 6.5）．

問 9. 図 6.6 の直交座標軸 $(\overrightarrow{\mathrm{OX}},\overrightarrow{\mathrm{OY}})$ とデカルト座標軸 $(\overrightarrow{\mathrm{OX}'},\overrightarrow{\mathrm{OY}'})$ との間の座標変換公式はつぎのとおりであることを示せ：

$$\begin{cases}x=x'+y'\cos\omega\\y=y'\sin\omega\end{cases}\quad したがって\quad\begin{cases}x'=x-y\cot\omega\\y'=y\,\mathrm{cosec}\,\omega\end{cases}$$

問 10. 直交座標軸 $(\overrightarrow{\mathrm{OX}},\overrightarrow{\mathrm{OY}})$ で方程式 $(x^2/a^2)-(y^2/b^2)=1$ で表わされる双曲

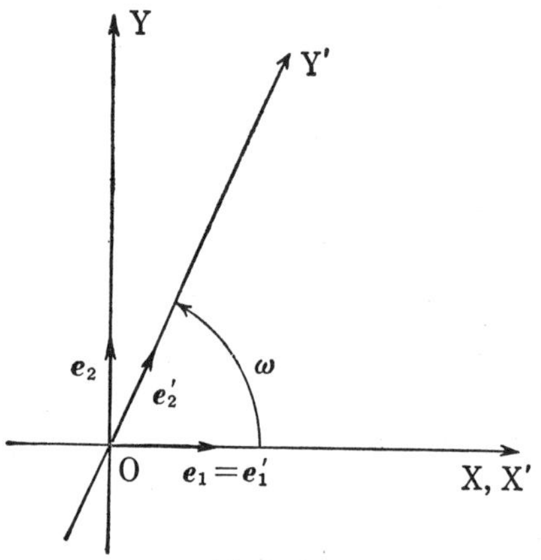

図 6.6

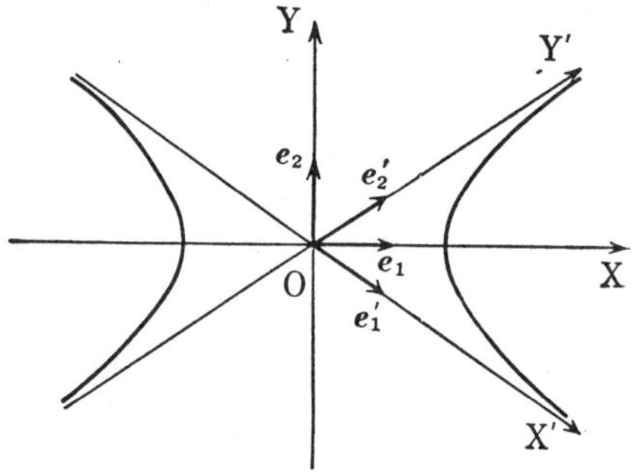

図 6.7

線は，図 6.7 のように漸近線を座標軸（$\overrightarrow{\mathrm{OX}'}$, $\overrightarrow{\mathrm{OY}'}$）にとると，方程式 $x'y' = \dfrac{1}{4}(a^2+b^2)$ で表わされることを示せ．

問 11. 直交座標軸（$\overrightarrow{\mathrm{OX}}$, $\overrightarrow{\mathrm{OY}}$）で方程式 $y^2 = 4px\ (p > 0)$ で表わされる放物線は，図 6.8 のように，その上の 1 つの点を通ってその軸に平行な直線と，その点における接線とを座標軸（$\overrightarrow{\mathrm{O'X'}}$, $\overrightarrow{\mathrm{O'Y'}}$）にとると，方程式 $y'^2 = 4p'x'\ (p' = p\operatorname{cosec}^2\omega)$ で表わされることを示せ．

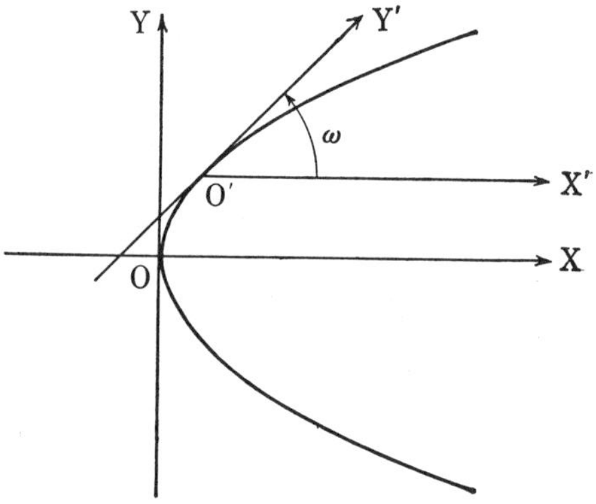

図 6.8

本節は長くなるが，ここでベクトルの「外積」を考えよう．

任意の 2 つのベクトル $\boldsymbol{a}, \boldsymbol{b}$ に対して第 3 のベクトル $\boldsymbol{f}(\boldsymbol{a}, \boldsymbol{b})$ を対応させる関数を考える．（独立変数 $\boldsymbol{a}, \boldsymbol{b}$ も，従属変数もベクトル値をとる．）ここでは $\boldsymbol{a}, \boldsymbol{b}$ のすべての値に対し，条件

$$(\boldsymbol{a}, \boldsymbol{f}(\boldsymbol{a}, \boldsymbol{b})) = 0, \quad (\boldsymbol{b}, \boldsymbol{f}(\boldsymbol{a}, \boldsymbol{b})) = 0$$

を満たすような関数 $\boldsymbol{f}(\boldsymbol{a}, \boldsymbol{b})$ を求めよう．いいかえれば，$\boldsymbol{f}(\boldsymbol{a}, \boldsymbol{b})$ がつねに $\boldsymbol{a}, \boldsymbol{b}$ に垂直であるという条件である．

いま，直交座標をとり，基本ベクトルを $\boldsymbol{e}_1, \boldsymbol{e}_2, \boldsymbol{e}_3$ とし，$\boldsymbol{a}, \boldsymbol{b}, \boldsymbol{f}(\boldsymbol{a}, \boldsymbol{b})$ の成分を (a_1, a_2, a_3), (b_1, b_2, b_3), (f_1, f_2, f_3) とすると，上の条件は

$$a_1f_1+a_2f_2+a_3f_3 = 0, \quad b_1f_1+b_2f_2+b_3f_3 = 0$$

となる．すなわち，5.7 問 8 によって

$$f_1=\rho\begin{vmatrix}a_2 & b_2\\ a_3 & b_3\end{vmatrix},\quad f_2=\rho\begin{vmatrix}a_3 & b_3\\ a_1 & b_1\end{vmatrix},\quad f_3=\rho\begin{vmatrix}a_1 & b_1\\ a_2 & b_2\end{vmatrix}$$

(ρ：任意の実数).

これで問題の関数は明らかになった.

特に，$\rho=1$ ととった場合，関数を $[\boldsymbol{a},\ \boldsymbol{b}]$ と書き表わし，それを $\boldsymbol{a},\ \boldsymbol{b}$ の**外積**（または**ベクトル積**）という：

(※) $$[\boldsymbol{a},\ \boldsymbol{b}]=\boldsymbol{e}_1\begin{vmatrix}a_2 & b_2\\ a_3 & b_3\end{vmatrix}+\boldsymbol{e}_2\begin{vmatrix}a_3 & b_3\\ a_1 & b_1\end{vmatrix}+\boldsymbol{e}_3\begin{vmatrix}a_1 & b_1\\ a_2 & b_2\end{vmatrix}.$$

これを $\boldsymbol{a}\times\boldsymbol{b}$ と書き表わすこともあるが，本書では記号 $[\boldsymbol{a},\ \boldsymbol{b}]$ を用いる.

ここで，公式（※）は（右手系か左手系かの）同種の直交座標をとる限り，つねに同じ形であることを証明しておく.

証明 さきの直交座標と同種の直交座標 $x',\ y',\ z'$ をとり，その基本ベクトルを $\boldsymbol{e}_1',\ \boldsymbol{e}_2',\ \boldsymbol{e}_3'$ とし，座標変換式を

$$\begin{bmatrix}x\\ y\\ z\end{bmatrix}=\begin{bmatrix}p_1\\ p_2\\ p_3\end{bmatrix}+L\begin{bmatrix}x'\\ y'\\ z'\end{bmatrix}$$

とする. $L=(l_{ij})$ は3次正直交行列である. このとき，

$$(\boldsymbol{e}_1'\ \boldsymbol{e}_2'\ \boldsymbol{e}_3')=(\boldsymbol{e}_1\ \boldsymbol{e}_2\ \boldsymbol{e}_3)L\ \ i.e.\ \ (\boldsymbol{e}_1\ \boldsymbol{e}_2\ \boldsymbol{e}_3)=(\boldsymbol{e}_1'\ \boldsymbol{e}_2'\ \boldsymbol{e}_3')^tL$$

であるから

$$\boldsymbol{e}_i=\boldsymbol{e}_1'l_{i1}+\boldsymbol{e}_2'l_{i2}+\boldsymbol{e}_3'l_{i3}$$

$$a_i=p_i+l_{i1}a_1'+l_{i2}a_2'+l_{i3}a_3',\quad b_i=p_i+l_{i1}b_1'+l_{i2}b_2'+l_{i3}b_3'$$

$$(1\leq i\leq 3)$$

となり，これらを（※）の右辺に代入して計算すると

(※※) $$[\boldsymbol{a},\ \boldsymbol{b}]=\boldsymbol{e}_1'\begin{vmatrix}a_2' & b_2'\\ a_3' & b_3'\end{vmatrix}+\boldsymbol{e}_2'\begin{vmatrix}a_3' & b_3'\\ a_1' & b_1'\end{vmatrix}+\boldsymbol{e}_3'\begin{vmatrix}a_1' & b_1'\\ a_2' & b_2'\end{vmatrix}$$

となる（$\det L=1$ を用いる）. （証終）

（※）からただちにつぎの性質がわかる.

1° $[\boldsymbol{a},\ \boldsymbol{b}]$ は $\boldsymbol{a},\ \boldsymbol{b}$ の双線形関数である. すなわち

$$[\boldsymbol{a}+\boldsymbol{a}',\ \boldsymbol{b}]=[\boldsymbol{a},\ \boldsymbol{b}]+[\boldsymbol{a}',\ \boldsymbol{b}],$$

$$[\boldsymbol{a},\ \boldsymbol{b}+\boldsymbol{b}']=[\boldsymbol{a},\ \boldsymbol{b}]+[\boldsymbol{a},\ \boldsymbol{b}'],$$

$$[k\boldsymbol{a},\ \boldsymbol{b}]=k[\boldsymbol{a},\ \boldsymbol{b}]=[\boldsymbol{a},\ k\boldsymbol{b}]\quad (k：スカラー).$$

2° $[\boldsymbol{b},\ \boldsymbol{a}]=-[\boldsymbol{a},\ \boldsymbol{b}]$. 特に，$[\boldsymbol{a},\ \boldsymbol{a}]=\boldsymbol{0}$. したがって，$\boldsymbol{a},\ \boldsymbol{b}$ の一方が他方のスカラー倍に等しいとき $[\boldsymbol{a},\ \boldsymbol{b}]=\boldsymbol{0}$.

3°　$\boldsymbol{a}=\overrightarrow{\mathrm{PA}}$, $\boldsymbol{b}=\overrightarrow{\mathrm{PB}}$ の一方が他方のスカラー倍でない場合，$[\boldsymbol{a}, \boldsymbol{b}]$ は平面 PAB に垂直であり，その大きさは3角形 PAB の面積の2倍に等しい．直交座標が右手系であるか左手系であるかに従い，$\boldsymbol{a}$, $\boldsymbol{b}$, $[\boldsymbol{a}, \boldsymbol{b}]$ の順に右手系または左手系をなす．

証明　1°, 2° および 3° の第1の結論は明らかである．(※) に示された $[\boldsymbol{a}, \boldsymbol{b}]$ の成分の平方和をつくると，(4.12) によって，$[\boldsymbol{a}, \boldsymbol{b}]$ の大きさが3角形 PAB の面積の2倍に等しいことがわかる．また，P を原点にとり，$\overrightarrow{\mathrm{PA}}$ の向きに x' 軸をとり，平面 PAB を $x'y'$ 平面とし，B がこの平面上で $y'>0$ の部分にあるように，はじめの直交座標 x, y, z と同種の直交座標 x', y', z' をとる．このとき，$\boldsymbol{a}$, $\boldsymbol{b}$ の成分は $(a_1', 0, 0)$, $(b_1', b_2', 0)$ となり，$a_1'>0$, $b_2'>0$ である．ゆえに，(※※) から $[\boldsymbol{a}, \boldsymbol{b}]=a_1'b_2'\boldsymbol{e}_3$ となり，その向きは z' 軸の向きと一致する．　(証終)

問 12.　つぎの等式を証明せよ：

(i)　$[\boldsymbol{a}, [\boldsymbol{b}, \boldsymbol{c}]]=(\boldsymbol{a}, \boldsymbol{c})\boldsymbol{b}-(\boldsymbol{a}, \boldsymbol{b})\boldsymbol{c}$,

(ii)　$[\boldsymbol{a}, [\boldsymbol{b}, \boldsymbol{c}]]+[\boldsymbol{b}, [\boldsymbol{c}, \boldsymbol{a}]]+[\boldsymbol{c}, [\boldsymbol{a}, \boldsymbol{b}]]=0$,

(iii)　$([\boldsymbol{a}, \boldsymbol{b}], [\boldsymbol{c}, \boldsymbol{d}])=(\boldsymbol{a}, \boldsymbol{c})(\boldsymbol{b}, \boldsymbol{d})-(\boldsymbol{a}, \boldsymbol{d})(\boldsymbol{b}, \boldsymbol{c})$.

問 13.　$\boldsymbol{a}=\overrightarrow{\mathrm{OA}}$, $\boldsymbol{b}=\overrightarrow{\mathrm{OB}}$, $\boldsymbol{c}=\overrightarrow{\mathrm{OC}}$ のとき，$([\boldsymbol{a}, \boldsymbol{b}], \boldsymbol{c})$ は 6(OABC) に等しいことを確かめよ．

6.4　2次曲線・2次曲面の標準方程式

a.　第2節の例題で見たように，2次曲線は平面上の直交座標 x, y によって2次方程式で表わされる．ここでは，一般な実係数2次方程式

$$a_{11}x^2+2a_{12}xy+a_{22}y^2+2a_{01}x+2a_{02}y+a_{00}=0 \tag{6.19}$$

$$(a_{ij}：実定数)$$

で表わされる2次曲線につき，それが直交座標の変換でどのような簡単な方程式で表わされるようになるかを述べよう．

そのためには，方程式 (6.19) の係数でつくられたつぎの2つの行列が注目される：

$$A_0=\begin{bmatrix} a_{00} & a_{01} & a_{01} \\ a_{10} & a_{11} & a_{12} \\ a_{20} & a_{21} & a_{22} \end{bmatrix}, \quad A=\begin{bmatrix} a_{11} & a_{12} \\ a_{21} & a_{22} \end{bmatrix}.$$

ここに a_{10}, a_{20}, a_{21} はそれぞれ (6.19) の a_{01}, a_{02}, a_{12} と同じものとする．すなわち $a_{ji}=a_{ij}\,(0\leq i\leq 2,\ 0\leq j\leq 2)$ とする．また，λ の2次方程式

(6.20) $$\begin{vmatrix} a_{11}-\lambda & a_{12} \\ a_{21} & a_{22}-\lambda \end{vmatrix} = 0$$

すなわち

(6.20′) $$\lambda^2-(a_{11}+a_{22})\lambda+(a_{11}a_{22}-a_{12}{}^2) = 0$$

も注目され，A の**固有方程式**とよばれる．その2根は明らかに実数である*．これを A の**固有値**（または**固有根**）という．それらを λ_1, λ_2 とすると

(6.21) $$\lambda_1+\lambda_2 = a_{11}+a_{22},\ \lambda_1\lambda_2 = a_{11}a_{22}-a_{12}{}^2 = \det A.$$

さて，2次曲線 (6.19) に対し，新たな直交座標 X, Y を適当にとると，7.6 で証明するように，方程式はつぎのいずれかの形になる．

1° $\det A \neq 0$ の場合（この場合，$\operatorname{rank} A = 2$ で，$\operatorname{rank} A_0$ は 3 または 2になる．また，(6.21) から $\lambda_1 \neq 0, \lambda_2 \neq 0$.）

(6.22) $$\lambda_1 X^2+\lambda_2 Y^2+\nu = 0$$

$$\left(\begin{array}{l}\nu = \det A_0/\det A.\ \ \operatorname{rank} A_0 = 3 \text{ ならば} \\ \nu \neq 0 \text{ で，} \operatorname{rank} A_0 = 2 \text{ ならば } \nu = 0.\end{array}\right)$$

2° $\det A = 0$ の場合（この場合，$\operatorname{rank} A = 1$ で，$\operatorname{rank} A_0$ は 3, 2 または 1 になる．また，A の固有値のうちの 1 つは 0 になる．$\lambda_1 \neq 0, \lambda_2 = 0$ としてよい）

(イ) $\operatorname{rank} A_0 = 3$ のとき

(6.23) $$\lambda_1 X^2+2\mu Y = 0$$

$$(\mu^2 = -\det A_0/\lambda_1 = -\det A_0/(a_{11}+a_{22}) \neq 0)$$

(ロ) $\operatorname{rank} A_0 < 3$ のとき

(6.24) $$\lambda_1 X^2+\nu = 0$$

$$\left(\begin{array}{l}\operatorname{rank} A_0 = 2 \text{ ならば } \nu \neq 0 \text{ で，} \operatorname{rank} A_0 = 1 \text{ な} \\ \text{らば } \nu = 0.\ \nu \text{ の値の求めかたは次章にゆずる．}\end{array}\right)$$

この (6.22), (6.23), (6.24) をそれぞれの場合の**標準方程式**という．このときの座標軸を2次曲線の**主軸**という．

問 14. 直交座標でつぎの各2次曲線に対し，示された直交座標変換を行なえば，示された標準方程式が得られることを確かめよ：

(i) $3x^2+2xy+3y^2-16y+23 = 0$

---

* (6.20′) の判別式をつくればわかるが，定理 7.2 の形で一般的な証明もできる．

直交座標変換 $\begin{cases} x = -1+\dfrac{1}{\sqrt{2}}(X-Y) \\ y = 3+\dfrac{1}{\sqrt{2}}(X+Y) \end{cases}$

標準方程式 $4X^2+2Y^2-1=0$

(ii) $4x^2-4xy+y^2-10x-20y=0$

直交座標変換 $\begin{cases} X = \dfrac{2x-y}{\sqrt{5}} \\ Y = \dfrac{x+2y}{\sqrt{5}} \end{cases}$

標準方程式 $5X^2-10\sqrt{5}\,Y=0$

問 15. 前問の各2次曲線に対し，A_0, A, それらの階数および行列式，A の固有値などを求め，上記の 1°, 2°, (イ), (ロ) の記述と比較せよ．

b. 2次曲面は空間の直交座標 x, y, z によって2次方程式で表わされる(第2節の問 5 参照)．ここでは，一般な実係数2次方程式

(6.25)
$$a_{11}x^2+a_{22}y^2+a_{33}z^2+2a_{12}xy+2a_{13}xz+2a_{23}yz$$
$$+2a_{01}x+2a_{02}y+2a_{03}z+a_{00}=0 \quad (a_{ij}：実定数)$$

で表わされる2次曲面の標準方程式について述べる．

(6.25) の係数でつくられた2つの行列

$$A_0 = \begin{bmatrix} a_{00} & a_{01} & a_{02} & a_{03} \\ a_{10} & a_{11} & a_{12} & a_{13} \\ a_{20} & a_{21} & a_{22} & a_{23} \\ a_{30} & a_{31} & a_{32} & a_{33} \end{bmatrix}, \quad A = \begin{bmatrix} a_{11} & a_{12} & a_{13} \\ a_{21} & a_{22} & a_{23} \\ a_{31} & a_{32} & a_{33} \end{bmatrix}$$

$$(a_{ji} = a_{ij}\,(0 \leq i \leq 3,\ 0 \leq j \leq 3))$$

と A の**固有方程式**

(6.26)
$$\begin{vmatrix} a_{11}-\lambda & a_{12} & a_{13} \\ a_{21} & a_{22}-\lambda & a_{23} \\ a_{31} & a_{32} & a_{33}-\lambda \end{vmatrix} = 0$$

とが注目される．(6.26) は λ の 3 次方程式であるが，その3根はいずれも実数になる（定理 7.2 で証明する）．これらを A の**固有値**（または**固有根**）という．それらを $\lambda_1, \lambda_2, \lambda_3$ とすると，(6.26) の係数を考えて

(6.27)
$$\begin{cases} \lambda_1+\lambda_2+\lambda_3 = a_{11}+a_{22}+a_{33} \\ \lambda_1\lambda_2+\lambda_1\lambda_3+\lambda_2\lambda_3 = \begin{vmatrix} a_{11} & a_{12} \\ a_{21} & a_{22} \end{vmatrix} + \begin{vmatrix} a_{11} & a_{13} \\ a_{31} & a_{33} \end{vmatrix} + \begin{vmatrix} a_{22} & a_{23} \\ a_{32} & a_{33} \end{vmatrix} \\ \lambda_1\lambda_2\lambda_3 = \det A \end{cases}$$

である.

2次曲面 (6.25) に対し，新たに適当な直交座標 X, Y, Z をとると，7.4 で証明するように，方程式はつぎのいずれかの形になる.

1° rank $A=3$ の場合（この場合，rank A_0 は4または3になる．また，(6.27) から $\lambda_1 \neq 0, \lambda_2 \neq 0, \lambda_3 \neq 0$.）

(6.28)
$$\lambda_1 X^2 + \lambda_2 Y^2 + \lambda_3 Z^2 + \nu = 0$$

（$\nu = \det A_0/\det A$．rank $A_0 = 4$ ならば $\nu \neq 0$ で，rank $A_0 = 3$ ならば $\nu = 0$.）

2° rank $A=2$ の場合（この場合，rank A_0 は 4, 3 または2になる．また，A の固有値のうちの1つだけは0になる．$\lambda_1 \neq 0, \lambda_2 \neq 0, \lambda_3 = 0$ としてよい.）

(イ) rank $A_0 = 4$ のとき

(6.29)
$$\lambda_1 X^2 + \lambda_2 Y^2 + 2\mu Z = 0$$

$$(\mu^2 = -\det A_0/\lambda_1\lambda_2)$$

(ロ) rank $A_0 < 4$ のとき

(6.30)
$$\lambda_1 X^2 + \lambda_2 Y^2 + \nu = 0$$

（rank $A_0 = 3$ ならば $\nu \neq 0$ で，rank $A_0 = 2$ ならば $\nu = 0$．ν の値の求めかたは次章 7.5 例題3を参照せよ.）

3° rank $A=1$ の場合（この場合，rank A_0 は 3, 2 または1になる．また，A の固有値のうちの2つが0になる．$\lambda_1 \neq 0, \lambda_2 = 0, \lambda_3 = 0$ としてよい.）

(イ) rank $A_0 = 3$ のとき

(6.31)
$$\lambda_1 X^2 + 2\mu Y = 0$$

（μ の求めかたは次章 7.5 例題4を参照せよ.）

(ロ) rank $A_0 < 3$ のとき

(6.32)
$$\lambda_1 X^2 + \nu = 0$$

（rank $A_0 = 2$ ならば $\nu \neq 0$ で，rank $A_0 = 1$ ならば $\nu = 0$．ν の求めかたは 7.5 例題4を参照.）

以上の (6.28)～(6.32) をそれぞれの場合の**標準方程式**という．このときの座標軸を2次曲面の**主軸**という.

注意 平面上の直交座標 x, y をほかの任意の直交座標 x', y' に変換したとき，方程式 (6.29) と係数の行列 A_0, A とがそれぞれ

$$a'_{11}x'^2+2a'_{12}x'y'+a'_{22}y'^2+2a'_{01}x'+2a'_{02}y'+a'_{00}=0$$

と A_0', A' になったとする．このとき，7.4 で証明するように，つぎの等式が成り立つ：

$$\operatorname{rank} A_0' = \operatorname{rank} A_0, \quad \operatorname{rank} A' = \operatorname{rank} A,$$
$$\det A_0' = \det A_0, \quad \det A' = \det A.$$

方程式 (6.25) とその係数の行列 A_0, A についても，これと同じことが証明できる．

6.5 2 次曲線・2 次曲面の分類

前節の標準方程式によって 2 次曲線および 2 次曲面の分類ができる．

***a*.** (6.22)～(6.24) の係数の符号を考慮に入れると，2 次曲線は主軸を座標軸にとるとき，

1° $x^2/a^2+y^2/b^2=1$ (楕円；$a=b$ のときは円)

2° $x^2/a^2-y^2/b^2=1$ (双曲線)

3° $-x^2/a^2-y^2/b^2=1$ (虚楕円；$a=b$ のときは虚円)

4° $x^2/a^2-y^2/b^2=0$ (交わる 2 直線)

5° $x^2/a^2+y^2/b^2=0$ (交わる虚 2 直線)

6° $y^2=4px$ (放物線)

7° $y^2=k^2$ (平行な 2 直線)

8° $y^2=-k^2$ (平行な虚 2 直線)

9° $y^2=0$ (重なる 2 直線)

のうちのいずれかの形の方程式で表わされる (a, b, p, k：正の定数)．

注意 (6.22) で $\nu \neq 0$ の場合，1°～3° のほかに $-x^2/a^2+y^2/b^2=1$ の形もあるが，これは座標軸を 90° だけ回転すると $x'^2/b^2-y'^2/a^2=1$ となり，2° の形になる．また，(6.23) の場合，$y^2=-4px$ の形もあるが，座標軸を 180° だけ回転すれば，$y'^2=4px'$ となり，6° の形になる．

曲線 1°～9° の形についてはいうまでもなかろう．

b. (6.28)～(6.32) の係数の符号を考え，2 次曲面は主軸を座標軸にとると，つぎのいずれかの形の方程式で表わされる：

1°　$x^2/a^2+y^2/b^2+z^2/c^2=1$　(楕円面；$a=b=c$ のときは球面)

2°　$x^2/a^2+y^2/b^2-z^2/c^2=1$　(1 葉双曲面)

3°　$x^2/a^2-y^2/b^2-z^2/c^2=1$　(2 葉双曲面)

4°　$-x^2/a^2-y^2/b^2-z^2/c^2=1$　(虚楕円面；$a=b=c$ のときは虚球面)

5°　$x^2/a^2+y^2/b^2=z^2/c^2$　(2 次錐面；$a=b$ のときは円錐面)

6°　$x^2/a^2+y^2/b^2+z^2/c^2=0$　(2 次虚錐面)

7°　$x^2/a^2+y^2/b^2=2z/c$　(楕円放物面)

8°　$x^2/a^2-y^2/b^2=2z/c$　(双曲放物面)

9°　$x^2/a^2+y^2/b^2=1$　(楕円柱面；$a=b$ のときは円柱面)

10°　$x^2/a^2-y^2/b^2=1$　(双曲柱面)

11°　$-x^2/a^2-y^2/b^2=1$　(虚楕円柱面；$a=b$ のとき虚円柱面)

12°　$x^2/a^2-y^2/b^2=0$　(交わる 2 平面)

13°　$x^2/a^2+y^2/b^2=0$　(交わる虚 2 平面)

14°　$y^2=4px$　(放物柱面)

15°　$x^2=k^2$　(平行な 2 平面)

16°　$x^2=-k^2$　(平行な虚 2 平面)

17°　$x^2=0$　(重なる 2 平面)

ここに a, b, c, p, k は正の定数である．(上記 a の注意と同じようなことを考えに入れよ．)

これらの曲面の形状を調べるために，まず，つぎの一般的なことを注意しておく．

曲面 $f(x, y, z)=0$ が与えられたとき，z に1つの値 z_0 を代入して得られる方程式 $f(x, y, z_0)=0$ を xy 平面上で考えると，この方程式は1つの曲線を表わす．この曲線は，曲面 $f(x, y, z)=0$ と平面 $z=z_0$ との交線の xy 平面上の正射影を表わす．(理由は各自で考えよ．) この曲線はこの交線と合同であるから，こうして交線の形状がわかる．

この方法で，曲面 1°〜17° と座標平面に平行な平面との交線の様子を調べたり，座標平面に関する対称性を検討したり，あるいは個々の場合に適したほかの考えかたを用いたりすると，それらの曲面の形状を知ることができる．このようにしてわかることがらの一部を簡単に述べる.

楕円面 (1°)：各座標平面に関し，したがって各座標軸および原点に関して対称である．曲面は $|x| \leq a$, $|y| \leq b$, $|z| \leq c$ の範囲内にある．平面 $z = z_0$ $(0 \leq z_0 \leq c)$ との交線は楕円 $x^2/a^2+y^2/b^2 = 1-z_0{}^2/c^2$, $z = z_0$ である ($z_0 = c$ のとき，交わりはただ1点 $(0, 0, c)$ である．また，$a = b$ の場合は円で，この場合曲面は z 軸を軸とする回転面である). (図 6.9 参照.)

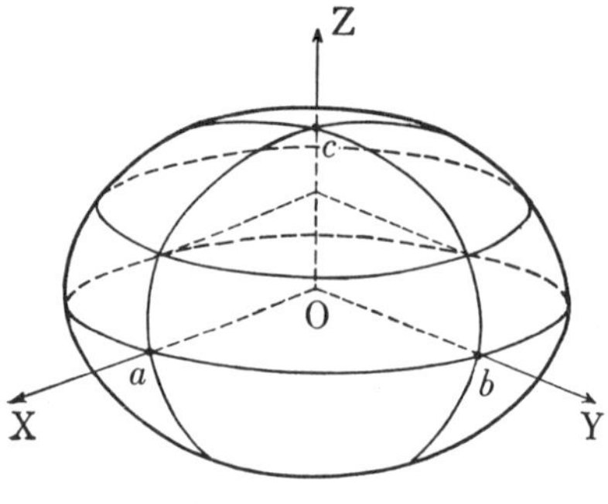

図 6.9

1 葉双曲面 (2°)：対称性に関しては上と同じである．平面 $z = z_0$ との交線は楕円 $x^2/a^2+y^2/b^2 = 1+z_0{}^2/c^2$, $z = z_0$ である ($a = b$ の場合曲面は Z 軸を軸とする回転面である)．平面 $x = x_0$ との交線は，$0 \leq x_0 < a$ の場合には双曲線 $y^2/b^2-z^2/c^2 = 1-x_0{}^2/a^2$, $x = x_0$ であり，$x_0 = a$ の場合には2直線 $y^2/b^2-z^2/c^2 = 0$, $x = a$ であり，$x_0 > a$ の場合には双曲線 $-y^2/b^2+z^2/c^2 = x_0{}^2/a^2-1$, $x = x_0$ である．(図 6.10 参照.)

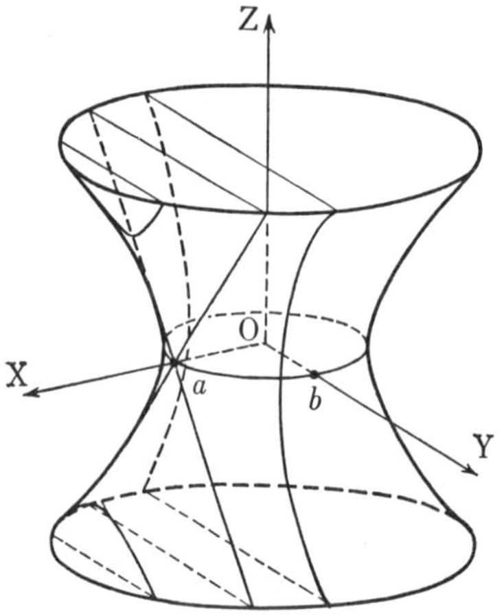

図 6.10

2 葉双曲面 (3°)：対称性に関しては上と同じである．曲面は $|x| \geq a$ の範囲内にある．平面 $z = z_0$ との交線は双曲線 $x^2/a^2-y^2/b^2 = 1+z_0{}^2/c^2$, $z = z_0$ である．平面 $x = x_0\,(x_0 \geq a)$ との交線は楕円 $y^2/b^2+z^2/c^2 = x_0{}^2/a^2-1$, $x = x_0$ である ($x_0 = a$ のとき，交わりはただ1点 $(a, 0, 0)$ である．また，$b = c$ の場合曲面は x 軸を軸とする回転面である)．(図 6.11 参照.)

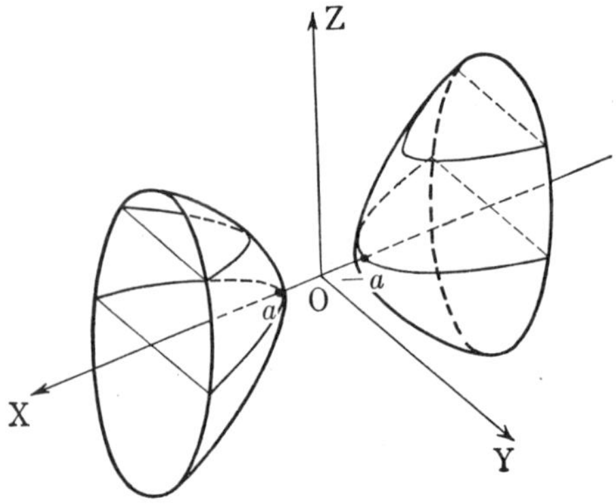

図 6.11

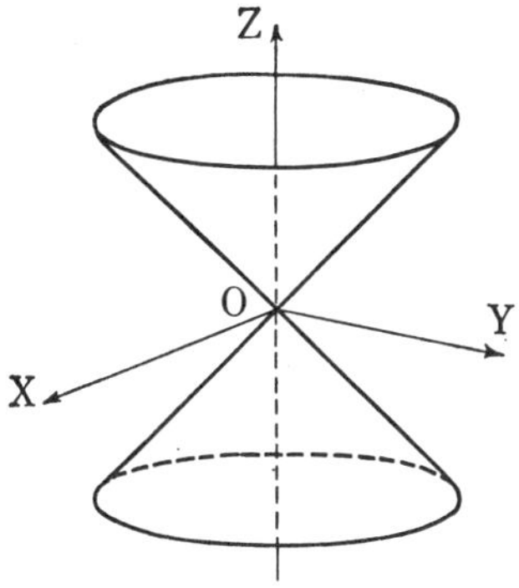

図 6.12

2 次錐面 (5°)：対称性に関しては上と同じである． 曲面は， 楕円 (または円) $x^2/a^2+y^2/b^2=z_0{}^2/c^2$, $z=z_0\,(z_0\neq 0)$ の点と原点とを結ぶ直線の全体から成る錐面である．(これらの直線を錐面の**母線**という)．(図 6.12 参照.)

楕円放物面 (7°)：yz 平面および zx 平面に関し，したがって z 軸に関して対称である．曲面は $z\geq 0$ の範囲内にある．平面 $z=z_0\,(z_0\geq 0)$ との交線は楕円 $x^2/a^2+y^2/b^2=2z_0/c$, $z=z_0$ である ($z_0=0$ のとき，交わりは原点だけである．また，$a=b$ の場合曲面は回転面である)．平面 $x=x_0$ との交線は放物線 $2z/c=y^2/b^2+x_0{}^2/a^2$, $x=x_0$ であり，この放物線は x_0 の値が変っても合同である．(図 6.13 参照.)

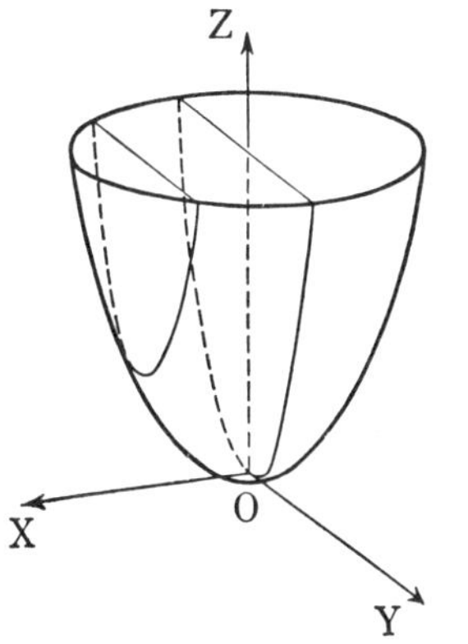

図 6.13

双曲放物面 (8°)：対称性に関しては上と同じである．平面 $z=z_0$ との交線は，$z_0>0$ の場合には双曲線 $x^2/a^2-y^2/b^2=2z_0/c$, $z=z_0$ であり，$z_0=0$ の場合には 2 直線 $x^2/a^2-y^2/b^2=0$, $z=0$ であり，$z_0<0$ の場合には双曲線 $-x^2/a^2+y^2/b^2=-2z_0/c$, $z=z_0$ である．平面 $x=x_0$ との交線は放物線で，x_0 の値が変っても合同である．(図 6.14 参照.)

楕円柱面 (9°) は楕円 $x^2/a^2+y^2/b^2=1, z=0$ の点をとおって z 軸に平行な直線の全体から成る (これらの直線を柱面の**母線**という)．双曲柱面 (10°)，放物柱面 (14°) についても同じようにいえる．

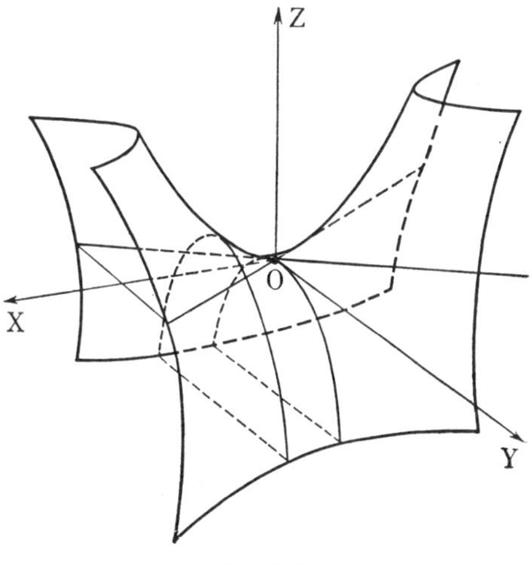

図 6.14

この節は長くなったが，最後に 1 葉双曲面と双曲放物面との母線について考えよう.

1葉双曲面 (2°) の方程式が

$$(x/a+z/c)(x/a-z/c) = (1+y/b)(1-y/b)$$

と書けることから, λ, μ を任意の定数とするとき, つぎの各直線 g_λ, g'_μ はこの曲面の上にのっていることがわかる.

$$g_\lambda : \begin{cases} x/a+z/c = \lambda(1-y/b) \\ \lambda(x/a-z/c) = 1+y/b \end{cases} \quad g'_\mu : \begin{cases} x/a+z/c = \mu(1+y/b) \\ \mu(x/a-z/c) = 1-y/b \end{cases}$$

これらの直線を**母線**という. λ, μ の値をいろいろ変えると, 2つの母線族 $\{g_\lambda\}$, $\{g'_\mu\}$ が得られる*. それらにつき, つぎの性質を確かめることは容易である:

(i) $\lambda \neq \lambda'$ のとき, g_λ と $g_{\lambda'}$ はたがいに**ねじれの位置**にある (すなわち, 同一平面上にない). また, $\mu \neq \mu'$ のとき, g'_μ と $g'_{\mu'}$ はたがいにねじれの位置にある.

(ii) g_λ と g'_μ は交わるかまたは平行であるかのいずれかである (すなわち, 同一平面上にある). $\lambda+\mu \neq 0$ の場合には交点

$$\frac{x}{a} = \frac{\lambda\mu+1}{\lambda+\mu}, \quad \frac{y}{b} = \frac{\lambda-\mu}{\lambda+\mu}, \quad \frac{z}{c} = \frac{\lambda\mu-1}{\lambda+\mu} \tag{6.33}$$

をもち, $\lambda+\mu = 0$ の場合には平行である.

(iii) 曲面上の各点をとおり, 両方の母線族の母線がそれぞれ1つずつある.

双曲放物面 (8°) の母線に関しても同じようなことが成り立つ. この場合, 2つの母線族の母線は

$$g_\lambda : \begin{cases} x/a+y/b = 2\lambda \\ \lambda(x/a-y/b) = z/c \end{cases} \quad g'_\mu : \begin{cases} x/a-y/b = 2\mu \\ \mu(x/a+y/b) = z/c \end{cases}$$

である. g_λ と g'_μ の交点は

$$x/a = \lambda+\mu, \quad y/b = \lambda-\mu, \quad z/c = 2\lambda\mu \tag{6.34}$$

である.

注意 (6.33), (6.34) はそれぞれの曲面の助変数表示とみなされる. μ の値を一定

* $\lambda = \pm\infty$ であってもよいとし, このとき g_λ の方程式は $1-y/b = 0$, $x/a-z/c = 0$ であると解釈する. これは $\lambda \to \pm\infty$ のときの極限をとることにほかならない. $\mu = \pm\infty$ についても同じである.

に保ち，λ の値を変えるとき，点 (x, y, z) は g_λ の上を動く．λ を一定に保ち，μ を変えるとき，点 (x, y, z) は g'_μ の上を動く．

6.6　n 次元ユークリッド空間

第2節で見たように，空間にアフィン座標軸 $\overrightarrow{\mathrm{OX}}, \overrightarrow{\mathrm{OY}}, \overrightarrow{\mathrm{OZ}}$ が定めてあるとし，その基本ベクトルを $\boldsymbol{e}_1, \boldsymbol{e}_2, \boldsymbol{e}_3$ とする．このとき，空間の各点 $\mathrm{P}(x, y, z)$ に対して O に関する P の位置ベクトル $\boldsymbol{x} = \overrightarrow{\mathrm{OP}} = x\boldsymbol{e}_1 + y\boldsymbol{e}_2 + z\boldsymbol{e}_3$ を対応させると，空間のすべての点はちょうど3次元実数空間 $\boldsymbol{R}^3$ のすべてのベクトルで表わされる．すなわち，成分 (x, y, z) をもつベクトルは座標 (x, y, z) をもつ点を表わす．平面上や直線上のアフィン座標についても同じようになる．

これにならい，n 次元実数空間 $\boldsymbol{R}^n$ の各ベクトル $\boldsymbol{x} = (x_1, \cdots, x_n)$ に対して**点**とよばれる新たな対象を考え，その点の**アフィン座標**は $(x_1, \cdots, x_n)$ であるといい，この点を $\mathrm{P}(x_1, \cdots, x_n)$ のように書き表わす．このような点の全体を（実数上の）**n 次元アフィン空間**という．また，点 $\mathrm{O}(0, \cdots, 0)$ をこのアフィン座標の**原点**，ベクトル $\boldsymbol{e}_1 = (1, 0, \cdots, 0)$, $\boldsymbol{e}_2 = (0, 1, \cdots, 0)$, $\cdots$, $\boldsymbol{e}_n = (0, 0, \cdots, 1)$ をその**基本ベクトル**という．任意の2点 $\mathrm{P}(x_1, \cdots, x_n)$, $\mathrm{Q}(y_1, \cdots, y_n)$ に対し，$\boldsymbol{R}^n$ のベクトル $(y_1 - x_1, \cdots, y_n - x_n)$ を $\overrightarrow{\mathrm{PQ}}$ で表わし，P に関する Q の**位置ベクトル**という．このとき，各点 $\mathrm{P}(x_1, \cdots, x_n)$ に対し，O に関する P の位置ベクトル $\overrightarrow{\mathrm{OP}}$ は $\boldsymbol{x} = (x_1, \cdots, x_n)$ となる．

はじめに述べた通常の空間，平面，直線はそれぞれ $n = 3$, $n = 2$, $n = 1$ の場合である．ところで，通常の空間や平面では，任意の2つのベクトル $\boldsymbol{a}, \boldsymbol{b}$ に対し，その内積 $(\boldsymbol{a}, \boldsymbol{b})$ が定まっていた．既知のとおり，これは変動するベクトル $\boldsymbol{a}, \boldsymbol{b}$ に対して実数値をとる双1次関数であり，つぎの性質をもっている：

（i）　$(\boldsymbol{b}, \boldsymbol{a}) = (\boldsymbol{a}, \boldsymbol{b})$,

（ii）　$(\boldsymbol{a}, \boldsymbol{a}) \geq 0$；等号は $\boldsymbol{a} = \boldsymbol{0}$ のときだけ成り立つ．

これと同じように，上記の n 次元アフィン空間で，ベクトルの実数値双1

次関数 $f(\boldsymbol{a}, \boldsymbol{b})$ が1つ指定され，それがつぎの条件を満たす場合を考える：

1° $f(\boldsymbol{b}, \boldsymbol{a}) = f(\boldsymbol{a}, \boldsymbol{b})$,

2° $f(\boldsymbol{a}, \boldsymbol{a}) \geq 0$ ；等号は $\boldsymbol{a} = \boldsymbol{0}$ のときだけ成り立つ．

この場合，この空間を特に $\boldsymbol{n}$ **次元ユークリッド空間**（Euclid 空間）といい，$f(\boldsymbol{a}, \boldsymbol{b})$ を $\boldsymbol{a}, \boldsymbol{b}$ の**内積**とよび，これを $(\boldsymbol{a}, \boldsymbol{b})$ と書き表わす．通常の空間，平面，直線はそれぞれ3次元，2次元，1次元のユークリッド空間である．

例題 1. n 次元アフィン空間で，任意の2つのベクトル $\boldsymbol{a} = (a_1, \cdots, a_n)$, $\boldsymbol{b} = (b_1, \cdots, b_n)$ に対し，$f(\boldsymbol{a}, \boldsymbol{b}) = \sum_{i=1}^{n} a_i b_i$ とおくと，$f(\boldsymbol{a}, \boldsymbol{b})$ は条件 1°, 2° を満たす実数値双1次関数である．したがって，これを内積に指定すれば，1つの $\boldsymbol{n}$ 次元ユークリッド空間が得られる．

さて，$\boldsymbol{n}$ 次元ユークリッド空間において，指定された内積を上記のように $(\boldsymbol{a}, \boldsymbol{b})$ と書き表わすとき，通常の空間の場合（1.7 参照）にならい，つぎの定義をする．

任意のベクトル $\boldsymbol{a}$ に対して

$$|\boldsymbol{a}| = \sqrt{(\boldsymbol{a}, \boldsymbol{a})} \tag{6.35}$$

をその**大きさ**という．そして，$|\boldsymbol{a}| = 1$ のとき，$\boldsymbol{a}$ を**単位ベクトル**という．また，0 でない任意の2つのベクトル $\boldsymbol{a}, \boldsymbol{b}$ に対して

$$\cos\theta = \frac{(\boldsymbol{a}, \boldsymbol{b})}{|\boldsymbol{a}|\cdot|\boldsymbol{b}|} \quad (0 \leq \theta \leq \pi) \tag{6.36}$$

で定まる θ を $\boldsymbol{a}, \boldsymbol{b}$ の**なす角**という．下記の(イ)と（6.37）とでわかるように，（6.36）の左辺の絶対値はつねに1を越さないから，$\boldsymbol{a}$ と $\boldsymbol{b}$ に対して θ の値が定まる．

この定義から，つぎの性質が証明される：

(イ) $|\boldsymbol{a}| \geq 0$; $\boldsymbol{a}$ が 0 であるとき，そしてそのときだけ，$|\boldsymbol{a}| = 0$ となる．

(ロ) $|k\boldsymbol{a}| = |k|\cdot|\boldsymbol{a}|$ （k : 実数）．

(ハ) $|\boldsymbol{a}+\boldsymbol{b}| \leq |\boldsymbol{a}| + |\boldsymbol{b}|$.

証明 (イ)と(ロ)は，定義（6.35）と $(\boldsymbol{a}, \boldsymbol{b})$ が双1次関数であることとから，明らかである．(ハ)を証明するためには，

$$|\boldsymbol{a}+\boldsymbol{b}|^2 = (\boldsymbol{a}+\boldsymbol{b},\ \boldsymbol{a}+\boldsymbol{b}) = (\boldsymbol{a},\ \boldsymbol{a})+2(\boldsymbol{a},\ \boldsymbol{b})+(\boldsymbol{b},\ \boldsymbol{b}),$$
$$(|\boldsymbol{a}|+|\boldsymbol{b}|)^2 = |\boldsymbol{a}|^2+2|\boldsymbol{a}|\cdot|\boldsymbol{b}|+|\boldsymbol{b}|^2 = (\boldsymbol{a},\ \boldsymbol{a})+2|\boldsymbol{a}|\cdot|\boldsymbol{b}|+(\boldsymbol{b},\ \boldsymbol{b})$$

であるから，$(\boldsymbol{a},\ \boldsymbol{b})\leq|\boldsymbol{a}|\cdot|\boldsymbol{b}|$ を示せばよい．このためには

$$(\boldsymbol{a},\ \boldsymbol{b})^2\leq(\boldsymbol{a},\ \boldsymbol{a})\cdot(\boldsymbol{b},\ \boldsymbol{b}) \tag{6.37}$$

を確かめれば十分である．ところで，2° から，すべての実数値 λ に対して $(\lambda\boldsymbol{a}+\boldsymbol{b},\ \lambda\boldsymbol{a}+\boldsymbol{b})\geq 0$．すなわち，双1次性と 1° とから

$$\lambda^2(\boldsymbol{a},\ \boldsymbol{a})+2\lambda(\boldsymbol{a},\ \boldsymbol{b})+(\boldsymbol{b},\ \boldsymbol{b})\geq 0.$$

この2次式の判別式を考えて (6.37) が得られる．　(証終)

$\theta=0$ のとき $\boldsymbol{a}$ と $\boldsymbol{b}$ は**同じ向き**であるといい，$\theta=\pi$ のとき**反対向き**であるという．また，$\theta=\dfrac{\pi}{2}$ のとき，すなわち $(\boldsymbol{a},\ \boldsymbol{b})=0$ のとき，$\boldsymbol{a}$ と $\boldsymbol{b}$ はたがいに**垂直**であるという．

問 16.　$\boldsymbol{a}$ を 0 でない任意のベクトルであるとする．

(i)　$\boldsymbol{a}$ と同じ向きのベクトルとは $k\boldsymbol{a}\ (k>0)$ の形のものであり，$\boldsymbol{a}$ と反対向きのベクトルとは $k\boldsymbol{a}\ (k<0)$ の形のものであることを示せ．

(ii)　$\boldsymbol{a}$ と同じ向きの単位ベクトルはただ1つ定まり，それは $\dfrac{1}{|\boldsymbol{a}|}\cdot\boldsymbol{a}\ (=\boldsymbol{a}/|\boldsymbol{a}|)$ であることを示せ．

6.7　直交系と直交行列

前節にひきつづき，n 次元ユークリッド空間を考える．0 でない r 個のベクトル $\boldsymbol{a}_1, \cdots, \boldsymbol{a}_r$ がたがいに垂直であるとき，これを**直交系**という．0 でないベクトルを1つとれば，これはつねに1つの直交系とみなされる．ベクトルの直交系が単位ベクトルばかりから成っているとき，これを**正規直交系**という．任意の直交系 $\boldsymbol{a}_1, \cdots, \boldsymbol{a}_r$ が与えられたとき，これらと同じ向きの単位ベクトル

$$\boldsymbol{u}_1 = \boldsymbol{a}_1/|\boldsymbol{a}_1|, \cdots, \boldsymbol{u}_r = \boldsymbol{a}_r/|\boldsymbol{a}_r|$$

をつくると，これは正規直交系となる．直交系 $\boldsymbol{a}_1, \cdots, \boldsymbol{a}_r$ からこのようにして正規直交系 $\boldsymbol{u}_1, \cdots, \boldsymbol{u}_r$ をつくることを**正規化**という．

定理 6.1　$\boldsymbol{a}_1, \cdots, \boldsymbol{a}_r$ が直交系ならば，それらは1次独立である．

証明　$\lambda_1\boldsymbol{a}_1+\cdots+\lambda_r\boldsymbol{a}_r=0$ ($\lambda_1, \cdots, \lambda_r$：スカラー) であるとする．このとき，$\boldsymbol{a}_j$

$(1\leq j\leq r)$ との内積をつくると，内積の双線形性から

$$\lambda_1(\boldsymbol{a}_1,\ \boldsymbol{a}_j)+\cdots+\lambda_r(\boldsymbol{a}_r,\ \boldsymbol{a}_j)=0.$$

$(\boldsymbol{a}_i,\ \boldsymbol{a}_j)=0\ (i\neq j)$ であることから，上の等式は

$$\lambda_j(\boldsymbol{a}_j,\ \boldsymbol{a}_j)=0$$

となる．ここで $(\boldsymbol{a}_j,\ \boldsymbol{a}_j)=|\boldsymbol{a}_j|^2\neq 0$ であるから，$\lambda_j=0$ でなければならない．上の j は任意であったから，$\lambda_1=\cdots=\lambda_r=0$ となり，$\boldsymbol{a}_1, \cdots, \boldsymbol{a}_r$ は1次独立でなければならない． （証終）

定理 6.2 $\boldsymbol{a}_1, \cdots, \boldsymbol{a}_r$ が直交系であり，$r<n$ であるならば，ベクトル $\boldsymbol{a}_{r+1}$ を適当にとり，$\boldsymbol{a}_1, \cdots, \boldsymbol{a}_r, \boldsymbol{a}_{r+1}$ がまた直交系となるようにできる．

証明 考えている空間中のベクトル $\boldsymbol{b}$ がいずれも $\boldsymbol{a}_1, \cdots, \boldsymbol{a}_r$ の1次結合に等しいと仮定すれば，$\boldsymbol{a}_1, \cdots, \boldsymbol{a}_r$ は空間のベクトルの全体 $\boldsymbol{R}^n$ に対して基底でなければならないこととなり，$r<n$ であることと矛盾する．したがって，ベクトル $\boldsymbol{b}$ を適当にとれば，$\boldsymbol{b}$ は $\boldsymbol{a}_1, \cdots, \boldsymbol{a}_r$ の1次結合に等しくないようにできる．このように $\boldsymbol{b}$ をとって

$$\boldsymbol{a}_{r+1}=\lambda_1\boldsymbol{a}_1+\cdots+\lambda_r\boldsymbol{a}_r+\boldsymbol{b}\quad(\lambda_1, \cdots, \lambda_r：実数)$$

とおくと，$\boldsymbol{b}$ のとりかたから，これは 0 にはなり得ない．この $\boldsymbol{a}_{r+1}$ が定理にいうものであるための条件は $(\boldsymbol{a}_i,\ \boldsymbol{a}_{r+1})=0\ (1\leq i\leq r)$ である．この条件は

$$\lambda_1(\boldsymbol{a}_i,\ \boldsymbol{a}_1)+\cdots+\lambda_r(\boldsymbol{a}_i,\ \boldsymbol{a}_r)+(\boldsymbol{a}_i,\ \boldsymbol{b})=0\quad(1\leq i\leq r),$$

すなわち

$$\lambda_i(\boldsymbol{a}_i,\ \boldsymbol{a}_i)+(\boldsymbol{a}_i,\ \boldsymbol{b})=0\quad(1\leq i\leq r)$$

である．$(\boldsymbol{a}_i,\ \boldsymbol{a}_i)=|\boldsymbol{a}_i|^2\neq 0$ であるから，$\lambda_i=-(\boldsymbol{a}_i,\ \boldsymbol{b})/(\boldsymbol{a}_i,\ \boldsymbol{a}_i)\ (1\leq i\leq r)$ ととれば，条件が満たされる． （証終）

系 n 次元ユークリッド空間には，n 個のベクトルから成る直交系がある．

証明 0 でないベクトル $\boldsymbol{a}_1$ をとると，はじめに注意したように1つの直交系とみなされる．定理 6.2 によって，$\boldsymbol{a}_1$ に適当な $n-1$ 個のベクトル $\boldsymbol{a}_2, \cdots, \boldsymbol{a}_n$ を1つずつ添えていき，$\boldsymbol{a}_1, \boldsymbol{a}_2, \cdots, \boldsymbol{a}_n$ が直交系となるようにできる． （証終）

n 個のベクトルから成る直交系をとり，これを正規化すると，n 個のベクトルから成る正規直交系が得られる．これは n 次元ユークリッド空間のベクトルの全体に対する基底をなしている．このような基底を**正規直交基底**という．たとえば，通常の空間中にたがいに垂直な3つの単位ベクトルをとれば，それは正規直交基底になる．

定理 6.3 n 次元ユークリッド空間で $\boldsymbol{e}_1, \cdots, \boldsymbol{e}_n$ を任意の正規直交基底とする．このとき，任意の2つのベクトル $\boldsymbol{a}=\sum_{i=1}^{n}\boldsymbol{e}_i a_i$，$\boldsymbol{b}=\sum_{i=1}^{n}\boldsymbol{e}_i b_i$ の内積は

$$(\boldsymbol{a},\ \boldsymbol{b}) = \sum_{i=1}^{n} a_i b_i$$

と書き表わされる.

証明 内積の双線形性から

$$(\boldsymbol{a},\ \boldsymbol{b}) = (\sum_i \boldsymbol{e}_i a_i,\ \sum_j \boldsymbol{e}_j b_j) = \sum_{i,j} (\boldsymbol{e}_i,\ \boldsymbol{e}_j) a_i b_j.$$

$i \neq j$ ならば $(\boldsymbol{e}_i,\ \boldsymbol{e}_j) = 0$ であり，$i = j$ ならば $(\boldsymbol{e}_i,\ \boldsymbol{e}_j) = |\boldsymbol{e}_i|^2 = 1$ であるから，結論が得られる. (証終)

つぎに，$\boldsymbol{e}_1, \cdots, \boldsymbol{e}_n$ が正規直交基底のとき，n 個のベクトル

(6.38) $$\boldsymbol{e}_j' = \sum_{i=1}^{n} \boldsymbol{e}_i l_{ij} \quad (1 \leq j \leq n)$$

がまた正規直交基底であるための条件を考えよう．そのまえに，(6.38) を第1節におけるように行列の乗法の形式で書き表わせば

(6.38′) $$(\boldsymbol{e}_1' \cdots \boldsymbol{e}_n') = (\boldsymbol{e}_1 \cdots \boldsymbol{e}_n) L$$

となることを注意しておく．ここに，L は (6.38) の係数行列である：

$$L = \begin{bmatrix} l_{11} \cdots l_{1n} \\ \cdots \\ l_{n1} \cdots l_{nn} \end{bmatrix}.$$

さて，問題の条件は

(6.39) $$(\boldsymbol{e}_j',\ \boldsymbol{e}_k') = \delta_{jk} \quad (1 \leq j \leq n,\ 1 \leq k \leq n)$$

である．この条件はつぎの条件 1°～5° のおのおのと同値である：

1° $$\sum_{i=1}^{n} l_{ij} l_{ik} = \delta_{jk} \quad (1 \leq j \leq n,\ 1 \leq k \leq n)$$

2° $${}^tL \cdot L = E \qquad (E : n \text{ 次単位行列})$$

3° $$L \cdot {}^tL = E$$

4° $$\sum_{i=1}^{n} l_{ji} l_{ki} = \delta_{jk} \quad (1 \leq j \leq n,\ 1 \leq k \leq n)$$

5° L が正則行列であり，そして ${}^tL = L^{-1}$ である.

証明 定理 6.3 によって(6.39)は 1° のように書かれる．行列の乗法の定義から，1° は 2° のように書かれる．定理 4.3 の系から，2° と 3° と 5° とはたがいに同値である．また，行列の乗法の定義から，3° は 4° のように書かれる． (証終)

実数の n 次正方行列 $L = (l_{ij})$ が条件 1°～5° を満たすとき，L を $\boldsymbol{n}$ **次直交行列**という．**第3節**で考えた直交行列は3次と2次の直交行列である.

以上を定理としてまとめておこう：

定理 6.4 n 次元ユークリッド空間で $\boldsymbol{e}_1, \cdots, \boldsymbol{e}_n$ が正規直交基底であるとき，(6.38) で与えられる n 個のベクトル $\boldsymbol{e}_1', \cdots, \boldsymbol{e}_n'$ がまた正規直交基底であるための条件は，(6.38) の係数行列 L が直交行列であることである.

ついでに，ここでつぎのことを定理として特筆しておく.

定理 6.5 L, L' が n 次直交行列であるとき，

(i) ${}^tL, L^{-1}$ および LL' はいずれも n 次直交行列である.

(ii) $\det L = \pm 1$ である.

証明 条件 2°, 3° は L と ${}^tL$ とについて対称的であるから，L が直交行列であることと，${}^tL$ が直交行列であることとは同値である．また，L が直交行列ならば，$L^{-1} = {}^tL$ であるから，L^{-1} も直交行列である．L, L' が直交行列ならば，$M = LL'$ とおくとき，

$$\begin{aligned} {}^tM \cdot M &= {}^t(LL')(LL') = {}^tL' \cdot {}^tL \cdot L \cdot L' \\ &= {}^tL' \cdot E \cdot L' = {}^tL' \cdot L' = E \end{aligned}$$

となり，これは M が直交行列であることを示している．最後に，${}^tL \cdot L = E$ から

$$1 = \det E = \det({}^tL) \cdot \det L = (\det L)^2,$$

したがって $\det L = \pm 1$ となる. (証終)

$\det L = 1$ であるか $\det L = -1$ であるかに従い，直交行列 L をそれぞれ**正直交行列**，**負直交行列**とよぶ.

問 17. $L = (l_{ij})$ が n 次直交行列のとき，$\det L$ における l_{ij} の余因子を $\hat{l}_{ij}$ と書き表わすと，$\hat{l}_{ij} = \varepsilon l_{ij} (1 \leq i \leq n, 1 \leq j \leq n)$ となることを示せ．ここに $\varepsilon = \det L$ とする.

いま，1つの点 O と1組の正規直交基底 $\boldsymbol{e}_1, \cdots, \boldsymbol{e}_n$ とを任意にとる．そのとき，各点 P に対して

$$\overrightarrow{\mathrm{OP}} = \boldsymbol{e}_1 x_1 + \cdots + \boldsymbol{e}_n x_n \tag{6.40}$$

を満たす n 個の実数の組 $(x_1, \cdots, x_n)$ が一意的に定まり，逆に，n 個の実数の各組 $(x_1, \cdots, x_n)$ に対して (6.40) を満たす点 P が一意的に定まる．この $(x_1, \cdots, x_n)$ を P の**直交座標**といい，O をその**原点**，$\boldsymbol{e}_1, \cdots, \boldsymbol{e}_n$ をその**基本ベクトル**という.

ほかの点 O′ とほかの正規直交基底 $\boldsymbol{e}_1', \cdots, \boldsymbol{e}_n'$ とをそれぞれ原点および

基本ベクトルにとると，ほかの直交座標が定まる．このとき，各点 P に対し，$(\mathrm{O}', \boldsymbol{e}_1', \cdots, \boldsymbol{e}_n')$ に関する直交座標 $(x_1', \cdots, x_n')$ と，もとの $(\mathrm{O}, \boldsymbol{e}_1, \cdots, \boldsymbol{e}_n)$ に関する直交座標 $(x_1, \cdots, x_n)$ との間の変換公式を求めよう．

$(\mathrm{O}, \boldsymbol{e}_1, \cdots, \boldsymbol{e}_n)$ に関する O' の座標を $(a_1, \cdots, a_n)$ とし，また，各 $\boldsymbol{e}_j'$ の $(\boldsymbol{e}_1, \cdots, \boldsymbol{e}_n)$ に関する成分を $(l_{1j}, \cdots, l_{nj})$ とする．このとき

$$\overrightarrow{\mathrm{O'P}} = \boldsymbol{e}_1'x_1' + \cdots + \boldsymbol{e}_n'x_n', \tag{6.41}$$

$$\overrightarrow{\mathrm{OO'}} = \boldsymbol{e}_1a_1 + \cdots + \boldsymbol{e}_na_n \tag{6.42}$$

および (6.38) が成り立つ．(6.38) の係数行列 $L = (l_{ij})$ は直交行列である．そこで，$\overrightarrow{\mathrm{OP}} = \overrightarrow{\mathrm{OO'}} + \overrightarrow{\mathrm{O'P}}$ に (6.40)，(6.41)，(6.42)，(6.38) を用いて

$$\begin{aligned}\sum_{i=1}^{n} \boldsymbol{e}_i x_i &= \sum_{i=1}^{n} \boldsymbol{e}_i a_i + \sum_{j=1}^{n} \boldsymbol{e}_j' x_j' \\ &= \sum_{i} \boldsymbol{e}_i a_i + \sum_{i,j} \boldsymbol{e}_i l_{ij} x_j' \\ &= \sum_{i} \boldsymbol{e}_i (a_i + \sum_{j} l_{ij} x_j').\end{aligned}$$

したがって，座標変換の公式

$$x_i = a_i + \sum_{j=1}^{n} l_{ij} x_j' \quad (1 \leq i \leq n) \tag{6.43}$$

が得られる．行列の加法．乗法の形式で書けば

$$\begin{bmatrix} x_1 \\ \vdots \\ x_n \end{bmatrix} = \begin{bmatrix} a_1 \\ \vdots \\ a_n \end{bmatrix} + L \begin{bmatrix} x_1' \\ \vdots \\ x_n' \end{bmatrix}$$

つぎに，n 次元ユークリッド空間に直交座標が定められているとき，各点 $\mathrm{P}(x_1, \cdots, x_n)$ を

$$x_i' = p_i + \sum_{j=1}^{n} l_{ij} x_j \quad (1 \leq i \leq n) \tag{6.44}$$

によって点 $\mathrm{P}'(x_1', \cdots, x_n')$ に移動させる．ここに，$p_1, \cdots, p_n$ は定数，$L = (l_{ij})$ は定まった n 次直交行列とする．これをユークリッド空間における**合同変換**という．合同変換のもとでは距離は不変である（これが合同変換という名称の由来である）．なぜならば，任意の 2 点 $\mathrm{A}(a_1, \cdots, a_n)$，$\mathrm{B}(b_1, \cdots, b_n)$ が合同変換 (6.44) によって 2 点 $\mathrm{A}'(a_1', \cdots, a_n')$，$\mathrm{B}'(b_1', \cdots, b_n')$ に移るとすると

$$\boldsymbol{a}' = \boldsymbol{p}+L\boldsymbol{a}, \quad \boldsymbol{b}' = \boldsymbol{p}+L\boldsymbol{b}.$$

ここに $\boldsymbol{a} = (a_i)$, $\boldsymbol{b} = (b_i)$, $\boldsymbol{a}' = (a_i')$, $\boldsymbol{b}' = (b_i')$, $\boldsymbol{p} = (p_i)$ はいずれも1列行列である．したがって

$$\boldsymbol{b}'-\boldsymbol{a}' = L(\boldsymbol{b}-\boldsymbol{a}).$$

この $\boldsymbol{b}-\boldsymbol{a}$, $\boldsymbol{b}'-\boldsymbol{a}'$ はそれぞれベクトル $\overrightarrow{\mathrm{AB}}$, $\overrightarrow{\mathrm{A'B'}}$ の成分の1列行列とみなされる．したがって，

$$\begin{aligned}\overline{\mathrm{A'B'}}^2 &= {}^t(\boldsymbol{b}'-\boldsymbol{a}')\cdot(\boldsymbol{b}'-\boldsymbol{a}') = {}^t(L(\boldsymbol{b}-\boldsymbol{a}))(L(\boldsymbol{b}-\boldsymbol{a}))\\ &= {}^t(\boldsymbol{b}-\boldsymbol{a})\,{}^tLL(\boldsymbol{b}-\boldsymbol{a}) = {}^t(\boldsymbol{b}-\boldsymbol{a})\cdot(\boldsymbol{b}-\boldsymbol{a}) = \overline{\mathrm{AB}}^2.\end{aligned}$$

(6.44) において，L が正直交行列であるとき，特に**運動**とよばれる．

3次元ユークリッド空間の直交座標 x_1, x_2, x_3 によって1つの合同変換

(6.45) $$x_i' = p_i+l_{i1}x_1+l_{i2}x_2+l_{i3}x_3 \quad (1\leq i\leq 3)$$

が与えられたとする（点 $\mathrm{P}(x_1, x_2, x_3)$ が点 $\mathrm{P}'(x_1', x_2', x_3')$ へ移る）．このとき，これに対して適当な同種の直交座標 y_1, y_2, y_3 を選ぶと，この合同変換は

(6.46) $$\begin{cases} y_1' = y_1\cos\theta+y_2\sin\theta \\ y_2' = -y_1\sin\theta+y_2\cos\theta \\ y_3' = q\pm y_3 \end{cases} \quad (\theta,\ q：定数)$$

のような標準的の形に表現される（P, P′ の座標がそれぞれ (y_1, y_2, y_3), (y_1', y_2', y_3') である）．(6.45) が運動であるとき（$\det L = 1$ のとき），(6.46) における複号は ＋ であり，(6.4) が運動でないときのとき（$\det L = -1$ のとき），複号は － である．ゆえに，前者は空間の各点を y_3 軸のまわりに角 θ だけ回転し，ついで y_3 軸の向きに距離 q だけ平行移動することになり，後者ではそのようにしてから，さらに y_1y_2 平面に関する対称移動を行なうことになる．

3次元よりも高い次元のユークリッド空間の合同変換に対しても，同じような標準的表現がある．しかし，3次元の場合の証明や高次元の場合に関しては，本書では立ち入らないことにしたい．（秋月康夫・奥川光太郎共著，解析幾何学，朝倉書店を参照せよ.）

7.2 次形式

7.1 2次形式と正則斉1次変換

はじめに，m 個の変数 $x_1, \cdots, x_m$ と n 個の変数 $y_1, \cdots, y_n$ との双1次形式について考える．

任意の双1次形式

$$f(\boldsymbol{x}, \boldsymbol{y}) = \sum_{\substack{1 \leq i \leq m \\ 1 \leq j \leq n}} a_{ij} x_i y_j \quad (a_{ij}：定スカラー)$$

が与えられたとする．いま，$x_1, \cdots, x_m$ と関係式

(7.1) $$x_i = \sum_{h=1}^{m} p_{ih} x_h' \quad (1 \leq i \leq m) \quad (p_{ih}：定スカラー)$$

で結ばれた新しい変数 $x_1', \cdots, x_m'$ を考え，また，$y_1, \cdots, y_n$ と関係式

(7.2) $$y_j = \sum_{k=1}^{n} q_{jk} y_k' \quad (1 \leq j \leq n) \quad (q_{jk}：定スカラー)$$

で結ばれた新しい変数 $y_1', \cdots, y_n'$ を考える．ただし，(7.1)，(7.2) の係数の行列 $P = (p_{ih})$, $Q = (q_{jk})$ はそれぞれ m 次，n 次の正則行列であるとする．このとき，(7.1) や (7.2) を**正則斉1次変換**という．(7.1) と (7.2) を用いて，$f(\boldsymbol{x}, \boldsymbol{y})$ を新しい変数で書き表わすと，それは $x_1', \cdots, x_m'$ と y_1', $\cdots$, y_n' との双1次形式になる．すなわち，

$$\begin{aligned}\sum_{i,j} a_{ij} x_i y_j &= \sum_{i,j} a_{ij} \left(\sum_h p_{ih} x_h'\right)\left(\sum_k q_{jk} y_k'\right) \\ &= \sum_{h,k} \left(\sum_{i,j} a_{ij} p_{ih} q_{jk}\right) x_h' y_k'.\end{aligned}$$

これを

$$f'(\boldsymbol{x}', \boldsymbol{y}') = \sum_{h,k} a'_{hk} x_h' y_k'$$

と書き表わそう．このとき

(7.3) $$a'_{hk} = \sum_{i,j} a_{ij} p_{ih} q_{jk} \quad (1 \leq h \leq m,\ 1 \leq k \leq n).$$

ところで，2.9 で見たように，1列の行列 $\boldsymbol{x} = (x_i)$, $\boldsymbol{y} = (y_j)$ および $f(\boldsymbol{x}, \boldsymbol{y})$ の係数行列 $A = (a_{ij})$ を用いれば

$$f(\boldsymbol{x},\ \boldsymbol{y}) = {}^t\boldsymbol{x}A\boldsymbol{y}$$

と書き表わされる．また，1列の行列 $\boldsymbol{x}' = (x_h')$, $\boldsymbol{y}' = (y_k')$ を用いれば，正則斉1次変換 (7.1), (7.2) はそれぞれ

$$(7.1') \qquad \boldsymbol{x} = P\boldsymbol{x}',$$

$$(7.2') \qquad \boldsymbol{y} = Q\boldsymbol{y}'$$

と書き表わされる．したがって，$f(\boldsymbol{x},\ \boldsymbol{y})$ を $x_1', \cdots, x_m', y_1', \cdots, y_n'$ で書き表わした上記の計算は

$${}^t\boldsymbol{x}A\boldsymbol{y} = {}^t(P\boldsymbol{x}')A(Q\boldsymbol{y}') = {}^t\boldsymbol{x}'{}^tPAQ\boldsymbol{y}'$$

のように簡潔に行なわれ，これと

$$f'(\boldsymbol{x}',\ \boldsymbol{y}') = {}^t\boldsymbol{x}'A'\boldsymbol{y}' \quad (A = (a'_{hk}))$$

とを比較して，

$$(7.3') \qquad A' = {}^tPAQ$$

が得られる．これは (7.3) と同じものである．

以上で，双1次形式が正則斉1次変換でどのように変換されるかという様子が明らかになった．

A の階数を，双1次形式 $f(\boldsymbol{x},\ \boldsymbol{y})$ の**階数**という．定理 5.12 の系から，$\mathrm{rank}\,A' = \mathrm{rank}\,A$ であるから，$f'(\boldsymbol{x}',\ \boldsymbol{y}')$ の階数は $f(\boldsymbol{x},\ \boldsymbol{y})$ の階数と一致する．このように，双1次形式の階数は，正則斉1次変換のもとで不変である．

そこで，以下は本節の表題のように，n 個の変数 $x_1, \cdots, x_n$ の2次形式について考える．

2.9 で見たように，任意の2次形式は

$$f(\boldsymbol{x},\ \boldsymbol{x}) = {}^t\boldsymbol{x}A\boldsymbol{x} = \sum_{\substack{1\le i\le n \\ 1\le j\le n}} a_{ij}x_ix_j$$

のように，対称な係数行列 $A = (a_{ij})$ (${}^tA = A$) を用いて書き表わされる．これに正則斉1次変換

$$\boldsymbol{x} = P\boldsymbol{x}'$$

を行なうと，$x_1', \cdots, x_n'$ の2次形式が得られる．これを

$$f'(\boldsymbol{x}', \boldsymbol{x}') = {}^t\boldsymbol{x}'A'\boldsymbol{x}' \quad (A' : 対称行列)$$

とする．上に双1次形式について見たことから，

$$f'(\boldsymbol{x}', \boldsymbol{x}') = {}^t\boldsymbol{x}'{}^tPAP\boldsymbol{x}'$$

となるが，この ${}^tPAP$ は対称行列である．なぜならば

$${}^t({}^tPAP) = {}^tP{}^tA{}^t({}^tP) = {}^tPAP.$$

したがって，

$$A' = {}^tPAP$$

である．

これで，2次形式が正則斉1次変換でどのように変換されるかが明らかになった．

A の階数を2次形式 $f(\boldsymbol{x}, \boldsymbol{x})$ の**階数**という．それは正則斉1次変換のもとで不変である．

7.2　2次形式の主軸問題

前節のような正則斉1次変換

$$\boldsymbol{x} = L\boldsymbol{x}'$$

において，係数行列 $L = (l_{ij})$ が直交行列であるとき，**直交変換**という．L が正直交行列であるか負直交行列であるかに従い，それぞれ**正直交変換**，**負直交変換**という．

実係数2次形式を直交変換によって，簡単な標準的の形に変換しようとする問題を**主軸問題**という．本節では，この問題を考える．

変数 $x_1, \cdots, x_n$ の実係数2次形式

$$f(\boldsymbol{x}, \boldsymbol{x}) = {}^t\boldsymbol{x}A\boldsymbol{x} \quad (A : 実数の\ n\ 次対称行列) \tag{7.4}$$

が与えられたとき，これに直交変換 $\boldsymbol{x} = L\boldsymbol{x}'$ を行ない，

$$f'(\boldsymbol{x}', \boldsymbol{x}') = {}^t\boldsymbol{x}'A'\boldsymbol{x}' \quad (A' : 実数の\ n\ 次対称行列) \tag{7.5}$$

を得るとすると，前節で見たように

$$A' = {}^tLAL = L^{-1}AL \tag{7.6}$$

である．直交行列 L に対しては，6.7 で見たように，${}^tL = L^{-1}$ である．

そこで，2次形式の主軸問題は，実数の n 次対称行列 A が与えられたと

き，n 次直交行列 L を適当に選び，$L^{-1}AL$ が簡単な形になるようにしようとする問題である．

ここで，正方行列に関する一般的事項を挿入する．

任意の n 次正方行列 $B=(b_{ij})$ に対し，λ の方程式

$$\begin{vmatrix} b_{11}-\lambda & b_{12} & \cdots & b_{1n} \\ b_{21} & b_{22}-\lambda & \cdots & b_{2n} \\ \cdots & & & \\ b_{n1} & b_{n2} & \cdots & b_{nn}-\lambda \end{vmatrix} = 0$$

を B の**固有方程式**という．これは λ の n 次方程式である．その左辺の λ の n 次整式を B の**固有整式**という．E を n 次単位行列とするとき，

$$B-\lambda E = \begin{bmatrix} b_{11}-\lambda & \cdots & b_{1n} \\ \cdots & & \\ b_{n1} & \cdots & b_{nn}-\lambda \end{bmatrix}$$

となるから，B の固有方程式は

$$\det(B-\lambda E)=0$$

と書き表わされる．この方程式の根を B の**固有値**（または**固有根**）という（6.4 の **a**，b 参照）．

定理 7.1 B を任意の n 次正方行列とし，P を任意の n 次正則行列とするとき，B の固有方程式は $P^{-1}BP$ の固有方程式と一致する．

証明 $P^{-1}BP-\lambda E=P^{-1}(B-\lambda E)P$ であるから，両辺の行列式をつくると

$$\det(P^{-1}BP-\lambda E)=\det(P^{-1})\cdot\det(B-\lambda E)\cdot\det P.$$

$\det(P^{-1})=(\det P)^{-1}$ であるから，

$$\det(P^{-1}BP-\lambda E)=\det(B-\lambda E).$$

この左辺は $P^{-1}BP$ の固有整式であり，右辺は B の固有整式である．ゆえに，定理の結論が得られる． （証終）

2 次形式 (7.4) の係数行列 A の固有方程式

$$\det(A-\lambda E)=0$$

は λ の実係数 n 次方程式である．これを 2 次形式 (7.4) の**固有方程式**という．それは複素数の範囲内に n 個の根をもつ．それを $\lambda_1,\cdots,\lambda_n$ と書き表わそう．これらを 2 次形式 (7.4) の**固有値**とよぶ．(7.6) によれば，定理 7.1 から，(7.4) の固有値は (7.5) の固有値と一致する．すなわち，2 次形式の

固有値は直交変換のもとで不変である.

n 次元複素数空間の 0 でないベクトル $\boldsymbol{u}$ が，なにがしかの複素数 λ に対し，条件

$$(7.7)\qquad A\boldsymbol{u}=\lambda\boldsymbol{u}$$

を満たすとき，$\boldsymbol{u}$ を2次形式 (7.4) の**固有ベクトル**（または，行列 A の固有ベクトル）という. $A=(a_{ij})$ とし，$\boldsymbol{u}=(u_j)$（たてベクトル）とすれば，条件 (7.7) は

$$(7.7')\qquad \sum_{j=1}^{n} a_{ij}u_j=\lambda u_i \quad (1\leq i\leq n)$$

と書き表わされる. これが同時には0でない $u_1,\cdots,u_n$ について成り立つためには，定理 5.14 の系によれば，

$$(7.8)\qquad \begin{vmatrix} a_{11}-\lambda & a_{12} & \cdots & a_{1n} \\ a_{21} & a_{22}-\lambda & \cdots & a_{2n} \\ \cdots & & & \\ a_{n1} & a_{n2} & \cdots & a_{nn}-\lambda \end{vmatrix}=0$$

であること，すなわち，λ が A の固有値 $\lambda_1,\cdots,\lambda_n$ のうちの1つであることが，必要かつ十分である. $A\boldsymbol{u}=\lambda_i\boldsymbol{u}$ となる固有ベクトル $\boldsymbol{u}$ を，固有値 u_i に**属する**固有ベクトルという.

定理 7.2　実係数2次形式の固有値（実数の対称行列の固有値）はすべて実数である.

証明　上記の記号を用い，$\lambda_1,\cdots,\lambda_n$ の任意の1つを λ と書き表わし，λ に属する固有ベクトルの1つを $\boldsymbol{u}=(u_j)$ とすると，(7.7) すなわち (7.7′) が成り立つ. いま，(7.7′) の両辺の共役複素数を考えると，a_{ij} は実数であるから，$\sum_j a_{ij}\bar{u}_j=\bar{\lambda}\bar{u}_i\ (1\leq i\leq n)$ が得られる（$\bar{\lambda}$, $\bar{u}_j$ はそれぞれ λ, u_j の共役複素数を表わす). $\bar{\boldsymbol{u}}=(\bar{u}_j)$ と書き表わせば，

$$A\bar{\boldsymbol{u}}=\bar{\lambda}\bar{\boldsymbol{u}}.$$

他方，(7.7) の転置行列を考えると，${}^tA=A$ であるから，

$${}^t\boldsymbol{u}\cdot A=\lambda\cdot{}^t\boldsymbol{u}.$$

これら2つの等式から

$$\begin{aligned}\lambda({}^t\boldsymbol{u}\bar{\boldsymbol{u}})&=(\lambda{}^t\boldsymbol{u})\bar{\boldsymbol{u}}=({}^t\boldsymbol{u}A)\bar{\boldsymbol{u}}\\ &={}^t\boldsymbol{u}(A\bar{\boldsymbol{u}})={}^t\boldsymbol{u}(\bar{\lambda}\bar{\boldsymbol{u}})=\bar{\lambda}({}^t\boldsymbol{u}\bar{\boldsymbol{u}}).\end{aligned}$$

ところで，${}^t\boldsymbol{u}\bar{\boldsymbol{u}}=\sum_j u_j\bar{u}_j=\sum_j |u_j|^2\neq 0$ であるから，$\lambda=\bar{\lambda}$，すなわち，λ は実数でなければならない.　（証終）

この定理から，A の各固有値 λ_i に対し，方程式 (7.7′) から実数の固有ベクトルが求まる．$\mathrm{rank}(A-\lambda_i E)=r_i$ とすると，定理 5.14 から，λ_i に属する 1 次独立な固有ベクトルが $n-r_i$ 個とれ，それらの実係数 1 次結合の全体が λ_i に属する実数の固有ベクトルの全体であることがわかる．

問 1.　A を実数の n 次交代対称行列 (${}^tA=-A$) とするとき，その固有値は，すべて純虚数（0も込める）であることを証明せよ．

問 2.　(7.8) から，根と係数との関係によって，つぎの等式を導け：

$$\lambda_1+\lambda_2+\cdots+\lambda_n=a_{11}+a_{22}+\cdots+a_{nn},$$

$$\lambda_1\lambda_2\cdots\lambda_n=\det A.$$

以上で，主軸問題の解決を与えるつぎの定理が証明できるようになった．

定理 7.3　$x_1,\cdots,x_n$ の実係数 2 次形式 $f(\boldsymbol{x},\boldsymbol{x})={}^t\boldsymbol{x}A\boldsymbol{x}$ (${}^tA=A$) が任意に与えられたとき，適当な直交変換 $\boldsymbol{x}=L\boldsymbol{x}'$ を行なうと，

$$f'(\boldsymbol{x}',\boldsymbol{x}')=\lambda_1\boldsymbol{x}_1'^2+\lambda_2\boldsymbol{x}_2'^2+\cdots+\lambda_n\boldsymbol{x}_n'^2$$

の形にすることができる．ここに，$\lambda_1,\lambda_2,\cdots,\lambda_n$ は A の固有値（の全体）を任意に番号づけたものである．（証明に先立ちこれを述べかえる．）

注意　この定理において，$-x_j'$ を改めて x_j' と書き表わすとき，L の第 j 列に -1 をかければ同じ結果になる．したがって，正直交変換だけに制限しても定理は成り立つ．

一般に，正方行列の主対角線の要素以外の要素がすべて 0 であるとき，それを**対角線形行列**という．いま，対角線形行列

$$\Lambda=\begin{bmatrix}\lambda_1 & & & \\ & \lambda_2 & & \\ & & \ddots & \\ & & & \lambda_n\end{bmatrix}$$

を用いると，上の定理の $x_1',\cdots,x_n'$ の 2 次形式は

$$f'(\boldsymbol{x}',\boldsymbol{x}')={}^t\boldsymbol{x}'\Lambda\boldsymbol{x}'$$

と書き表わされる．したがって，上の $f'(\boldsymbol{x}',\boldsymbol{x}')$ は**対角線形**であるという．本節のはじめの部分によれば，上の定理はつぎのようにいいかえることもできる．

定理 7.3′　実数の n 次対称行列 A が任意に与えられたとき，適当な n 次直交行列 L をとると，$L^{-1}AL=\Lambda$ となるようにできる．対角線形行列 Λ の

主対角線の要素は A の固有値（の全体を任意に番号づけたもの）である．

n に関する帰納法で定理 7.3′，したがって定理 7.3 を証明する．

証明　1次行列 $A=(a_{11})$ に対しては，固有値は明らかに $\lambda_1=a_{11}$ であり，$\Lambda=(a_{11})$ であるから，$L=E$ ととれば $L^{-1}AL=\Lambda$ となる．このように，$n=1$ の場合に定理の陳述は明らかに成り立つ．

$n>1$ の場合，A の固有値の任意の1つ λ_1 をとると，定理 7.2 の後で注意したように，λ_1 に属する固有ベクトル $\boldsymbol{u}=(u_j)$ (u_j：実数) がある．$\boldsymbol{u}$ に 0 でない実数をかけたものもまた λ_1 に属する固有ベクトルであるから，上の u_j は条件 $\sum_{j=1}^{n}u_j^2=1$ を満たすようにとったとする．そこで，n 次元ユークリッド空間とその1組の正規直交基底 $\boldsymbol{e}_1,\cdots,\boldsymbol{e}_n$ とをとり，

$$\boldsymbol{e}_1'=\sum_{j=1}^{n}\boldsymbol{e}_j u_j$$

とおくと，これは単位ベクトルになる．定理 6.2 とその系とその後で注意したこととから，$\boldsymbol{e}_1'$ をふくむ正規直交基底 $\boldsymbol{e}_1',\boldsymbol{e}_2',\cdots,\boldsymbol{e}_n'$ をとることができる．

$$(\boldsymbol{e}_1'\cdots\boldsymbol{e}_n')=(\boldsymbol{e}_1\cdots\boldsymbol{e}_n)M$$

とすると，この n 次正方行列 M は，定理 6.4 により，直交行列となる．そして，M の第1列は $u_1,\cdots,u_n$ である．このとき

$$M^{-1}AM={}^tMAM=\begin{bmatrix}\lambda_1 & 0\cdots 0\\ 0 & \\ \vdots & \boxed{\quad B_1\quad}\\ 0 & \end{bmatrix}. \tag{7.9}$$

なぜならば，$A=(a_{ij})$，$M=(m_{ij})$，${}^tMAM=(b_{ij})$ とすると，行列の乗法の定義から

$$b_{i1}=\sum_{\substack{1\le j\le n\\1\le k\le n}}m_{ji}a_{jk}m_{k1}\quad(1\le i\le n).$$

$A\boldsymbol{u}=\lambda_1\boldsymbol{u}$，すなわち $\sum_k a_{jk}u_k=\lambda_1u_j\ (1\le j\le n)$ であることと，$m_{k1}=u_k\ (1\le k\le n)$ であることとから，$\sum_k a_{jk}m_{k1}=\lambda_1m_{j1}\ (1\le j\le n)$　となり，したがって

$$b_{i1}=\lambda_1\sum_j m_{ji}m_{j1}=\lambda_1\delta_{i1}\quad(1\le i\le n).$$

これで ${}^tMAM$ の第1列が $\lambda_1,0,\cdots,0$ であることがわかった．また，前節で見たように，${}^tMAM$ は対称行列であるから，その第1行も $\lambda_1,0,\cdots,0$ であり，

$$B_1=\begin{bmatrix}b_{22}\cdots b_{2n}\\ \cdots\\ b_{n2}\cdots b_{nn}\end{bmatrix}$$

は実数の $n-1$ 次対称行列である．さらに，定理 7.1 から，E, E_1 をそれぞれ n 次，$n-1$ 次の単位行列とすると，

$$\det(A-\lambda E)=\det(M^{-1}AM-\lambda E)$$

$$= \begin{vmatrix} \lambda_1-\lambda & 0 & \cdots & 0 \\ 0 & b_{22}-\lambda & \cdots & b_{2n} \\ \cdots & & & \\ 0 & b_{n2} & \cdots & b_{nn}-\lambda \end{vmatrix}$$
$$= (\lambda_1-\lambda)\cdot\det(B_1-\lambda E_1)$$

となるから，B_1 の固有値は A の固有値のうちの λ_1 以外のものにほかならない．これらを $\lambda_2, \cdots, \lambda_n$ とする．このとき，$n-1$ の場合には定理 7.3′ の陳述が成り立つという帰納法の仮定から，$n-1$ 次直交行列 N_1 を適当にとれば，

$$N_1{}^{-1}B_1N_1 = {}^tN_1B_1N_1 = \begin{bmatrix} \lambda_2 & & \\ & \ddots & \\ & & \lambda_n \end{bmatrix} \quad （対角線形）$$

となる．そこで，n 次正方行列

$$N = \begin{bmatrix} 1 & 0 \cdots 1 \\ 0 & \\ \vdots & \boxed{\quad N_1 \quad} \\ 0 & \end{bmatrix}$$

をつくると，これは明らかに直交行列である．N^{-1} と N を (7.9) にそれぞれ左乗，右乗すると，2.4 の問 3 を参照し，

$$N^{-1}M^{-1}AMN = {}^tN{}^tMAMN = \begin{bmatrix} \lambda_1 & 0 \cdots 0 \\ 0 & \\ \vdots & \boxed{{}^tN_1B_1N_1} \\ 0 & \end{bmatrix} = \Lambda.$$

$L = MN$ とおけば，定理 6.5 から，L は直交行列となり，上の等式は $L^{-1}AL = \Lambda$ となる．　（証終）

この定理で，Λ の階数が A の階数と等しいことから，つぎの系が得られる：

系　実数の n 次対称行列 A の階数が r ならば，A の固有値のうち r 個は 0 でなく，ほかの $n-r$ 個は 0 である．

問 3.　実数の n 次対称行列 A の固有値のうちの 2 つ λ_1, λ_2 が異なるとき，λ_1 に属する任意の実固有ベクトル $\boldsymbol{u}_1$ と λ_2 に属する任意の実固有ベクトル $\boldsymbol{u}_2$ とは，定理 7.3′ の証明中のように n 次元ユークリッド空間のベクトルとみなせば，たがいに垂直であることを証明せよ．（定理 7.2 の証明にならい，${}^t\boldsymbol{u}_2\boldsymbol{u}_1 = 0$ を示せ．）

問 4.　λ が実数の n 次対称行列 A の固有方程式の s 重根であるとき，rank $(A-\lambda E) = n-s$ であり，したがって，λ に属する固有ベクトルの全体は s 次元の線形部分空間（λ に属する**固有空間**とよばれる）をなすことを証明せよ．(rank $(A-\lambda E)$ = rank $(\Lambda-\lambda E)$ である．)

7.3　2次形式の符号

変数 $x_1, \cdots, x_n$ の実係数2次形式 $f(\boldsymbol{x}, \boldsymbol{x}) = {}^t\boldsymbol{x}A\boldsymbol{x}$ $({}^tA = A)$ が任意に与えられると，実係数の適当な正則斉1次変換 $\boldsymbol{x} = P\boldsymbol{x}'$ によって，$f(\boldsymbol{x}, \boldsymbol{x})$ を

$$f'(\boldsymbol{x}', \boldsymbol{x}') = \mu_1 x_1'^2 + \mu_2 x_2'^2 + \cdots + \mu_n x_n'^2$$

のような対角線形に変換することができる．実際，定理 7.3 によれば，適当な直交変換によってそれが可能である．したがって，上記のように用いる変換の範囲をひろめれば，$f(\boldsymbol{x}, \boldsymbol{x})$ を対角線形に変換するような実係数正則斉1次変換はいくらもあるであろう．用いる変換 $\boldsymbol{x} = P\boldsymbol{x}'$ が直交変換と限らないから，$\mu_1, \cdots, \mu_n$ は A の固有値に限らないことはもちろんである．

$$M = \begin{bmatrix} \mu_1 & & \\ & \ddots & \\ & & \mu_n \end{bmatrix}$$

とおくとき，$f'(\boldsymbol{x}', \boldsymbol{x}') = {}^t\boldsymbol{x}'\mathrm{M}\boldsymbol{x}'$ であり，7.1 から $\mathrm{M} = {}^tPAP$ であるから，A の階数が r ならば，M の階数も r であり，したがって，$\mu_1, \cdots, \mu_n$ のうち r 個は 0 でなく，ほかの $n-r$ 個は 0 である．ところで，変数 $x_1', \cdots, x_n'$ の番号をつけかえることは明らかに実係数正則斉1次変換であるから，$f(\boldsymbol{x}, \boldsymbol{x})$ の階数が r ならば，上記の変換 $\boldsymbol{x} = P\boldsymbol{x}'$ を適当にとると，

$$(7\cdot10) \qquad f'(\boldsymbol{x}', \boldsymbol{x}') = \mu_1 x_1'^2 + \cdots + \mu_r x_r'^2 \quad (\mu_1, \cdots, \mu_r : 0 \text{ でない})$$

の形になるようにできる．

定理 7.4　階数 r の実係数2次形式 $f(\boldsymbol{x}, \boldsymbol{x})$ が実係数正則斉1次変換 $\boldsymbol{x} = P\boldsymbol{x}'$ によって (7.10) の形に変換されたとき，$\mu_1, \cdots, \mu_r$ のうちの正のものの個数 s と負のものの個数 t とは，$f(\boldsymbol{x}, \boldsymbol{x})$ によって定まり，用いた正則斉1次変換には無関係である．

これを**慣性律**といい，$s-t$ を $f(\boldsymbol{x}, \boldsymbol{x})$ の**符号定数**という．

証明　同じ2次形式 $f(\boldsymbol{x}, \boldsymbol{x})$ がほかの実係数正則斉1次変換 $\boldsymbol{x} = Q\boldsymbol{x}''$ によって

$$f''(\boldsymbol{x}'', \boldsymbol{x}'') = \nu_1 x_1''^2 + \cdots + \nu_r x_r''^2$$
$$(\nu_1, \cdots, \nu_r : 0 \text{ でない})$$

となるとし，$\nu_1, \cdots, \nu_r$ のうちの正のもの，負のものの個数をそれぞれ s', t' とする．$x_1', \cdots, x_r'$ の順序や $x_1'', \cdots, x_r''$ の順序は入れかえてよいから，はじめから

$$\mu_1>0,\cdots,\mu_s>0,\ \mu_{s+1}<0,\cdots,\mu_r<0,$$
$$\nu_1>0,\cdots,\nu_{s'}>0,\ \nu_{s'+1}<0,\cdots,\nu_r<0$$

としても一般性が失われない．そこで．$s \neq s'$ と仮定すれば矛盾が出ることを示せば，定理が証明される．

この仮定のもとでは，$s<s'$ として一般性が失われない．

$P^{-1}=(p_{ij})$, $Q^{-1}=(q_{ij})$ とすると，$\boldsymbol{x}'=P^{-1}\boldsymbol{x}$, $\boldsymbol{x}''=Q^{-1}\boldsymbol{x}$ から，

$$x_i'=\sum_{j=1}^{n}p_{ij}x_j,\quad x_i''=\sum_{j=1}^{n}q_{ij}x_j\quad(1\leq i\leq n).$$

これらの右辺の $x_1,\cdots,x_n$ の斉1次式をそれぞれ X_i', X_i'' $(1\leq i\leq n)$ と書き表わすと，

(7.11)
$$f(\boldsymbol{x},\boldsymbol{x})=\mu_1X_1'^2+\cdots+\mu_rX_r'^2$$
$$=\nu_1X_1''^2+\cdots+\nu_rX_r''^2.$$

いま，$x_1,\cdots,x_n$ の連立斉1次方程式

(7.12)
$$X_1'=0,\cdots,X_s'=0,\ X_{s'+1}''=,\cdots,X_n''=0$$

を考える．その個数 $s+(n-s')=n-(s'-s)$ は n より小さい．なぜならば，$n-(s'-s)\leq n-1$．したがって，定理 5.13 から，(7.11) には自明でない実数解がある．そのような解 $x_1,\cdots,x_n$ の値を (7.11) に代入すると

$$\mu_{s+1}X'_{s+1}{}^2+\cdots+\mu_rX_r'^2=\nu_1X_1''^2+\cdots+\nu_{s'}X_{s'}''^2$$

となる．この左辺は ≤ 0 であり，右辺は ≥ 0 であるから，両辺とも 0 でなければならない．しかも，右辺の各項は ≥ 0 であるから，

$$X_1''=0,\cdots,X_{s'}''=0$$

でなければならない．これと (7.12) とから，上の解 $x_1,\cdots,x_n$ は連立斉1次方程式

(7.13)
$$X_1''=0,\cdots,X_n''=0$$

を満たす．ところが，(7.13) の係数行列は Q^{-1} で正則であるから，(7.13) は自明解以外に解がないはずである．これは矛盾である．　(証終)

$s=r=n$ (したがって $t=0$) の場合，上の証明中の記号を用いて

$$f(\boldsymbol{x},\boldsymbol{x})=\mu_1X_1'^2+\cdots+\mu_nX_n'^2\quad(\mu_1>0,\cdots,\mu_n>0).$$

したがって，$x_1,\cdots,x_n$ のすべての実数値に対して $f(\boldsymbol{x},\boldsymbol{x})\geq 0$ である．そして，$X_1',\cdots,X_n'$ の係数行列 P^{-1} が正則であることから，$f(\boldsymbol{x},\boldsymbol{x})=0$ となるのは $x_1=\cdots=x_n=0$ のときだけである．この場合，$f(\boldsymbol{x},\boldsymbol{x})$ は**正定符号**であるという．

$s=r<n$ の場合には，つねに $f(\boldsymbol{x},\boldsymbol{x})\geq 0$ であることは上の場合と変わりがないが，$x_1=\cdots=x_n=0$ でない $x_1,\cdots,x_n$ の実数値のうちで $f(\boldsymbol{x},\boldsymbol{x})=0$ ならしめるものがある ($X_1'=\cdots=X_r'=0$ となるような $x_1,\cdots,$

x_n の値)．この場合，**正半定符号**という．

同じように，$t=r=n$（したがって $s=0$）の場合，$x_1, \cdots, x_n$ のすべての実数値に対して $f(\boldsymbol{x}, \boldsymbol{x}) \leq 0$ であり，$f(\boldsymbol{x}, \boldsymbol{x})=0$ となるのは $x_1=\cdots=x_n=0$ のときだけである．この場合，**負定符号**という．また，$t=r<n$ の場合には，つねに $f(\boldsymbol{x}, \boldsymbol{x}) \leq 0$ であるが，$x_1=\cdots=x_n=0$ でない $x_1, \cdots, x_n$ の実数値のうちで $f(\boldsymbol{x}, \boldsymbol{x})=0$ ならしめるものがある．この場合，**負半定符号**という．

その他の場合には，$s>0, t>0$ であって，$x_1, \cdots, x_n$ の実数値のうちに，$f(\boldsymbol{x}, \boldsymbol{x})>0$ ならしめるものも，$f(\boldsymbol{x}, \boldsymbol{x})<0$ ならしめるものも確かにある．この場合，**不定符号**という．

これらの場合，$f(\boldsymbol{x}, \boldsymbol{x})$ の係数行列 A をそれぞれ**正定符号**，**正半定符号**，**負定符号**，**負半定符号**，**不定符号**とよぶこともある．

定理 7.3 によって，実係数 2 次形式 $f(\boldsymbol{x}, \boldsymbol{x})={}^t\boldsymbol{x}A\boldsymbol{x}$ $({}^tA=A)$ が正定符号であるための条件は，A の固有値がすべて正であることである．また，それが負定符号であるための条件は，A の固有値がすべて負であることである．

n 次対称行列 $A=(a_{ij})$ に対して，$1 \leq \alpha<\beta<\cdots<\kappa \leq n$ を満たす任意の r 個の整数 $\alpha, \beta, \cdots, \kappa$ をとるとき，

$$A\begin{pmatrix}\alpha & \beta\cdots\kappa \\ \alpha & \beta\cdots\kappa\end{pmatrix}=\begin{bmatrix}a_{\alpha\alpha} & a_{\beta\alpha}\cdots a_{\alpha\kappa} \\ a_{\beta\alpha} & a_{\beta\beta}\cdots a_{\beta\kappa} \\ \cdots & \\ a_{\kappa\alpha} & a_{\kappa\beta}\cdots a_{\kappa\kappa}\end{bmatrix}$$

を A の r 次の**首座行列**という．

$x_1, \cdots, x_n$ の実係数 2 次形式 $f(\boldsymbol{x}, \boldsymbol{x})={}^t\boldsymbol{x}A\boldsymbol{x}$ $({}^tA=A)$ に対して，首座行列

$$A\begin{pmatrix}1 \\ 1\end{pmatrix},\quad A\begin{pmatrix}1 & 2 \\ 1 & 2\end{pmatrix},\quad A\begin{pmatrix}1 & 2 & 3 \\ 1 & 2 & 3\end{pmatrix}, \cdots, A\begin{pmatrix}1 & 2\cdots n \\ 1 & 2\cdots n\end{pmatrix}$$

をそれぞれ $A_1, A_2, A_3, \cdots, A_n$ と書き表わすとき，たがいに逆の関係にあるつぎの 2 つの定理が成り立つ．

定理 7.5　$f(\boldsymbol{x}, \boldsymbol{x})={}^t\boldsymbol{x}A\boldsymbol{x}$ が正定符号ならば，

$$\det A_1>0,\ \det A_2>0,\ \det A_3>0, \cdots, \det A_n>0$$

である．また，負定符号ならば，

$$-\det A_1>0,\ \det A_2>0,\ -\det A_3>0, \cdots, (-1)^n\det A_n>0$$

である．

証明 まず，正定符号の場合を n に関する帰納法で証明する．ここでは $f(\boldsymbol{x}, \boldsymbol{x})$ を $f(x_1, \cdots, x_n)$ と書く．

$n=1$ の場合，$f(x_1)=a_{11}x_1{}^2$ であるから，正定符号ならば $a_{11}>0$ である．したがって，$\det A_1=a_{11}>0$.

$n>1$ の場合，

$$f(x_1, \cdots, x_n)=\sum_{\substack{1\le i\le n\\1\le j\le n}} a_{ij}x_ix_j,\quad f(x_1, \cdots, x_{n-1}, 0)=\sum_{\substack{1\le i\le n-1\\1\le j\le n-1}} a_{ij}x_ix_j$$

であり，$f(x_1, \cdots, x_n)$ が正定符号ならば，$f(x_1, \cdots, x_{n-1}, 0)$ は $x_1, \cdots, x_{n-1}$ の 2 次形式とみなして正定符号である．後者の係数行列は A_{n-1} であるから，帰納法の仮定によって，$\det A_1>0, \det A_2>0, \cdots, \det A_{n-1}>0$ である．他方，A の固有値を $\lambda_1, \cdots, \lambda_n$ とするとき，さきに述べたことからそれらはすべて正である．したがって，第 2 節の問 2 を用い，$\det A_n=\det A=\lambda_1\lambda_2\cdots\lambda_n>0$.

$f(\boldsymbol{x}, \boldsymbol{x})$ が負定符号のとき，$-f(\boldsymbol{x}, \boldsymbol{x})={}^t\boldsymbol{x}A'\boldsymbol{x}$ (${}^tA'=A'$) は正定符号であり，$A'=-A$ である．A に対する首座行列 $A_1, \cdots, A_n$ に相当する A' の首座行列をそれぞれ $A_1', \cdots, A_n'$ とすると，$A_r'=-A_r$ $(1\le r\le n)$ となり，

$$(-1)^r\det A_r=\det(-A_r)=\det A_r'>0 \quad (1\le r\le n)$$

であることがわかる． （証終）

この定理の逆の定理を述べるまえに，準備としてつぎの補題を考える．それよりももっと一般なことが成り立つのではあるが，簡単のため，目標の定理の証明に必要な程度にとどめておこう．

補題 $f(\boldsymbol{x}, \boldsymbol{x})$ において $\det A_{n-1}\neq 0$, $\det A_n=0$ ならば，適当な実係数正則斉 1 次変換

$$x_i=\sum_{j=1}^{n} p_{ij}x_j' \ (1\le i\le n-1),\ x_n=x_n'$$

によって，$f(\boldsymbol{x}, \boldsymbol{x})$ は

$$(※)\qquad f'(\boldsymbol{x}', \boldsymbol{x}')=\sum_{\substack{1\le i\le n-1\\1\le j\le n-1}} a_{ij}x_i'x_j'$$

に変換できる．

証明 $A_n=A=(a_{ij})$ の階数が $n-1$ であるから，連立斉 1 次方程式

$$a_{i1}u_1+\cdots+a_{in}u_n=0 \quad (1\leq i\leq n)$$

は自明でない実数解 $u_1, \cdots, u_n$ をもつ．$\det A_{n-1}\neq 0$ であることから，この解では $u_n\neq 0$ でなければならない．したがって，$u_1/u_n, \cdots, u_{n-1}/u_n$, 1 もまた解である．これを $p_1, \cdots, p_{n-1}$, 1 と書き表わし，正則行列

$$P=\begin{bmatrix} \boxed{\quad E \quad} & \begin{matrix} p_1 \\ \vdots \\ p_{n-1}\end{matrix} \\ 0\cdots 0 & 1 \end{bmatrix}$$

(E : $n-1$ 次単位行列)

をつくる．このとき，正則斉1次変換 $\boldsymbol{x}=P\boldsymbol{x}'$ は補題にいう性質をもつ．なぜならば，これによって $f(\boldsymbol{x}, \boldsymbol{x})$ が $f'(\boldsymbol{x}', \boldsymbol{x}')={}^t\boldsymbol{x}'A'\boldsymbol{x}'$ になるとすると，第1節で見たように，$A'={}^tPAP$ である．ところが，$a_{i1}p_1+\cdots+a_{i,n-1}p_{n-1}+a_{in}=0$ $(1\leq i\leq n)$ であるから，

$$AP=\begin{bmatrix} a_{11}\cdots a_{1,n-1} & 0 \\ \cdots & \\ a_{n1}\cdots a_{n,n-1} & 0\end{bmatrix}.$$

したがって，$a_{ji}=a_{ij}$ $(1\leq i\leq n,\ 1\leq j\leq n)$ から，

$$A'={}^tPAP={}^tP(AP)=\begin{bmatrix} \boxed{\ A_{n-1}\ } & \begin{matrix} 0 \\ \vdots \\ 0\end{matrix} \\ 0\cdots 0 & 0 \end{bmatrix}.$$

ゆえに，(※) が得られる．　(証終)

定理 7.6 (定理 7.5 の逆)

$$\det A_1>0,\ \det A_2>0,\ \det A_3>0, \cdots, \det A_n>0$$

ならば，$f(\boldsymbol{x}, \boldsymbol{x})={}^t\boldsymbol{x}A\boldsymbol{x}$ は正定符号である．また，

$$-\det A_1>0,\ \det A_2>0,\ -\det A_3>0, \cdots, (-1)^n\det A_n>0$$

ならば，$f(\boldsymbol{x}, \boldsymbol{x})$ は負定符号である．

証明　まず，定理の前半を n に関する帰納法で証明する．ここでも定理 7.5 の証明中のように $f(\boldsymbol{x}, \boldsymbol{x})$ を $f(x_1, \cdots, x_n)$ と書き表わそう．

$n=1$ の場合，$a_{11}=\det A_1>0$ であるから，$f(x_1)=a_{11}x_1{}^2$ は正定符号である．

$n>1$ の場合，$g(\boldsymbol{x}, \boldsymbol{x})=f(\boldsymbol{x}, \boldsymbol{x})-\lambda x_n{}^2$ の階数が $n-1$ となるように実数 λ をとることができる．なぜならば，$g(\boldsymbol{x}, \boldsymbol{x})={}^t\boldsymbol{x}B\boldsymbol{x}$ $({}^tB=B=(b_{ij}))$ とおけば，

$$b_{ij}=a_{ij}\ \ ((i, j)\neq(n, n)),\quad b_{nn}=a_{nn}-\lambda$$

であるから，$\det B=\det A_n-\lambda\cdot\det A_{n-1}$．したがって，$\lambda=\det A_n/\det A_{n-1}$ ととれば，$\det B=0$ となり，B の階数は $n-1$ になる．この λ は正である．

このように λ をとって，$g(\boldsymbol{x}, \boldsymbol{x})$ に上の補題をあてはめると，

$$g(\boldsymbol{x}, \boldsymbol{x}) = f(\boldsymbol{x}, \boldsymbol{x}) - \lambda x_n^2 = \sum_{\substack{1\le i\le n-1\\1\le j\le n-1}} a_{ij}x_i'x_j' = f(x_1', \cdots, x_{n-1}', 0).$$

これを $x_1', \cdots, x_{n-1}'$ の2次形式とみなすとき，$\det A_r > 0\ (1\le r\le n-1)$ であることから，帰納法の仮定によって正定符号である．そして

$$f(\boldsymbol{x}, \boldsymbol{x}) = f(x_1', \cdots, x_{n-1}', 0) + \lambda x_n'^2 \quad (\lambda > 0)$$

であるから，$x_1, \cdots, x_n$ のすべての実数値に対して $f(\boldsymbol{x}, \boldsymbol{x}) \geqq 0$．しかも，$f(\boldsymbol{x}, \boldsymbol{x}) = 0$ となるのは，$f(x_1', \cdots, x_{n-1}', 0) = 0$ かつ $\lambda x_n'^2 = 0$ のときだけ，すなわち $x_1' = \cdots = x_{n-1}' = x_n' = 0$ のときだけ，したがって $x_1 = \cdots = x_n = 0$ のときだけである．ゆえに，$f(\boldsymbol{x}, \boldsymbol{x})$ は正定符号である．

定理の後半については，$-f(\boldsymbol{x}, \boldsymbol{x}) = {}^t\boldsymbol{x}A\boldsymbol{x}$ を考えると，定理 7.5 の証明の終りの部分のように，$\det A_r' = (-1)^r \det A_r > 0\ (1\le r\le n)$ となるから，$-f(\boldsymbol{x}, \boldsymbol{x})$ は正定符号，したがって $f(\boldsymbol{x}, \boldsymbol{x})$ は負定符号であることがわかる．　　　　（証終）

7.4　2次曲面の主軸問題

通常の空間に直交座標 x, y, z をとる．本節では，任意の2次曲面の方程式

(7.14)
$$a_{11}x^2 + a_{22}y^2 + a_{33}z^2 + 2a_{12}xy + 2a_{13}xz + 2a_{23}yz + 2a_{01}x + 2a_{02}y + 2a_{03}z + a_{00} = 0 \quad (a_{ij}：実定数)$$

は適当な直交座標の変換によって，**6.4 b** で述べた標準方程式に変換できることを証明する．

そのまえに，一般に直交座標変換のもとで2次方程式がどのように変換されるかを考える．

x, y, z をそれぞれ x_1, x_2, x_3 と書き表わすと，(7.14) は

(7.14′)
$$\sum_{\substack{1\le i\le 3\\1\le j\le 3}} a_{ij}x_ix_j + 2\sum_{1\le j\le 3} a_{0j}x_j + a_{00} = 0 \quad (a_{ji} = a_{ij})$$

となる．左辺の2次の部分は x_1, x_2, x_3 の2次形式であり，その係数行列は

$$A = \begin{bmatrix} a_{11} & a_{12} & a_{12} \\ a_{21} & a_{22} & a_{23} \\ a_{31} & a_{32} & a_{33} \end{bmatrix} \quad ({}^tA = A)$$

である．また，(7.14′) の左辺を

$$\sum_{i,j} a_{ij}x_ix_j + 2\sum_j a_{0j}\cdot 1\cdot x_j + a_{00}\cdot 1^2$$

と書けば，それは 1, x_1, x_2, x_3 の2次形式とみなされ，その係数行列は

$$A_0 = \left[\begin{array}{c|ccc|} a_{00} & a_{01} & a_{02} & a_{03} \\ \hline a_{10} & & & \\ a_{20} & & \mathrm{A} & \\ a_{30} & & & \\ \hline \end{array}\right] \quad ({}^tA_0 = A_0)$$

である．したがって，1, x_1, x_2, x_3 の1列行列と1行行列とを

$$(※) \qquad \begin{bmatrix} 1 \\ \boldsymbol{x} \end{bmatrix} = \begin{bmatrix} 1 \\ x_1 \\ x_2 \\ x_3 \end{bmatrix}, \quad (1 \quad \boldsymbol{x}) = (1 \quad x_1 \quad x_2 \quad x_3)$$

と書き表わすことにすれば，(7.14′) は

$$(7.14'') \qquad (1 \quad \boldsymbol{x})A_0\begin{bmatrix} 1 \\ \boldsymbol{x} \end{bmatrix} = 0$$

と書かれる．

直交座標 $\boldsymbol{x}$, $\boldsymbol{y}$, $\boldsymbol{z}$ からほかの直交座標への変換は

$$(7.15) \qquad \begin{cases} x = \alpha + l_{11}x' + l_{12}y' + l_{13}z' \\ y = \beta + l_{21}x' + l_{22}y' + l_{23}z' \\ z = \gamma + l_{31}x' + l_{32}y' + l_{33}z' \end{cases}$$

の形であり，ここに

$$L = \begin{bmatrix} l_{11} & l_{12} & l_{13} \\ l_{21} & l_{22} & l_{23} \\ l_{31} & l_{32} & l_{33} \end{bmatrix}$$

は直交行列である．x', y', z' も上と同じように x_1', x_2', x_3' と書き表わし，(7.15) を 1, x_1, x_2, x_3 から 1, x_1', x_2', x_3' への正則斉1次変換

$$(7.15') \qquad \begin{cases} 1 \;\; = 1\cdot 1 + 0\cdot x_1' + 0\cdot x_2' + 0\cdot x_3' \\ x_1 = \alpha\cdot 1 + l_{11}x_1' + l_{12}x_2' + l_{13}x_3' \\ x_2 = \beta\cdot 1 + l_{21}x_1' + l_{22}x_2' + l_{23}x_3' \\ x_3 = \gamma\cdot 1 + l_{31}x_1' + l_{32}x_2' + l_{33}x_3' \end{cases}$$

とみなすと，その係数行列は

$$L_0 = \left[\begin{array}{c|ccc|} 1 & 0 & 0 & 0 \\ \hline \alpha & & & \\ \beta & & L & \\ \gamma & & & \\ \hline \end{array}\right]$$

である．したがって，$\boldsymbol{x}_1'$, $\boldsymbol{x}_2'$, $\boldsymbol{x}_3'$ についても (※) と同じような記号を用い，(7.15′) は

$$\begin{bmatrix}1\\ \boldsymbol{x}\end{bmatrix}=L_0\begin{bmatrix}1\\ \boldsymbol{x}'\end{bmatrix} \tag{7.15''}$$

と書かれる.

(7.14) に直交座標変換 (7.15) を行なって

$$\begin{aligned}a'_{11}x'^2+a'_{22}y'^2+a'_{33}z'^2+2a'_{12}x'y'+2a'_{13}x'z'+2a'_{23}y'z'\\ +2a'_{01}x'+2a'_{02}y'+2a'_{03}z'+a'_{00}=0 \quad (a'_{ji}=a'_{ij})\end{aligned} \tag{7.16}$$

が得られるとし，これに対して A', A_0' で (7.14) に対する A, A_0 と同じような行列を表わす．このとき，(7.16) は

$$(1\quad \boldsymbol{x}')A_0'\begin{bmatrix}1\\ \boldsymbol{x}'\end{bmatrix}=0 \tag{7.16'}$$

と書かれる．(7.14'') の左辺の 2 次形式が (7.15'') によって (7.16') の左辺の 2 次形式に変換されるのであるから，第 1 節によって

$$A_0'={}^tL_0A_0L_0. \tag{7.17}$$

また，この右辺の行列の乗法をくわしく見ることによって，つぎの等式が成り立つことがわかる：

$$A'={}^tLAL=L^{-1}AL. \tag{7.18}$$

さらに，L_0, L が正則行列であり，しかも $\det L_0=\det L=\pm 1$ であることから，定理 5.13 の系と定理 4.1 を用い，

$$\operatorname{rank} A_0'=\operatorname{rank} A_0,\quad \operatorname{rank} A'=\operatorname{rank} A, \tag{7.19}$$

$$\det A_0'=\det A_0,\quad \det A'=\det A. \tag{7.20}$$

そこで，(7.14) が標準方程式に変換されることの証明に入る．

A の固有値を λ_1, λ_2, λ_3 とするとき，(7.18) と定理 7.3' とにより，(7.15) において L を適当にとれば，

$$A'=\begin{bmatrix}\lambda_1&&\\&\lambda_2&\\&&\lambda_3\end{bmatrix}\quad(\text{対角線形})$$

となるようにできる．(この際，α, β, γ は任意でよいが $\alpha=\beta=\gamma=0$ ととっておく．) このとき，(7.16) は

$$\lambda_1x'^2+\lambda_2y'^2+\lambda_3z'^2+2a'_{01}x'+2a'_{02}y'+2a'_{03}z'+a'_{00}=0 \tag{7.21}$$

の形になる．このとき

$$A_0' = \begin{bmatrix} a'_{00} & a'_{01} & a'_{02} & a'_{03} \\ a'_{10} & \lambda_1 & 0 & 0 \\ a'_{20} & 0 & \lambda_2 & 0 \\ a'_{30} & 0 & 0 & \lambda_3 \end{bmatrix}.$$

ここで，場合を分けて考える．

1°　rank $A = 3$ の場合　((7.20) と第2節の問2によって $\det A = \lambda_1\lambda_2\lambda_3$ であるから，$\lambda_1 \neq 0$, $\lambda_2 \neq 0$, $\lambda_3 \neq 0$ の場合である)．(7.21) は

$$\lambda_1\left(x' + \frac{a'_{01}}{\lambda_1}\right)^2 + \lambda_2\left(y' + \frac{a'_{02}}{\lambda_2}\right)^2 + \lambda_3\left(z' + \frac{a'_{03}}{\lambda_3}\right)^2$$
$$+\left(a'_{00} - \frac{{a'_{01}}^2}{\lambda_1} - \frac{{a'_{02}}^2}{\lambda_2} - \frac{{a'_{03}}^2}{\lambda_3}\right) = 0$$

と書かれるから，直交座標の平行移動

$$x' = x'' - a'_{01}/\lambda_1, \quad y' = y'' - a'_{02}/\lambda_2, \quad z' = z'' - a'_{03}/\lambda_3$$

によって，方程式は (6.28) の形になる：

$$\lambda_1 x''^2 + \lambda_2 y''^2 + \lambda_3 z''^2 + \nu = 0 \tag{7.22}$$
$$(\nu = a'_{00} - {a'_{01}}^2/\lambda_1 - {a'_{02}}^2/\lambda_2 - {a'_{03}}^2/\lambda_3).$$

これの係数行列を A_0'', A'' とすると

$$A_0'' = \begin{bmatrix} \nu & & & \\ & \lambda_1 & & \\ & & \lambda_2 & \\ & & & \lambda_3 \end{bmatrix}, \quad A'' = \begin{bmatrix} \lambda_1 & & \\ & \lambda_2 & \\ & & \lambda_3 \end{bmatrix}.$$

なお，このとき，(7.19)，(7.20) にいう性質から，$\nu \neq 0$ であるか $\nu = 0$ であるかに従い，それぞれ rank $A_0 = 4$, rank $A = 3$ であり，また，

$$\nu = \det A_0''/\det A'' = \det A_0/\det A.$$

2°　rank $A = 2$ の場合　((7.19) によって λ_1, λ_2, λ_3 のうち1つだけが0の場合である)．$\lambda_1 \neq 0$, $\lambda_2 \neq 0$, $\lambda_3 = 0$ としてよいから，(7.21) は

$$\lambda_1(x' + a'_{01}/\lambda_1)^2 + \lambda_2(y' + a'_{02}/\lambda_2)^2$$
$$+ 2a'_{03}z' + (a'_{00} - {a'_{01}}^2/\lambda_1 - {a'_{02}}^2/\lambda_2) = 0$$

と書かれる．

(イ)　$a'_{03} \neq 0$ のとき，直交座標の平行移動

$$x' = x'' - a'_{01}/\lambda_1, \quad y' = y'' - a'_{02}/\lambda_2,$$
$$z' = z'' - (a'_{00} - {a'_{01}}^2/\lambda_1 - {a'_{02}}^2/\lambda_2)/a'_{03}$$

によって，方程式は (6.29) の形になる：

(7.23)　　$\lambda_1 x''^2+\lambda_2 y''^2+2\mu z''=0 \quad (\mu=a'_{03})$.

これの係数行列は

$$A_0''=\begin{bmatrix}0&0&0&\mu\\0&\lambda_1&0&0\\0&0&\lambda_2&0\\\mu&0&0&0\end{bmatrix},\quad A''=\begin{bmatrix}\lambda_1&&\\&\lambda_2&\\&&\lambda_3\end{bmatrix}.$$

したがって，$\det A_0=\det A_0''=-\lambda_1\lambda_2\mu^2\neq 0$, $\mathrm{rank}\,\mathrm{A}_0=\mathrm{rank}\,A_0''=4$.

(ロ)　$a'_{03}=0$ のとき，直交座標の平行移動

$$x'=x''-a'_{01}/\lambda_1,\quad y'=y''-a'_{02}/\lambda_2,\quad z'=z''$$

によって，方程式は (6.30) の形になる：

(7.24)　　$\lambda_1 x''^2+\lambda_2 y''^2+\nu=0$

$$(\nu=a'_{00}-a'^2_{01}/\lambda_1-a'^2_{02}/\lambda_2).$$

これの係数行列を見ると，上と同じようにし，$\nu\neq 0$ ならば $\mathrm{rank}\,A_0=3$ であり，$\nu=0$ ならば $\mathrm{rank}\,A_0=2$ であることがわかる．

3°　$\mathrm{rank}\,A=1$ の場合　($\lambda_1, \lambda_2, \lambda_3$ のうち1つだけが0でない場合である)．$\lambda_1\neq 0$, $\lambda_2=\lambda_3=0$ としてよいから，(7.21) は

$$\lambda_1(x'+a'_{01}/\lambda_1)^2+2a'_{02}y'+2a'_{03}z'+(a'_{00}-a'^2_{01}/\lambda_1)=0$$

と書かれる．

(イ)　$a'_{02}=a'_{03}=0$ でないとき，直交座標変換

$$\begin{cases}x''=x'+\dfrac{a'_{01}}{\lambda_1}\\ y''=\dfrac{a'_{02}y'+a'_{03}z'+(1/2)(a'_{00}-a'^2_{01}/\lambda_1)}{\sqrt{a'^2_{02}+a'^2_{03}}}\\ z''=\dfrac{-a'_{03}y'+a'_{02}z'}{\sqrt{a'^2_{02}+a'^2_{03}}}\end{cases}$$

によって，方程式は (6.31) の形になる：

(7.25)　　$\lambda_1 x''^2+2\mu y''=0 \quad (\mu=\sqrt{a'^2_{02}+a'^2_{03}}\neq 0)$.

これの係数行列を見ると，$\mathrm{rank}\,A_0=3$ であることがわかる．

(ロ)　$a'_{02}=a'_{03}=0$ のとき，直交座標の平行移動

$$x'=x''-a'_{01}/\lambda_1,\quad y'=y'',\quad z'=z''$$

によって，方程式は (6.32) の形になる：

$$\lambda_1 x''^2 + \nu = 0 \quad (\nu = a'_{00} - a'_{01}{}^2/\lambda_1). \tag{7.26}$$

これの係数行列を見ると，$\nu \neq 0$ ならば $\operatorname{rank} A_0 = 2$, $\nu = 0$ ならば $\operatorname{rank} A_0 = 1$ であることがわかる.

注意 定理 7.3 の後の注意から，本節はじめの直交座標 x, y, z が右手系のとき，右手系の直交座標 x'', y'', z'' を適当にとって，(7.14) を標準方程式に変換することができる.

7.5 前節の補遺と例

前節にひきつづいて 2 次曲面 (7.14) を考え，点 $\mathrm{C}(\xi, \eta, \zeta)$ が曲面の対称中心であるための条件を求める. 原点を C へ移す座標軸の平行移動

$$x = x' + \xi, \quad y = y' + \eta, \quad z = z' + \zeta$$

を行なうと，(7.14) は

$$\begin{aligned} & a_{11}x'^2 + a_{22}y'^2 + a_{33}z'^2 + 2a_{12}x'y' + 2a_{13}x'z' + 2a_{23}y'z' \\ & \qquad + 2a'_{01}x' + 2a'_{02}y' + 2a'_{03}z' + a'_{00} = 0 \end{aligned} \tag{7.27}$$

$$\left(\begin{aligned} a'_{0i} &= a_{i0} + a_{i1}\xi + a_{i2}\eta + a_{i3}\zeta \quad (1 \leq i \leq 3) \\ a'_{00} &= a_{11}\xi^2 + a_{22}\eta^2 + a_{33}\zeta^2 \\ &\quad + 2a_{12}\xi\eta + 2a_{13}\xi\zeta + 2a_{23}\eta\zeta \\ &\quad + 2a_{01}\xi + 2a_{02}\eta + 2a_{03}\zeta + a_{00} \end{aligned}\right)$$

となる. このときの原点 C が曲面の対称中心であるための条件は，明らかに，$a'_{01} = a'_{02} = a'_{03} = 0$ である. したがって，もとの直交座標で曲面の対称中心 (ξ, η, ζ) は連立 1 次方程式

$$\begin{cases} a_{10} + a_{11}\xi + a_{12}\eta + a_{13}\zeta = 0 \\ a_{20} + a_{21}\xi + a_{22}\eta + a_{23}\zeta = 0 \\ a_{30} + a_{31}\xi + a_{32}\eta + a_{33}\zeta = 0 \end{cases} \tag{7.28}$$

によって得られる. ここで場合を分ける：

1° $\operatorname{rank} A = 3$ の場合. (7.28) の解 (ξ, η, ζ) はただ 1 つ定まるから，2 次曲面 (7.14) には対称中心がただ 1 つある.

これを曲面の**中心**といい，曲面を**有心 2 次曲面**という.

2° $\operatorname{rank} A < 3$ の場合. 定理 5.16 によって，(7.28) には解がないか，

または無限にあるかのいずれかである．したがって，2次曲面 (7.14) には対称中心がないか，または無限にあるかのいずれかである．(対称中心が無限にある場合には，それらは1つの直線または1つの平面をなしていることがわかる.) このとき，曲面を**無心2次曲面**という．

2次曲面 (7.14) に対し，$\mathrm{rank}\, A_0 = 4$ であるか，$\mathrm{rank}\, A_0 < 4$ であるかに従い，それぞれ**正則2次曲面**（**固有2次曲面**），**非正則2次曲面**（**非固有2次曲面**）という．

問 5.　6.5 の2次曲面の分類において，有心2次曲面はどれであるか．また，正則2次曲面はどれどれか．

(7.14) が有心2次曲面であるとき，原点をその中心へ移す直交座標の平行移動で (7.27) (ただし $a'_{01} = a'_{02} = a'_{03} = 0$) が得られ，ついで $L^{-1}AL$ が対角線形になるような直交行列 L を用いて，直交座標変換 $\boldsymbol{x}' = L\boldsymbol{x}''$ で標準方程式

(7.29)　$$\lambda_1 x''^2 + \lambda_2 y''^2 + \lambda_3 z''^2 + a'_{00} = 0$$

が得られる．ここに，(7.27) の括弧中の a'_{00} の式と (7.28) とから，

(7.30)　$$a'_{00} = a_{00} + a_{01}\xi + a_{02}\eta + a_{03}\zeta.$$

これは (7.22) の $\nu = \det A_0 / \det A$ と等しい．

つぎに，(7.14) の主軸の方向（標準方程式になおしたときの座標軸の方向）について考える．

(7.14) が直交座標変換

$$\begin{cases} x = \alpha + l_{11}x'' + l_{12}y'' + l_{13}z'' \\ y = \beta + l_{21}x'' + l_{22}y'' + l_{23}z'' \\ z = \gamma + l_{31}x'' + l_{32}y'' + l_{33}z'' \end{cases}$$

によって標準方程式 (7.22)～(7.26) になるとする．このとき，直交行列 $L = (l_{ij})$ に対して

$$L^{-1}AL = A'' = \begin{bmatrix} \lambda_1 & & \\ & \lambda_2 & \\ & & \lambda_3 \end{bmatrix}$$

が成り立つから，

$$AL = L\begin{bmatrix}\lambda_1 & & \\ & \lambda_2 & \\ & & \lambda_3\end{bmatrix} \quad (\lambda_1,\ \lambda_2,\ \lambda_3 : A \text{ の固有値})$$

となる，すなわち

$$A\begin{bmatrix}l_{1j}\\ l_{2j}\\ l_{3j}\end{bmatrix} = \begin{bmatrix}l_{1j}\\ l_{2j}\\ l_{3j}\end{bmatrix}\lambda_j \quad (1 \leq i \leq 3).$$

書きかえて

$$(7.31) \qquad (A-\lambda_j E)\begin{bmatrix}l_{1j}\\ l_{2j}\\ l_{3j}\end{bmatrix} = 0 \quad (1 \leq j \leq 3).$$

これは，L の第 j 列ベクトルが λ_j に属する A の固有単位ベクトルであることを示している．ところで，L の第1列，第2列，第3列はそれぞれ x'' 軸，y'' 軸，z'' 軸の向きの単位ベクトルであるから，これらがそれぞれ λ_1, λ_2, λ_3 に属する固有ベクトルであることがわかった．

λ_j が A の固有方程式の単根であるとき，第2節の問4によって，λ_j に属する固有単位ベクトルは，$\pm$ を無視して，ただ1つ定まる．ゆえに，λ_1, λ_2, λ_3 がたがいに異なるとき，x'' 軸，y'' 軸，z'' 軸の方向は A の固有ベクトルを求めることによって定まる．

注意 $\lambda_1 = \lambda_2 = \lambda_3$ の場合は球面または虚球面であり，x'' 軸，y'' 軸，z'' 軸は，たがいに垂直である限り，任意の方向にとれる．$\lambda_1 = \lambda_2 \neq \lambda_3$ の場合は z'' 軸のまわりの回転面であり，z'' 軸の方向は定まるが，x'' 軸と y'' 軸は，z'' 軸に垂直でしかもたがいに垂直である限り，任意の方向にとれる．

例題 1. $\quad x^2+3y^2+3z^2-2yz-2x-2y+6z+3=0.$

係数行列は

$$A_0 = \begin{bmatrix}3 & -1 & -1 & 3\\ -1 & 1 & 0 & 0\\ -1 & 0 & 3 & -1\\ 3 & 0 & -1 & 3\end{bmatrix}, \quad A = \begin{bmatrix}1 & 0 & 0\\ 0 & 3 & -1\\ 0 & -1 & 3\end{bmatrix}.$$

$\det A = 8$, $\det A_0 = -8$ であるから，$\operatorname{rank} A = 3$, $\operatorname{rank} A_0 = 4$．したがって，6.4 **b** の $1°$ の場合である．そこで $\nu = \det A_0/\det A = -1$．$A$ の固有方程式

$$\begin{vmatrix} 1-\lambda & 0 & 0 \\ 0 & 3-\lambda & -1 \\ 0 & -1 & 3-\lambda \end{vmatrix} = 0$$

を解いて，$\lambda_1 = 1$, $\lambda_2 = 2$, $\lambda_3 = 4$. ゆえに，標準方程式は

$$X^2+2Y^2+4Z^2-1 = 0.$$

すなわち，楕円面である.

中心 $(x, y, z) = (\xi, \eta, \zeta)$ を (7.28) によって求める：

$$-1+\xi = 0, \quad -1+3\eta-\zeta = 0, \quad 3-\eta+3\zeta = 0$$

を解き，$\xi = 1$, $\eta = 0$, $\zeta = -1$. なお，(7.30) によると $\nu = 3-\xi-\eta+3\zeta = -1$ となり，上記の結果と一致する.

X 軸，Y 軸，Z 軸（すなわち主軸）の向きを (7.31) から求める（l_{1j}, l_{2j}, l_{3j} をそれぞれ l_j, m_j, n_j と書く）：

$\lambda_1 = 1$ に対し，$(1-1)l_1 = 0$, $(3-1)m_1-n_1 = 0$, $-m_1+(3-1)n_1 = 0$ から $l_1 : m_1 : n_1 = 1:0:0$, したがって，$l_1 = 1$, $m_1 = n_1 = 0$.

$\lambda_2 = 2$ に対し，$(1-2)l_2 = 0$, $(3-2)m_2-n_2 = 0$, $-m_2+(3-2)n_2 = 0$ から $l_2 : m_2 : n_2 = 0:1:1$, したがって，$l_2 = 0$, $m_2 = n_2 = 1/\sqrt{2}$.

$\lambda_3 = 4$ に対し，同じようにして，$l_3 = 0$, $m_3 = -1/\sqrt{2}$, $n_3 = 1/\sqrt{2}$.

例題 2. $2x^2+2y^2-4z^2-2yz-2zx-5xy-2x-2y+z = 0$.

分数が現われないように，方程式を 2 倍しておいて係数行列をつくると

$$A_0 = \begin{bmatrix} 0 & -2 & -2 & 1 \\ -2 & 4 & -5 & -2 \\ -2 & -5 & 4 & -2 \\ 1 & -2 & -2 & -8 \end{bmatrix}, \quad A = \begin{bmatrix} 4 & -5 & -2 \\ -5 & 4 & -2 \\ -2 & -2 & 8 \end{bmatrix}.$$

$\det A = 0$, $\det A_0 = 729$, $\operatorname{rank} A = 2$, $\operatorname{rank} A_0 = 4$. したがって，6.4 b の 2° (イ) の場合である. A の固有方程式

$$\begin{vmatrix} 4-\lambda & -5 & -2 \\ -5 & 4-\lambda & -2 \\ -2 & -2 & 8-\lambda \end{vmatrix} = 0$$

を解いて，$\lambda_1 = 9$, $\lambda_2 = -9$, $\lambda_3 = 0$. そこで $\mu^2 = -\det A_0/\lambda_1\lambda_2 = -729/(-81) = 9$, したがって $\mu = \pm 3$. 必要なら Z 軸の向きを反対にとって，$\mu = -3$ とすることができるから，標準方程式は $9X^2-9Y^2-6Z = 0$, すなわ

ち

$$3X^2-3Y^2-2Z=0.$$

これは双曲放物面である．

例題 3. $2x^2+5y^2+2z^2-2yz+4zx-2xy-1=0.$

係数行列は

$$A_0=\begin{bmatrix}-1&0&0&0\\0&2&-1&2\\0&-1&5&-1\\0&2&-1&2\end{bmatrix},\quad A=\begin{bmatrix}2&-1&2\\-1&5&-1\\2&-1&2\end{bmatrix}.$$

$\det A=0$, $\det A_0=0$, $\operatorname{rank} A=2$, $\operatorname{rank} A_0=3$ であるから，6.4 **b** の 2° (ロ) の場合である．A の固有値は $\lambda_1=3$, $\lambda_2=6$, $\lambda_3=0$. 標準方程式は

$$3X^2+6Y^2+\nu=0.$$

これは Z 軸を対称軸にもつ楕円柱面または虚楕円柱面である．はじめに与えられた方程式の左辺を $f(x, y, z)$ と書き表わすと，座標変換式によって恒等式

$$f(x, y, z)=3X^2+6Y^2+\nu$$

が成り立つ．対称軸の任意の点の座標 $(X, Y, Z)=(0, 0, Z)$ をこれに代入すると，右辺が ν になるから，対称軸の任意の点の座標 (x, y, z) を $f(x, y, z)$ に代入すると ν の値が得られる．そのような点の座標は (7.28) で求まるが，この例でははじめの方程式から $(x, y, z)=(0, 0, 0)$ がそのような 1 つの点（対称中心の 1 つ）であること明らかである．したがって，$\nu=f(0, 0, 0)=-1$. ゆえに，標準方程式は $3X^2+6Y^2-1=0$ であり，楕円柱面である．

例題 4. $4x^2+y^2+z^2+2yz+4zx+4xy-24x+32=0.$

係数行列については $\det A=\det A_0=0$, $\operatorname{rank} A=1$, $\operatorname{rank} A_0=3$. したがって，6.4 **b** の 3° (イ) と場合である．標準方程式が $\lambda_1X^2+2\mu Y=0$ の形であり，平面 $X=0$ と平面 $Y=0$ とが直交することから，はじめの方程式をつぎのように書きかえる：

$$(2x+y+z)^2-24x+32=0.$$

k を未定の定数としてこれをさらに

$$(2x+y+z+k)^2$$
$$+(-24-4k)x+(-2k)y+(-2k)z+(32-k^2)=0$$

と書きかえる．そして，2平面

$$2x+y+z+k=0,$$
$$(-24-4k)x+(-2k)y+(-2k)z+(32-k^2)=0$$

が直交するように k の値をとる．すなわち

$$2(-24-4k)+1\cdot(-2k)+1\cdot(-2k)=0$$

から $k=-4$．これらの平面をそれぞれ YZ 平面，ZX 平面にとり，XY 平面はこれらに垂直になるように任意にとると，空間の任意の点 (x, y, z) からこれらの平面への符号つき距離がそれぞれ X, Y であるから，

$$X=\varepsilon\frac{2x+y+z-4}{\sqrt{2^2+1^2+1^2}},\quad Y=\varepsilon'\frac{-8x+8y+8z+16}{\sqrt{(-8)^2+8^2+8^2}}$$
$$(\varepsilon=\pm 1,\ \varepsilon'=\pm 1).$$

ゆえに，方程式は $(\varepsilon\sqrt{6}X)^2+\varepsilon' 8\sqrt{3}Y=0$．必要ならば Y 軸の向きを反対にとって $\varepsilon'=-1$ となるようにできるから，標準方程式は $6X^2-8\sqrt{3}Y=0$，すなわち $\sqrt{3}X^2-4Y=0$．これは放物柱面である．

問 6． 直交座標 x, y, z に関するつぎの2次曲面について，上の例のように考察せよ：

(i) $yz+zx+xy=1$,

(ii) $11x^2+2y^2+5z^2-4xy-16xz-20yz-6x-12y-12z+9=0$,

(iii) $2x^2+y^2+z^2+6yz+4x+2=0$,

(iv) $4x^2+y^2+z^2+2xy+2xz+yz+2x+2y-4z-6=0$,

(v) $x^2-z^2-4xy-4yz-2x-4y-4z=0$,

(vi) $x^2+y^2-z^2+2xy+x+y+3z-2=0$,

(vii) $4x^2+y^2+9z^2-4xy+12xz-6yz-4x+2y-6z=0$.

7.6 2次曲線の主軸問題

x, y を平面上の正直交座標とする．任意の2次曲線の方程式

(7.32) $$a_{11}x^2+2a_{12}xy+a_{22}y^2+2a_{01}x+2a_{02}y+a_{00}=0$$
$$(a_{ij}：実定数)$$

は適当な直交座標変換によって，6.4 **a** で述べた標準方程式に変換できる．こ

のことは，第4節の2次曲面の場合と同じように，(7.32) の係数行列

$$A_0=\begin{bmatrix}a_{00} & a_{01} & a_{02}\\ a_{10} & a_{11} & a_{12}\\ a_{20} & a_{21} & a_{22}\end{bmatrix},\quad A=\begin{bmatrix}a_{11} & a_{12}\\ a_{21} & a_{22}\end{bmatrix}\quad (a_{ji}=a_{ij})$$

について考えていけば証明できる．行列の次数が低いので，その証明は第4節におけるよりも簡単になるから，それは読者にまかせる．本節では，2次曲面に関して前節で見たようなことを，2次曲線について考えよう．

前節のはじめに考えたのと同じようにして，点 $(x, y)=(\xi, \eta)$ が2次曲線 (7.32) の対称中心であるための条件を求めると，(7.28) と同じように

$$\text{(7.33)}\qquad \begin{cases} a_{10}+a_{11}\xi+a_{12}\eta=0\\ a_{20}+a_{21}\xi+a_{22}\eta=0\end{cases}$$

となる．したがって，つぎの結論が得られる：

1° $\det A\neq 0$ の場合 ($\operatorname{rank} A=2$ の場合)．2次曲線 (7.32) には対称中心がただ1つある．これを曲線の**中心**といい，曲線を**有心2次曲線**という．

2° $\det A=0$ の場合 ($\operatorname{rank} A=1$ の場合)．2次曲線 (7.32) には対称中心がないか，または無限にあるかのいずれかである．(無限にある場合，それらの対称中心は1つの直線をなしている．) このとき，曲線を**無心2次曲線**という．

なお，$\operatorname{rank} A_0=3$ であるか，$\operatorname{rank} A_0<3$ であるかに従い，曲線 (7.32) をそれぞれ**正則2次曲線** (**固有2次曲線**)，**非正則2次曲線** (**非固有2次曲線**) という．

問 7.　6.5 の2次曲線の分類において，有心2次曲線はどれどれであるか．また，正則2次曲線はどれどれか．

(7.32) が有心2次曲線であるとき，原点をその中心へ移す直交座標の平行移動 $x=x'+\xi,\ y=y'+\eta$ によって，前節と同じように，方程式は

$$\text{(7.34)}\qquad a_{11}x'^2+2a_{12}x'y'+a_{22}y'^2+a'_{00}=0$$

$$(a'_{00}=a_{11}\xi^2+2a_{12}\xi\eta+a_{22}\eta^2+2a_{01}\xi+2a_{02}\eta+a_{00})$$

となる．ここに，(7.33) から

$$\text{(7.35)}\qquad a'_{00}=a_{00}+a_{01}\xi+a_{02}\eta=\det A_0/\det A.$$

ついで，$L^{-1}AL$ が対角線形になるような直交行列

$$L=\begin{bmatrix} l_{11} & l_{12} \\ l_{21} & l_{22} \end{bmatrix}$$

を用い，直交座標変換

$$x'=l_{11}x''+l_{12}y'',\quad y'=l_{21}x''+l_{22}y'' \tag{7.36}$$

を行なうと，標準方程式

$$\lambda_1 x''^2+\lambda_2 y''^2+a'_{00}=0$$

$$(\lambda_1,\ \lambda_2 : A \text{ の固有値})$$

が得られる.

定理 7.3 の注意で述べたように，L は正直交行列としてよいから，6.3 で見たように，(7.36) は正直交座標軸の回転である．その回転角（符号つき角）を θ とすると，

$$L=\begin{bmatrix} l_{11} & l_{12} \\ l_{21} & l_{22} \end{bmatrix}=\begin{bmatrix} \cos\theta & -\sin\theta \\ \sin\theta & \cos\theta \end{bmatrix}$$

である（(6.18) を参照せよ）．この第1列，第2列は，前節で見たと同じように，A の固有値 λ_1, λ_2 に対する固有ベクトルであるから，

$$\begin{cases} a_{11}\cos\theta+a_{12}\sin\theta=\lambda_1\cos\theta \\ a_{21}\cos\theta+a_{22}\sin\theta=\lambda_1\sin\theta. \end{cases}$$

したがって

$$\tan\theta=-\frac{a_{11}-\lambda_1}{a_{12}}=-\frac{a_{21}}{a_{22}-\lambda_1}. \tag{7.37}$$

この公式から，(7.32) が有心2次曲線の場合，その主軸の方向がわかる.

例題 1. $x^2-4xy-2y^2+10x+4y=0.$

$$A_0=\begin{bmatrix} 0 & 5 & 2 \\ 5 & 1 & -2 \\ 2 & -2 & -2 \end{bmatrix},\quad A=\begin{bmatrix} 1 & -2 \\ -2 & -2 \end{bmatrix}.$$

$\det A=-6\neq 0$ であるから，有心2次曲線である．中心 (ξ, η) に対しては，(7.33) から

$$\begin{cases} 5+\xi-2\eta=0 \\ 2-2\xi-2\eta=0. \end{cases}$$

よって，$\xi=-1,\ \eta=2.$ (7.35) から

$a'_{00} = 0+5\times(-1)+2\times 2 = -1.$

A の固有方程式は

$$\begin{vmatrix} 1-\lambda & -2 \\ -2 & -2-\lambda \end{vmatrix} = 0.$$

したがって，A の固有値は $\lambda_1 = 2$, $\lambda_2 = -3$. ゆえに，標準方程式は

$$2x''^2 - 3y''^2 - 1 = 0.$$

これは双曲線である．θ に対しては，(7.37) から

$$\tan\theta = -\frac{1-2}{-2} = -\frac{1}{2}$$

(図 7.1 参照).

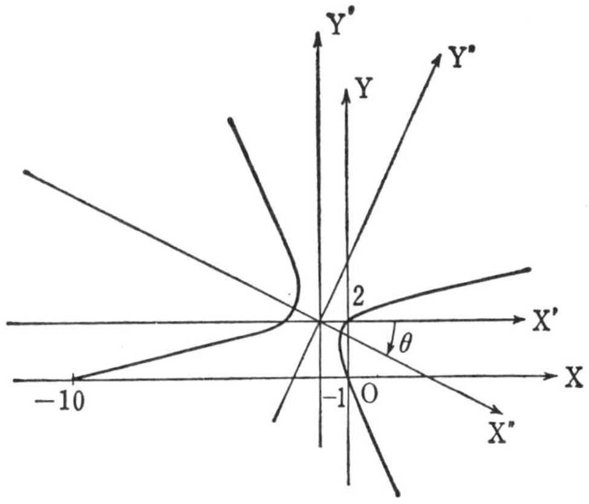

図 7.1

注意　この双曲線ともとの x 軸との交点は (0, 0), (−10, 0) であり，y 軸との交点は (0, 0), (0, 2) である．

例題 2.　$x^2-2xy+y^2-4x-5y+4=0$

$$A_0 = \begin{bmatrix} 4 & -2 & -5/2 \\ -2 & 1 & -1 \\ -5/2 & -1 & 1 \end{bmatrix}, \quad A = \begin{bmatrix} 1 & -1 \\ -1 & 1 \end{bmatrix}.$$

$\det A = 0$ であるから，無心2次曲線である．6.4 **a** から，標準方程式は $\lambda_1 X^2 + 2\mu Y = 0$ または $\lambda_1 X^2 + \nu = 0$ の形である．他方，$\det A = 0$ から，もとの方程式の2次の部分は完全平方で，方程式は

$$(x-y)^2 - 4x - 5y + 4 = 0$$

と書かれる．これを上記の標準方程式に変換する直交座標変換の様子を明らかにするために，つぎのようにする．

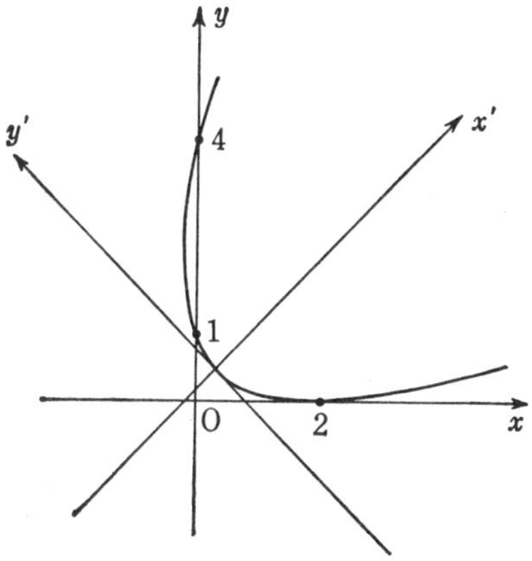

図 7.2

k を未定の実定数として，方程式を

$$(x-y+k)^2 + (-4-2k)x + (-5+2k)y + (4-k^2) = 0$$

と書きかえる．ここで，2直線

$$x-y+k=0,$$

$$(-4-2k)x+(-5+2k)y+(4-k^2)=0$$

がたがいに垂直になるように k の値を定める．すなわち

$$1\cdot(-4-2k)+(-1)\cdot(-5+2k)=0.$$

したがって，$k=1/4$．ゆえに，曲線の方程式は

$$(x-y+1/4)^2+(-9/2)(x+y-7/8)=0$$

となり，2直線は

$$x-y+1/4=0, \quad x+y-7/8=0$$

となる．これらの直線をそれぞれ x' 軸，y' 軸にとると

$$y'=\varepsilon\frac{x-y+1/4}{\sqrt{2}}, \quad x'=\varepsilon'\frac{x+y-7/8}{\sqrt{2}}$$

$$(\varepsilon=\pm 1,\ \varepsilon'=\pm 1).$$

ゆえに，曲線の方程式は

$$(\varepsilon\sqrt{2}\,y')^2+(-9/2)\varepsilon'\sqrt{2}\,x'=0,$$

すなわち

$$2y'^2-\varepsilon'\frac{9}{\sqrt{2}}x'=0.$$

x' 軸の向きを図 7.2 のようにとったときには，$\varepsilon'=1$ であるから，標準方程式は

$$y'^2=\frac{9}{2\sqrt{2}}x'$$

となり，曲線は放物線である．

注意　この放物線ともとの x 軸との交点は (2, 0)（2重）であり，y 軸との交点は (0, 1)，(0, 4) である．

問 8.　例題2につき，第5節の例題2のようにして，標準方程式を求めよ．

問 9.　直交座標 x, y に関するつぎの2次曲線について，上の例のように考察せよ：

(i)　$3x^2+2xy+3y^2-16y+23=0,$

(ii)　$2x^2+3xy-2y^2-x+3y-1=0,$

(iii)　$4x^2-4xy+y^2-10x-20y=0,$

(iv) $x^2+4xy+4y^2-3x-6y+2=0.$

問 10. 方程式 (7.32) が2直線を表わすための条件（すなわち，(7.32) の左辺が因子分解されるための条件）は，$\det A_0=0$ であることを示せ.

問 11. 方程式 (7.32) が楕円を表わすとき，その面積を求めよ.

問 12. 方程式 (7.32) が双曲線を表わすとき，その2つの漸近線はつぎの方程式で表わされることを示せ：

$$a_{11}x^2+2a_{12}xy+a_{22}y^2+2a_{01}x+2a_{02}y+a_{00}-\frac{\det A_0}{\det A}=0.$$

7.7 ユニタリー空間

次節でエルミート形式を考える準備として，本節では 6.6 と 6.7 との拡張について見よう.

6.6 では実数を扱い，実数上の n 次元アフィン空間について述べたが，数の範囲をひろめて複素数を取り扱い，まったく同じように考えると，**複素数上の $\boldsymbol{n}$ 次元アフィン空間**が得られる.

この空間で，2つの変動するベクトル $\boldsymbol{a}, \boldsymbol{b}$ に対して複素数値をとる1つの関数 $f(\boldsymbol{a}, \boldsymbol{b})$ が指定され，それがつぎの条件を満たすとする：

1° $f(\boldsymbol{a}+\boldsymbol{a}', \boldsymbol{b})=f(\boldsymbol{a}, \boldsymbol{b})+f(\boldsymbol{a}', \boldsymbol{b})$,

$$f(\boldsymbol{a}, \boldsymbol{b}+\boldsymbol{b}')=f(\boldsymbol{a}, \boldsymbol{b})+f(\boldsymbol{a}, \boldsymbol{b}'),$$

2° $f(k\boldsymbol{a}, \boldsymbol{b})=kf(\boldsymbol{a}, \boldsymbol{b})$, $f(\boldsymbol{a}, k\boldsymbol{b})=\bar{k}\cdot f(\boldsymbol{a}, \boldsymbol{b})$

(k：複素数，$\bar{k}$：k の共役複素数),

3° $f(\boldsymbol{b}, \boldsymbol{a})=\overline{f(\boldsymbol{a}, \boldsymbol{b})}$,

4° $f(\boldsymbol{a}, \boldsymbol{a})\geq 0$，等号は $\boldsymbol{a}=0$ のときだけ成り立つ.

この 3° の右辺は複素数 $f(\boldsymbol{a},\boldsymbol{b})$ の共役複素数を意味している．したがって，$\boldsymbol{a}=\boldsymbol{b}$ の場合には $f(\boldsymbol{a}, \boldsymbol{a})=\overline{f(\boldsymbol{a}, \boldsymbol{a})}$ となり，$f(\boldsymbol{a}, \boldsymbol{a})$ は実数でなければならない．4° の前半で，この実数 $f(\boldsymbol{a}, \boldsymbol{a})$ は負でないと条件づけられている.

このように条件 1°～4° を満たす関数 $f(\boldsymbol{a}, \boldsymbol{b})$ が指定されている場合，上記の n 次元アフィン空間を特に**ユニタリー空間** (unitary 空間) といい（**複素数上のユークリッド空間**ということもある），$f(\boldsymbol{a}, \boldsymbol{b})$ を $\boldsymbol{a}, \boldsymbol{b}$ の**内積**（**エルミート** (Hermite) **積**）という.

このような n 次元ユニタリー空間において，内積を $(\boldsymbol{a}, \boldsymbol{b})$ と書き表わすことにする．そして，6.6 のユークリッド空間の場合と同じように，任意のベクトル $\boldsymbol{a}$ に対して

$$|\boldsymbol{a}| = \sqrt{(\boldsymbol{a}, \boldsymbol{a})}$$

をその**大きさ**といい，特に $|\boldsymbol{a}| = 1$ のとき，$\boldsymbol{a}$ を**単位ベクトル**という．また，2 つのベクトル $\boldsymbol{a}, \boldsymbol{b}$ に対して $(\boldsymbol{a}, \boldsymbol{b}) = 0$（したがって，3° から，$(\boldsymbol{b}, \boldsymbol{a}) = 0$）のとき，$\boldsymbol{a}$ と $\boldsymbol{b}$ とはたがいに**垂直**であるという．

この空間では，6.7 におけると同じように，0 でない r 個のベクトル $\boldsymbol{a}_1, \cdots, \boldsymbol{a}_r$ がたがいに垂直であるとき，これを**直交系**という．特に，単位ベクトルばかりから成っている直交系を**正規直交系**という．

任意の直交系 $\boldsymbol{a}_1, \cdots, \boldsymbol{a}_r$ が与えられたとき，

$$\boldsymbol{u}_1 = \boldsymbol{a}_1/|\boldsymbol{a}_1|, \cdots, \boldsymbol{u}_r = \boldsymbol{a}_r/|\boldsymbol{a}_r|$$

をつくると，これは正規直交系になる．直交系 $a_1, \cdots, a_r$ からこのようにして正規直交系をつくることを**正規化**という．

6.7 におけると同じようにしてつぎの定理や系が証明される：

定理 7.7　$\boldsymbol{a}_1, \cdots, \boldsymbol{a}_r$ が直交系ならば，それらは 1 次独立である．

定理 7.8　$\boldsymbol{a}_1, \cdots, \boldsymbol{a}_r$ が直交系であり，$r < n$ であるならば，ベクトル $\boldsymbol{a}_{r+1}$ を適当にとり，$\boldsymbol{a}_1, \cdots, \boldsymbol{a}_r, \boldsymbol{a}_{r+1}$ がまた直交系となるようにできる．

系　n 次元ユニタリー空間には，n 個のベクトルから成る直交系がある．

n 個のベクトルから成る直交系をとり，これを正規化すると，n 個のベクトルから成る正規直交系が得られる．これはユニタリー空間のベクトルの全体に対する基底をなしている．このような基底を**正規直交基底**という．

定理 7.9　n 次元ユニタリー空間で $\boldsymbol{e}_1, \cdots, \boldsymbol{e}_n$ を任意の正規直交基底とする．このとき，任意の 2 つのベクトル $\boldsymbol{a} = \sum_{i=1}^{n} \boldsymbol{e}_i a_i$, $\boldsymbol{b} = \sum_{i=1}^{n} \boldsymbol{e}_i b_i$ の内積は

$$(\boldsymbol{a}, \boldsymbol{b}) = \sum_{i=1}^{n} a_i \bar{b}_i$$

と書き表わされる．

証明　さきの性質 1°, 2° から

$$(\boldsymbol{a}, \boldsymbol{b}) = (\sum_i \boldsymbol{e}_i a_i, \sum_j \boldsymbol{e}_j b_j) = \sum_{i,j} (\boldsymbol{e}_i, \boldsymbol{e}_j) a_i \bar{b}_j.$$

$i \neq j$ ならば $(\boldsymbol{e}_i, \boldsymbol{e}_j) = 0$ であり，$i = j$ ならば $(\boldsymbol{e}_i, \boldsymbol{e}_i) = |\boldsymbol{e}_i|^2 = 1$ であるから，定

理の結論が得られる. (証終)

$e_1, \cdots, e_n$ が正規直交基底のとき, n 個のベクトル

(7.38) $$e_j' = \sum_{i=1}^{n} e_i u_{ij} \quad (1 \leq j \leq n)$$

がまた正規直交基底であるための条件を考えよう. この (7.38) は

(7.38′) $$(e_1' \cdots e_n') = (e_1 \cdots e_n)U$$

と書かれる. ここに U は (7.38) の係数行列である. 問題の条件は

(7.39) $$(e_j', e_k') = \delta_{jk} \quad (1 \leq j \leq n,\ 1 \leq k \leq n)$$

である. この条件はつぎの条件 (i)〜(iii) のおのおのと同値である:

(i) $${}^tU \cdot \bar{U} = E \quad (E : n \text{ 次単位行列})$$

(ii) $$\bar{U} \cdot {}^tU = E$$

(iii) U が正則行列であり, そして $\bar{U} = {}^tU^{-1}$ である.

ここに, $\bar{U}$ は U の各要素をその共役複素数でおきかえて得られる行列を意味する.

証明 (7.39) の左辺を定理 7.9 によって u_{ij} で書き表わすと, $\sum_{i=1}^{k} u_{ij}\overline{u_{ik}} = \delta_{jk}$ $(1 \leq j \leq n,\ 1 \leq k \leq n)$ となる. この条件は (i) にほかならない. (i), (ii) はいずれも ${}^tU$ と $\bar{U}$ とがたがいに他の逆行列であるという条件であるから, これらの条件は同値である. また, これらの条件は明らかに条件 (iii) と同値であることがわかる. (証終)

複素数の n 次正方行列 $U = (u_{ij})$ が条件 (i)〜(iii) を満たすとき, U を **n 次ユニタリー行列**という. 特に, U が実数の行列の場合, 条件 (i) は ${}^tU \cdot U = E$ となるから, 実数のユニタリー行列とは直交行列にほかならない.

定理 7.10 U, U' が n 次ユニタリー行列であるとき,

(イ) ${}^tU, U^{-1}, \bar{U}$ および UU' はいずれも n 次ユニタリー行列である.

(ロ) $|\det U| = 1$ である.

証明 ${}^tU = V$ とおくとき,

$$ {}^tV \cdot \bar{V} = U \cdot (\overline{{}^tU}) = U \cdot {}^t(\bar{U}) = {}^t(\bar{U} \cdot {}^tU) = {}^tE = E.$$

よって, V はユニタリーである. $U^{-1} = V'$ とおくとき,

$$\begin{aligned} {}^tV' \cdot \overline{V'} &= {}^t(U^{-1}) \cdot (\overline{U^{-1}}) = ({}^tU)^{-1} \cdot (\bar{U})^{-1} \\ &= (\bar{U} \cdot {}^tU)^{-1} = E^{-1} = E. \end{aligned}$$

したがって, V' はユニタリーである. $\bar{U} = V''$ とおくとき,

$$
\begin{aligned}
{}^tV''\cdot\overline{V''} &= {}^t(\bar{U})\cdot(\overline{\bar{U}}) = ({}^t\bar{U})\cdot(\overline{\bar{U}}) \\
&= (\overline{{}^tU\cdot\bar{U}}) = \bar{E} = E.
\end{aligned}
$$

ゆえに，V'' はユニタリーである．$UU' = W$ とおくとき，

$$
\begin{aligned}
{}^tW\cdot\bar{W} &= {}^t(UU')\cdot(\overline{UU'}) = ({}^tU'{}^tU)\cdot(\bar{U}\overline{U'}) \\
&= {}^tU'({}^tU\bar{U})\overline{U'} = {}^tU'E\overline{U'} = {}^tU'\overline{U'} = E.
\end{aligned}
$$

よって，W はユニタリーである．以上で(イ)が証明できた．(ロ)については，(i) の両辺の行列式を考えて

$$
\begin{aligned}
1 &= \det E = \det({}^tU\bar{U}) \\
&= \det({}^tU)\cdot\det\bar{U} = \det U\cdot\overline{\det U} = |\det U|^2
\end{aligned}
$$

ゆえに，$|\det U| = 1$.　　(証終)

7.8 エルミート形式

$x_1, \cdots, x_n$ を複素数値をとる n 個の変数として

$$
f(\boldsymbol{x}, \overline{\boldsymbol{x}}) = \sum_{\substack{1\le i\le n \\ 1\le j\le n}} a_{ij}x_i\overline{x_j} \quad (a_{ij}：定数)
$$

の形の式を考える．ただし，$\overline{x_1}\cdots, \overline{x_n}$ はそれぞれ $x_1, \cdots, x_n$ の共役複素数値をとるとし，また，係数 a_{ij} は複素数であり，条件

$$
a_{ji} = \overline{a_{ij}} \quad (1\le i\le n,\ 1\le j\le n) \tag{7.40}
$$

を満たすとする．このような式 $f(\boldsymbol{x}, \overline{\boldsymbol{x}})$ を $x_1, \cdots, x_n$ の**エルミート形式**という．エルミート形式は応用数学においてもひろく取り扱われる．

条件 (7.40) から，$a_{ii} = \overline{a_{ii}}\ (1\le i\le n)$ となり，$a_{ii}\ (1\le i\le n)$ は実数でなければならない．また，

$$
\begin{aligned}
\overline{f(\boldsymbol{x}, \overline{\boldsymbol{x}})} &= \sum_{i,j} \overline{a_{ji}x_i}x_j \\
&= \sum_{i,j} a_{ji}x_j\overline{x_i} = \sum_{h,k} a_{hk}x_h\overline{x_k} = f(\boldsymbol{x}, \overline{\boldsymbol{x}})
\end{aligned}
$$

となるから，$x_1, \cdots, x_n$ すべての複素数値に対して $f(\boldsymbol{x}, \overline{\boldsymbol{x}})$ はつねに実数値をもつ．

特に，a_{ij} がすべて実数である場合，$x_1, \cdots, x_n$ に実数値だけをとらせるならば，上のエルミート形式は $\sum_{i,j} a_{ij}x_ix_j\ (a_{ji} = a_{ij})$ となり，これは $x_1, \cdots, x_n$ の実係数 2 次形式になる．

$f(\boldsymbol{x}, \overline{\boldsymbol{x}})$ の係数行列を

$$A = \begin{bmatrix} a_{11} \cdots a_{1n} \\ \cdots \\ a_{n1} \cdots a_{nn} \end{bmatrix}$$

と書き表わすとき，条件 (7.40) は

(7.40′) $${}^tA = \bar{A}$$

となる．ここに，$\bar{A}$ は A の各要素をその共役複素数でおきかえて得られる行列である．複素数の正方行列 A が条件 (7.40′) を満たす場合，A を**エルミート行列**という．特に，A が実数の行列である場合，(7.40′) は ${}^tA = A$ となるから，実数のエルミート行列とは実対称行列にほかならない．第1節におけるように，1列の行列 $\boldsymbol{x} = (x_i)$ を用い，その要素を共役複素数でおきかえて得られる行列を $\bar{\boldsymbol{x}} = (\overline{x_i})$ と書き表わせば，$f(\boldsymbol{x}, \bar{\boldsymbol{x}})$ は行列の乗法の形式で

$$f(\boldsymbol{x}, \bar{\boldsymbol{x}}) = {}^t\boldsymbol{x}A\bar{\boldsymbol{x}}$$

と書かれる．

つぎに，変数 $x_1, \cdots, x_n$ を正則斉1次変換

(7.41) $$x_i = \sum_{h=1}^{n} p_{ih}x_h' \quad (1 \leq i \leq n) \quad (p_{ih}：複素数)$$

によって，新しい変数 $x_1', \cdots, x_n'$ に変換する．そのとき，この変換式の共役複素数をとれば，

(7.41′) $$\overline{x_i} = \sum_{h=1}^{n} \overline{p_{ih}}\,\overline{x_h'} \quad (1 \leq i \leq n)$$

となる．したがって，$f(\boldsymbol{x}, \bar{\boldsymbol{x}})$ は

$$\sum_{i,j} a_{ij}x_i\overline{x_j} = \sum_{i,j} a_{ij} \left(\sum_h p_{ih}x_h'\right)\left(\sum_k \bar{p}_{jk}\overline{x_k'}\right)$$
$$= \sum_{h,k} \left(\sum_{i,j} a_{ij}p_{ih}\overline{p_{jh}}\right) x_h'\overline{x_k'}$$

と変換される．これを

$$f'(\boldsymbol{x}', \overline{\boldsymbol{x}'}) = \sum_{h,k} a'_{hk}x_h'\overline{x_k'} = {}^t\boldsymbol{x}'A'\overline{\boldsymbol{x}'}$$

と書き表わそう．ここに $A' = (a'_{hk})$，$\boldsymbol{x}' = (x_h')$ (1列行列)，$\overline{\boldsymbol{x}'} = (\overline{x_h'})$ である．このとき

(7.42) $$a'_{hk} = \sum_{i,j} a_{ij}p_{ih}\overline{p_{jk}} \quad (1 \leq h \leq n,\ 1 \leq k \leq n).$$

いま，(7.41) の係数行列 $P=(p_{ih})$ を用いれば，(7.41) と (7.41′) はそれぞれ

$$\boldsymbol{x}=P\boldsymbol{x}', \quad \bar{\boldsymbol{x}}=\bar{P}\overline{\boldsymbol{x}'}$$

と書き表わせるから，これらを ${}^t\boldsymbol{x}A\boldsymbol{x}$ に代入すると，上記の変換の計算は

$${}^t\boldsymbol{x}A\bar{\boldsymbol{x}}={}^t(P\boldsymbol{x}')A(\bar{P}\overline{\boldsymbol{x}'})={}^t\boldsymbol{x}'{}^tPA\bar{P}\overline{\boldsymbol{x}'}$$

のように行なわれ，$f'(\boldsymbol{x}', \overline{\boldsymbol{x}'})$ の係数行列 A' は

(7.42′) $$A'={}^tPA\bar{P}$$

で与えられることがわかる．この等式は (7.42) と同じものである．

ところで，A' はまたエルミート行列である．なぜならば，

$${}^tA'={}^t({}^tPA\bar{P})={}^t(\bar{P}){}^tA{}^t({}^tP)$$

$$=(\overline{{}^tP})\bar{A}P=(\overline{{}^tPA\bar{P}})=\bar{A}'.$$

したがって，$f'(\boldsymbol{x}', \overline{\boldsymbol{x}'})$ はまた $x_1', \cdots, x_n'$ のエルミート形式である．

以上で，エルミート形式が正則斉1次変換でどのように変換されるかが明らかになった．

A の階数を，エルミート形式 $f(\boldsymbol{x}, \bar{\boldsymbol{x}})$ の**階数**という．(7.42′) によって，$f'(\boldsymbol{x}', \bar{\boldsymbol{x}}')$ の階数は $f(\boldsymbol{x}, \bar{\boldsymbol{x}})$ の階数と等しい．このように，エルミート形式の階数は，正則斉1次変換のもとで不変である．

正則斉1次変換

(7.43) $$\boldsymbol{x}=U\boldsymbol{x}'$$

において，U がユニタリー行列であるとき，**ユニタリー変換**という．本節では，エルミート形式をユニタリー変換によって，簡単な標準的な形に変換することについて考えよう．

$f(\boldsymbol{x}, \bar{\boldsymbol{x}})={}^t\boldsymbol{x}A\bar{\boldsymbol{x}}$ (${}^tA=\bar{A}$) がユニタリー変換 (7.43) によって $f'(\boldsymbol{x}', \overline{\boldsymbol{x}'})={}^t\boldsymbol{x}'B\overline{\boldsymbol{x}'}$ (${}^tB=\bar{B}$) に変換されるとすると，(7.42′) で見たように

$$B={}^tUA\bar{U}={}^tUA{}^tU^{-1} \quad \text{(前節 (iii) 参照)}.$$

したがって，定理 7.1 から，A の固有値と B の固有値は一致する．

エルミート形式に対して，定理 7.3 と同じようなつぎの定理が成り立つ．

定理 7.11 $x_1, \cdots, x_n$ のエルミート形式 $f(\boldsymbol{x}, \bar{\boldsymbol{x}})={}^t\boldsymbol{x}A\bar{\boldsymbol{x}}$ (${}^tA=$) が任

意に与えられたとき，適当なユニタリー変換 $\boldsymbol{x}=U\boldsymbol{x}'$ を行なうと．

$$f'(\boldsymbol{x}', \overline{\boldsymbol{x}'}) = \lambda_1 x_1'\overline{x_1'}+\lambda_2 x_2'\overline{x_2'}+\cdots\lambda^u x'_n\overline{x_n}$$

の形にすることができる．ここに $\lambda_1, \cdots, \lambda_n$ は A の固有値（の全体）を任意に番号づけたものである．

この定理はつぎのように述べかえれる：

定理 7.11′　n 次エルミート行列 A が任意に与えられたとき，適当な n 次ユニタリー行列 U をとると，${}^tUA\bar{U}$ が対角線形になるようにできる．この対角線形行列の主対角形の要素は A の固有値（の全体を任意に番号づけたもの）である．

この定理の証明は，定理 7.3′ の証明と同じようにして行なうことができる．定理 7.3′ の証明で n 次元ユークリッド空間の正規直交基底を用いた代りに，ここでは n 次元ユニタリー空間の正規直交基底を用いて，同じように論じればよい．

系　エルミート行列の固有値はすべて実数である．

証明　A を n 次エルミート行列とし，n 次ユニタリー行列 U を適当に選んで，${}^tUA\bar{U}$ が対角線形になったとする．このとき，その主対角線の要素は A の固有値の全体である．他方，(7. 42′) について見たように，${}^tUA\bar{U}$ もエルミート行列であるから，本節のはじめに注意したように，その主対角線の要素はすべて実数でなければならない．ゆえに，A の固有値はすべて実数である．（証終）

以上のように，エルミート形式については，実係数 2 次形式の場合と平行した性質が見られる．さらに，第 3 節の実係数 2 次形式の符号に関することと同じようなことが，エルミート形式に対しても成り立つ．その推論はまったく同じであるから，ここで繰り返すことはしないで読者にまかせておきたい．

付　　　録

1. 置　　換

本書で必要な程度に置換について述べる．

1.1 置換　有限個のものを1つの順序から他の順序に置き換えることを**置換**という．その有限個のものを数字 $1, 2, \cdots, n$ で表現しよう．

たとえば，1, 2, 3 をそれぞれ 3, 1, 2 で置き換える置換は

$$\begin{pmatrix} 1 & 2 & 3 \\ 3 & 1 & 2 \end{pmatrix}$$

と書き表わす．1行目はもとの数字で，2行目は置き換えた後の数字である．同じ置換を

$$\begin{pmatrix} 3 & 2 & 1 \\ 2 & 1 & 3 \end{pmatrix}, \quad \begin{pmatrix} 2 & 3 & 1 \\ 1 & 2 & 3 \end{pmatrix}$$

のように書き表わしてもよいが，はじめのように1行目の数字は自然な順序にしておく方が一般には見やすい．

例題 1.　1, 2, 3 のすべての置換はつぎの6通りである：

$$\begin{pmatrix} 1 & 2 & 3 \\ 1 & 2 & 3 \end{pmatrix}, \begin{pmatrix} 1 & 2 & 3 \\ 1 & 3 & 2 \end{pmatrix}, \begin{pmatrix} 1 & 2 & 3 \\ 2 & 1 & 3 \end{pmatrix}, \begin{pmatrix} 1 & 2 & 3 \\ 2 & 3 & 1 \end{pmatrix}, \begin{pmatrix} 1 & 2 & 3 \\ 3 & 1 & 2 \end{pmatrix}, \begin{pmatrix} 1 & 2 & 3 \\ 3 & 2 & 1 \end{pmatrix}.$$

すなわち，1, 2, 3 の順列の個数（${}_3P_3 = 3! = 6$）だけの置換がある．

一般に，$1, 2, \cdots, n$ の置換 σ は

$$\sigma = \begin{pmatrix} 1 & 2 \cdots n \\ s_1 & s_2 \cdots s_n \end{pmatrix}$$

のように書き表わされる．1行目の各数字 i に対し，それが置き換えられる数字 s_i をその下に記す．したがって，2行目は $1, 2, \cdots, n$ の1つの順列である．この s_i を i^σ と書き表わすこともある．この記号では

$$\sigma = \begin{pmatrix} 1 & 2 \cdots n \\ 1^\sigma & 2^\sigma \cdots n^\sigma \end{pmatrix}.$$

$1, 2, \cdots, n$ の置換は全部で（${}_nP_n =$）$n!$ 通りだけある．

例題1において第1の置換では各数字が自身で置き換えられている．また，第2の置換では2と3とだけがたがいに入れ換えられている．さらにまた，第

5の置換では，1が3で，3が2で，2が1で置き換えられるというように，巡回的に置き換えられている．

一般に，各数字が自身で置き換えられる置換を**恒等置換**という．それを ι で表わすことにする．また，数字のうちの2つ i, j だけがたがいに入れ換えられる置換を**互換**といい，(ij) と書き表わす．さらにまた，数字のうちのいくつか $r_1, r_2, \cdots, r_m$ だけが，r_1 が r_2 で，r_2 が r_3 で，$\cdots$，r_{m-1} が r_m で，r_m が r_1 で巡回的に置き換えられる置換を**巡回置換**といい，$(r_1 r_2 \cdots r_m)$ と書き表わす．そして，m をこの巡回置換の**長さ**という．互換は長さ2の巡回置換にほかならない．

例題 2. 例題1の置換はそれぞれつぎのように書かれる：

$$\iota,\ (2\ \ 3),\ (1\ \ 2),\ (1\ \ 2\ \ 3),\ (1\ \ 3\ \ 2),\ (1\ \ 3).$$

1.2 置換の乗法　σ, τ をいずれも $1, 2, \cdots, n$ の置換とする．$1, 2, \cdots, n$ にまず置換 σ を行ない，ひきつづいて置換 τ を行なうと，はじめの $1, 2, \cdots, n$ は最後には $(1^\sigma)^\tau, (2^\sigma)^\tau, \cdots, (n^\sigma)^\tau$ となり，結局はじめの $1, 2, \cdots, n$ に1つの置換を行なったことになる．この置換を σ, τ の積（σ を τ に左からかけた積，σ に τ を右からかけた積）といい，$\sigma\tau$ で表わす：

$$\sigma\tau = \begin{pmatrix} 1 & 2 & \cdots & n \\ (1^\sigma)^\tau & (2^\sigma)^\tau & \cdots & (n^\sigma)^\tau \end{pmatrix}.$$

たとえば

$$\begin{pmatrix} 1 & 2 & 3 \\ 2 & 3 & 1 \end{pmatrix}\begin{pmatrix} 1 & 2 & 3 \\ 1 & 3 & 2 \end{pmatrix} = \begin{pmatrix} 1 & 2 & 3 \\ 3 & 2 & 1 \end{pmatrix},\quad \begin{pmatrix} 1 & 2 & 3 \\ 1 & 3 & 2 \end{pmatrix}\begin{pmatrix} 1 & 2 & 3 \\ 2 & 3 & 1 \end{pmatrix} = \begin{pmatrix} 1 & 2 & 3 \\ 2 & 1 & 3 \end{pmatrix}.$$

この例でわかるように，一般には $\sigma\tau \neq \tau\sigma$ である．

置換 σ に対してその逆の置換を σ^{-1} で表わし，σ の**逆置換**という：

$$\sigma^{-1} = \begin{pmatrix} 1^\sigma & 2^\sigma & \cdots & n^\sigma \\ 1 & 2 & \cdots & n \end{pmatrix}.$$

たとえば

$$\begin{pmatrix} 1 & 2 & 3 \\ 2 & 3 & 1 \end{pmatrix}^{-1} = \begin{pmatrix} 2 & 3 & 1 \\ 1 & 2 & 3 \end{pmatrix} = \begin{pmatrix} 1 & 2 & 3 \\ 3 & 1 & 2 \end{pmatrix}.$$

問 1　つぎの置換の積を計算せよ：

（i）$\begin{pmatrix} 1 & 2 & 3 & 4 \\ 2 & 4 & 1 & 3 \end{pmatrix}\begin{pmatrix} 1 & 2 & 3 & 4 \\ 3 & 4 & 1 & 2 \end{pmatrix}$, (ii)　(1　3)(1　3　2),　(iii)　(1　2　3)(1　3　2).

問 2.　つぎの置換の逆置換を求めよ：

(i)　$\begin{pmatrix}1&2&3&4\\2&4&1&3\end{pmatrix}$,　(ii)　(1　2),　(iii)　(1　2　3).

置換の乗法に関し，つぎの法則が成り立つ：

σ, τ, ω を $1, 2, \cdots, n$ の任意の置換とするとき

1°　$(\sigma\tau)\omega=\sigma(\tau\omega)$　(結合律)*,

2°　$\sigma\iota=\sigma=\iota\sigma$,

3°　$\sigma\sigma^{-1}=\iota=\sigma^{-1}\sigma$,

4°　$(\sigma\tau)^{-1}=\tau^{-1}\sigma^{-1}$.

証明　1°　積の定義から，各数字 r に対して

$$r^{(\sigma\tau)\omega}=(r^{\sigma\tau})^{\omega}=((r^{\sigma})^{\tau})^{\omega},$$
$$r^{\sigma(\tau\omega)}=(r^{\sigma})^{\tau\omega}=((r^{\sigma})^{\tau})^{\omega}.$$

2°　$r^{\sigma\iota}=(r^{\sigma})^{\iota}=r^{\sigma}$,　$r^{\iota\sigma}=(r^{\iota})^{\sigma}=r^{\sigma}$.

3°　第1の等号は $r^{\sigma\sigma^{-1}}=(r^{\sigma})^{\sigma^{-1}}=r$ からわかる．

第2の等号は，つぎのように考えるとわかりやすい：

$$\sigma^{-1}\sigma=\begin{pmatrix}1^{\sigma}&2^{\sigma}\cdots&n^{\sigma}\\1&2\cdots&n\end{pmatrix}\begin{pmatrix}1&2\cdots&n\\1^{\sigma}&2^{\sigma}\cdots&n^{\sigma}\end{pmatrix}$$
$$=\begin{pmatrix}1^{\sigma}&2^{\sigma}\cdots&n^{\sigma}\\1^{\sigma}&2^{\sigma}\cdots&n^{\sigma}\end{pmatrix}=\iota.$$

4°
$$(\sigma\tau)(\tau^{-1}\sigma^{-1})=\sigma(\tau\tau^{-1})\sigma^{-1}\quad(1^{\circ}\text{ による})$$
$$=\sigma\iota\sigma^{-1}=\sigma\sigma^{-1}=\iota$$

となるから，$\tau^{-1}\sigma^{-1}$ は $\sigma\tau$ の逆置換である．　**(証終)**

問 3.　σ, τ は $1, 2, \cdots, n$ の与えられた2つの置換とし，ω, ρ は $1, 2, \cdots, n$ の未知の置換とする．方程式 $\sigma\omega=\tau$ および方程式 $\rho\sigma=\tau$ の解 ω, ρ はそれぞれ一意的に定まり，$\omega=\sigma^{-1}\tau$, $\rho=\tau\sigma^{-1}$ であることを証明せよ．(定理 2.2 と比較せよ．)

問 4.　つぎの積を計算せよ：

(i)　$\begin{pmatrix}1&2&3&4\\2&1&4&3\end{pmatrix}\begin{pmatrix}1&2&3&4\\3&1&2&4\end{pmatrix}\begin{pmatrix}1&2&3&4\\4&3&2&1\end{pmatrix}$,　(ii)　(1　2)(1　3)(1　4),

(iii)　(1　2)(1　3)$\cdots$(1　n),　(iv)　(4　3)(3　2)(2　1),

(v)　(n, $n-1$)($n-1$, $n-2$)$\cdots$(3　2)(2　1).

たとえば

* したがって，この積を $\sigma\tau\omega$ と書き表わしても紛らわしくない．

$$\begin{pmatrix}1&2&3&4&5&6\\4&3&2&6&5&1\end{pmatrix}=(1\ \ 4\ \ 6)(2\ \ 3)$$

の左辺では，1から見はじめると，それは4で置き換らえれ，この4は6で置き換えられ，この6は1で置き換えられ，これで1つの巡回が完結する．残りの数字のうち2を見ると，これは3で置き換えられ，その3は2で置き換えらて，ふたたび巡回が完結する．残りの数字5は自身で置き換えられる．こうして，左辺の置換が右辺のような巡回置換の積に等しいことがわかる．これと同じように考えて，つぎの定理は明らかである：

定理 1.　$1, 2, \cdots, n$ の任意の置換は，共通の数字を含まないいくつかの巡回置換の積として書き表わされる．

問 5.　つぎの置換を定理1にいうような巡回置換の積として書き表わせ：
(i) $\begin{pmatrix}1&2&3&4\\3&4&1&2\end{pmatrix}$, (ii) $\begin{pmatrix}1&2&3&4&5\\3&4&5&2&1\end{pmatrix}$, (iii) $\begin{pmatrix}1&2&3&4&5&6&7&8\\8&6&3&7&2&5&1&4\end{pmatrix}$.

1.3 偶置換と奇置換

$1, 2, \cdots, n$ に1つの置換 σ を行なうことは，適当に数字の2つずつをたがいに入れ換えることを何度か繰り返すことによって達成されるから，つぎの定理は明らかである：

定理 2.　任意の置換はいくつかの互換の積として書き表わされる．

1つの置換を互換の積として書き表わそうとする場合，いくとおりも表わし方がある．たとえば

$$(1\ \ 2\ \ 3)=(1\ \ 2)(1\ \ 3)=(2\ \ 3)(1\ \ 3)(1\ \ 2)(2\ \ 3).$$

このことに関し，つぎの定理が成り立つ：

定理 3.　1つの置換を互換の積として表わすのに要する互換の個数が偶数であるか奇数であるかは，各置換ごとに一定している．

証明　文字 $x_1, \cdots, x_n$ の式 $f(x_1, \cdots, x_n)$ に，$1, 2, \cdots, n$ の置換 σ を行なうとは，$x_1, \cdots, x_n$ をそれぞれ $x_{1^\sigma}, \cdots, x_{n^\sigma}$ で置き換えることを意味するとし，その結果を $f^\sigma(x_1, \cdots, x_n)$ または f^σ と書き表わそう：

$$f^\sigma(x_1, \cdots, x_n)=f(x_{1^\sigma}, \cdots, x_{n^\sigma}).$$

いま，$x_1, \cdots, x_n$ の差積

$$\Delta(x_1, \cdots, x_n)=\prod_{1\le i<j\le n}(x_i-x_j)$$

を考え，これに互換 (rs) を行なってみる．ここに $1\le r<s\le n$ とする．Δ の因子の

形をつぎの4種 a～d に分け，それらに互換 (rs) を行なうと a'～d' になる：

a） $x_r - x_s$ 　　　a'） $x_s - x_r$

b） $(x_i - x_r)(x_i - x_s)$ 　$(1 \leq i < r)$ 　　　b'） $(x_i - x_s)(x_i - x_r)$

c） $(x_r - x_j)(x_j - x_s)$ 　$(r < j < s)$ 　　　c'） $(x_s - x_j)(x_j - x_r)$

d） $(x_r - x_k)(x_s - x_k)$ 　$(s < k \leq n)$ 　　　d'） $(x_s - x_k)(x_r - x_k)$

このように，a は符号だけ反対になり，b～d は結局不変になる．したがって

$$\varDelta^{(rs)} = -\varDelta.$$

さて，σ が偶数個の互換 $\tau_1, \cdots, \tau_l$ の積にも等しく，また奇数個の互換 $\omega_1, \cdots, \omega_m$ の積にも等しいと仮定する（l：偶数，m：奇数）．そのとき

$$\begin{aligned}\varDelta^\sigma &= (\cdots((\varDelta^{\tau_1})^{\tau_2})^{\tau_3}\cdots)^{\tau_l} = (-1)^l\varDelta = \varDelta \\ &= (\cdots((\varDelta^{\omega_1})^{\omega_2})^{\omega_3}\cdots)^{\omega_m} = (-1)^m\varDelta = -\varDelta\end{aligned}$$

となり，矛盾になる．　（証終）

偶数個の互換の積として表わされる置換を**偶置換**といい，奇数個の互換の積として表わされる置換を**奇置換**という．任意の置換 σ に対し，記号 $\mathrm{sgn}\,\sigma$ をつぎのように定義する：

$$\mathrm{sgn}\,\sigma = \begin{cases} +1 & (\sigma：偶置換) \\ -1 & (\sigma：奇置換). \end{cases}$$

これを σ の**符号**（signum）という．また，$1, 2, \cdots, n$ の任意の順列 $s_1 s_2 \cdots s_n$ に対し，置換

$$\begin{pmatrix} 1 & 2 \cdots & n \\ s_1 & s_2 \cdots & s_n \end{pmatrix}$$

が偶置換であるか奇置換であるかに従い，その順列をそれぞれ**偶順列**，**奇順列**という．

例 1. 1, 2, 3 のすべての順列

1 2 3　　1 3 2　　2 1 3　　2 3 1　　3 1 2　　3 2 1

については，それぞれ

偶　　奇　　奇　　偶　　偶　　奇

である．

定理 4. $1, 2, \cdots, n$ のすべての置換のうちには，偶置換と奇置換とが同個数（$n!/2$ 個）ずつある．

証明 たがいに異なる偶置換の全部を

（1）　$\sigma_1, \sigma_2, \cdots, \sigma_m$

とする．1つの互換 τ をとると

(2)　　$\sigma_1\tau,\ \sigma_2\tau,\ \cdots,\ \sigma_m\tau$

はいずれも奇置換である．そして，これらはたがいに異なる．なぜなら，$\sigma_i\tau=\sigma_j\tau$ とすれば，τ を右乗して $\sigma_i=\sigma_j$ となるからである．また，任意の奇置換 ω をとるとき，$\omega\tau$ は偶置換になるから（1）のうちの1つに等しい．$\omega\tau=\sigma_k$ とすると，τ を右乗して $\omega=\sigma_k\tau$ となり，ω は（2）のうちの1つに等しい．ゆえに，（1）と（2）とで $1, 2, \cdots, n$ の置換の全部である．（証終）

問 6. $1, 2, \cdots, n$ の任意の置換は互換 $(1\ 2), (1\ 3), \cdots, (1\ n)$ の積として書き表わされることを証明せよ．また，互換 $(1\ 2), (2\ 3), \cdots, (n-1, n)$ の積としても書き表わされることを証明せよ．

問 7. 1, 2, 3, 4 のすべての順列（24 通り）につき，それぞれ偶順列であるか奇順列であるかを調べよ．

1.4 対称式と交代式　n 個の文字 $x_1, \cdots, x_n$ の式 $f(x_1, \cdots, x_n)$ が $1, 2, \cdots, n$ のすべての互換 (ij) に対し，条件 $f^{(ij)}=f$ を満たすとき，f を $x_1, \cdots, x_n$ の**対称式**という．また，条件 $f^{(ij)}=-f$ を満たすとき，f を $x_1, \cdots, x_n$ の**交代式**という．

前節の定理2により，f が対称式であるための条件は，つぎの条件 1° と同値である：

1°　$1, 2, \cdots, n$ のすべての置換 σ に対して $f^\sigma=f$ である．

また，前節の問6により，つぎの条件 2° とも同値になる：

2°　　$f^{(1i)}=f \quad (2\leq i\leq n)$

他方，前節の定理3あるいは前節の問6により，f が交代式であるための条件は，つぎの条件 3°，4° のおのおのと同値である：

3°　$1, 2, \cdots, n$ のすべての奇置換 σ に対して $f^\sigma=-f$ である．

4°　　$f^{(1i)}=-f \quad (2\leq i\leq n)$

たとえば，$a+b+c$, $a^2+b^2+c^2$, $ab+ac+bc$ は a, b, c の対称式であり，$(a-b)(a-c)(b-c)$ は a, b, c の交代式である．

問 8. a, b, c の1次対称式は $p(a+b+c)+q$ の形であり，2次対称式は

$$p(a^2+b^2+c^2)+q(ab+ac+bc)+r(a+b+c)+s$$

の形である．ここに p, q, r, s は a, b, c に無関係な定数とする．これを確かめよ．

f, g を $x_1, \cdots, x_n$ の2つの式とするとき，つぎのことは明らかである：

（i）f, g がともに対称式であるか，ともに交代式であるかであれば，積 fg も商 f/g も対称式である．

（ii）f, g の一方が対称式で他方が交代式であれば，fg も f/g も交代式である．

もちろん，f/g を考える場合には $g \neq 0$ とする．

定理 5. $x_1, \cdots, x_n$ の交代整式はつねに $x_1, \cdots, x_n$ の差積 Δ と $x_1, \cdots, x_n$ の対称整式との積として書き表われる．

証明 $f(x_1, \cdots, x_n)$ を $x_1, \cdots, x_n$ の任意の交代整式とする．このとき，定義から，

$$f(x_2, x_1, x_3, \cdots, x_n) = -f(x_1, x_2, x_3, \cdots, x_n).$$

x_2 に x_1 を代入すると

$$f(x_1, x_1, x_3, \cdots, x_n) = -f(x_1, x_1, x_3, \cdots, x_n).$$

実数あるいは複素数のような通常の数をとり扱っている場合には，この等式から，代入の結果は 0 でなければならない．したがって，3.5 の注意から，$f(x_1, \cdots, x_n)$ は $x_1, \cdots, x_n$ の整式の範囲内で $x_1 - x_2$ で割り切れる．同じように，f は $x_i - x_j$ $(1 \leq i < j \leq n)$ で割り切れるから，f は Δ で割り切れる．その商は（i）によって $x_1, \cdots, x_n$ の対称式でなければならない．（証終）

$x_1, \cdots, x_n$ から r 個をとってつくられるすべての積を加え合わせたものを s_r と書き表わす．すなわち

$$s_1 = \sum_{1 \leq i \leq n} x_i, \quad s_2 = \sum_{1 \leq i < j \leq n} x_i x_j,$$

$$s_3 = \sum_{1 \leq i < j < k \leq n} x_i x_j x_k, \cdots, \ s_n = x_1 x_2 \cdots x_n.$$

これらを $x_1, \cdots, x_n$ の**基本対称式**という．いずれも明らかに対称式である．

定理 6. $x_1, \cdots, x_n$ の対称整式はつねに $x_1, \cdots, x_n$ の基本対称式 $s_1, s_2, \cdots, s_n$ の整式として書き表わされる．

本書ではこの定理の証明に立ち入らない．証明については，たとえば，筆者の「代数学」(基礎数学講座 1，共立出版）を参照せよ．

2. 斉 次 座 標

本書では平面上の直線や 2 次曲線，あるいは空間の直線，平面，2 次曲面などをかなり多く考えて来たので，ここでそれらの性質を統一的に取り扱いやす

くする斉次座標を用い，それらの性質を考えることにする．その際，本文で取り扱ってきた線形代数の方法が応用される．

2.1 斉次座標 x, y を平面上のデカルト座標とする．各点 (x, y) に対して

(1) $$x = x_1/x_0, \quad y = x_2/x_0$$

を満たす3つの実数の組 $(x_0, x_1, x_2)(x_0 \neq 0)$ をとり，これをその点の**斉次座標**という．ρ が 0 でない任意の実数のとき，$(\rho x_0, \rho x_1, \rho x_2)$ もまた同じ点 (x, y) の斉次座標になる．各点に対し，その斉次座標の連比は一意的に定まる．逆に，3つの実数 x_0, x_1, x_2 $(x_0 \neq 0)$ を任意にとるとき，(1) によって x, y が定まり，(x_0, x_1, x_2) はこの点 (x, y) の斉次座標になる．

上では $x_0 \neq 0$ であるが，x_1, x_2 の少なくとも一方が 0 でない場合，$(0, x_1, x_2)$ も「点」の斉次座標とみなし，このような「点」を平面上の**無限遠点**という．$(0, x_1, x_2)$ と $(0, x_1', x_2')$ とは，$x_1 : x_2 = x_1' : x_2'$ のとき同じ無限遠点を表わし，$x_1 : x_2 \neq x_1' : x_2'$ のとき異なる無限遠点を表わすと規約する．

まとめて，3つの実数の組 (x_0, x_1, x_2) は，$(0, 0, 0)$ でない限り，つねに1つの点を表わす．$x_0 = 0$ のときその点は無限遠点である．$x_0 \neq 0$ のときその点ははじめに述べたような点であり，**有限遠点**という．(x_0, x_1, x_2) と (x_0', x_1', x_2') とは，$x_0 : x_1 : x_2 = x_0' : x_1' : x_2'$ のとき同じ点を表わし，$x_0 : x_1 : x_2 \neq x_0' : x_1' : x_2'$ のとき異なる点を表わす．

ここに述べた (x_0, x_1, x_2) を，くわしくは，はじめのデカルト座標 (x, y) に**属する**斉次座標という．

空間のデカルト座標 x, y, z に属する**斉次座標** (x_0, x_1, x_2, x_3) も同じように定義される．すなわち，

(2) $$x = x_1/x_0, \quad y = x_2/x_0, \quad z = x_3/x_0$$

からはじめて，上と同じようにすればよい．(x_0, x_1, x_2, x_3) は，$x_0 \neq 0$ のとき**有限遠点**を表わし，$x_0 = 0$ のとき**無限遠点**を表わす．

以下，簡単のため，平面上の斉次座標だけ考える．

2.2 直線 x_0, x_1, x_2 を平面上のデカルト座標 x, y に属する斉次座標とする．この平面上の任意の直線 g の方程式

(3)　$$u_0+u_1x+u_2y=0 \quad (u_0,\ u_1,\ u_2：定数)$$

から，（1）によって，x_0, x_1, x_2 の斉1次方程式

(4)　$$u_0x_0+u_1x_1+u_2x_2=0$$

が得られる．g の各点の斉次座標は明らかに（4）を満たす．逆に，（4）を満たす任意の有限遠点 (x_0, x_1, x_2) を考えると，（1）によって，そのデカルト座標 (x, y) は（3）を満たし，したがって，その点は g の上にある．また，（4）を満たす無限遠点 $(0, x_1, x_2)$ を考えると，$x_1 : x_2 = u_2 : (-u_1)$ であり，そのような点はただ1つあることがわかる．これを **g の上の無限遠点**という．

直線 g と直線 $g' : u_0'+u_1'x+u_2'y=0$ との上の無限遠点をくらべ，それらが一致するとき，そしてそのときだけ，g と g' は平行であることがわかる．

こんどは，x_0, x_1, x_2 の任意の斉1次方程式

(＊)　$$u_0x_0+u_1x_1+u_2x_2=0 \quad (u_0,\ u_1,\ u_2：定数)$$

をとる．u_1, u_2 の少なくとも一方が 0 でない場合，（1）によって，x, y の1次方程式 $u_0+u_0x+u_0y=0$ が得られるから，（＊）は1つの直線を表わす．$u_1=u_2=0$ の場合，（＊）は $x_0=0$ と同値であるから，（＊）を満たす点は無限遠点（の全体）である．これを平面上の**無限遠直線**という．これに対し，$u_1=u_2=0$ でない場合，**有限遠直線**という．

今後，単に点といえば有限遠点・無限遠点のいずれであってもよいとし，また，単に直線といえば有限遠直線・無限遠直線のいずれであってもよいとする．

問 1.　異なる2直線をとれば，それらはつねにただ1つの点を共有することを示せ．また，異なる2点をとれば，それらはつねにただ1つの直線上にあることを示せ．

異なる2点 $\mathrm{A}(a_0, a_1, a_2)$, $\mathrm{B}(b_0, b_1, b_2)$ が決定する直線を $u_0x_0+u_1x_1+u_2x_2=0$ とする．このとき，この直線上のすべての点 (x_0, x_1, x_2) は

(5)　$$x_0=\lambda a_0+\mu b_0, \quad x_1=\lambda a_1+\mu b_1, \quad x_2=\lambda a_2+\mu b_2$$

として得られる．ここに λ, μ は実数値をとる助変数で，少なくとも一方は 0 でないとする（定理 5.14 参照）．x_0, x_1, x_2 の連比だけで点が定まるから，

直線上の各点は比 $\lambda:\mu$ によって定まる．したがって，（5）をつぎのように書いてよい：

(5′)　　$\rho x_i = \lambda a_i + \mu b_i \quad (0 \leq i \leq 2)$　（ρ：比例因子）．

この直線上で λ, μ の2組の値 (λ', μ'), (μ'', μ'') に対応する2点をそれぞれ $\mathrm{P}(x_0', x_1', x_2')$, $\mathrm{Q}(x_0'', x_1'', x_2'')$ とする．このとき，

（6）　　$\lambda' : \mu' = -\lambda'' : \mu''$

ならば，P, Q は A, B を**調和に分かつ**といい，また，(A, B ; P, Q) は**調和点列**をなすという．この定義のしかたから，P と Q を入れかえて述べ，あるいは A と B を入れかえて述べてもよいことは明らかである．

（7）　　$\rho x_i' = \lambda' a_i + \mu' b_i, \quad \rho x_i'' = \lambda'' a_i + \mu'' b_i \quad (0 \leq i \leq 2)$

としてよいから，P と Q がたがいに異なる場合，

$$\sigma a_i = \mu'' x_i' - \mu' x_i'', \quad \sigma b_i = -\lambda'' x_i' + \lambda' x_i'' \quad (0 \leq i \leq 2) \quad (\sigma \neq 0)$$

が得られ，P, Q が A, B を調和に分かつこと（$\lambda' : \mu' = -\lambda'' : \mu''$ であること）と，A, B が P, Q を調和に分かつこと（$\mu'' : (-\mu') = -(-\lambda'') : \lambda'$ であること）とは同値であることがわかる．

注意　上記で，たとえば A の斉次座標として (sa_0, sa_1, sa_2) $(s \neq 0)$ を用いれば，(λ', μ'), (λ'', μ'') のかわりに $(\lambda'/s, \mu')$, $(\lambda''/s, \mu'')$ となり，条件（6）はそれと同値な条件 $\lambda'/s : \mu' = -\lambda''/s : \mu''$ におきかえられるに過ぎない．B, P, Q の斉次座標についても同様である．ゆえに，上の調和点列の定義は斉次座標の比例因子には無関係である．

定理 7.　上記で A, B, P, Q が有限遠点の場合，(A, B ; P, Q) が調和点列をなすことと，P, Q が A, B を同じ比に内外分することとは同値である．

証明　上記と同じ記号を用いる．注意によって $a_0 = b_0 = x_0' = x_0'' = 1$ ととってよい．そのとき，（7）と注意とから

$$1 = \lambda' + \mu', \quad x_1' = \lambda' a_1 + \mu' b_1, \quad x_2' = \lambda' a_2 + \mu' b_2,$$
$$1 = \lambda'' + \mu'', \quad x_1'' = \lambda'' a_1 + \mu'' b_1, \quad x_2'' = \lambda'' a_2 + \mu'' b_2,$$

そして，（1）によって，(a_1, a_2), (b_1, b_2), (x_1', x_2'), (x_1'', x_2'') はそれぞれ A, B, P, Q のデカルト座標になる．したがって，

（8）　　$$\overrightarrow{\mathrm{AP}} : \overrightarrow{\mathrm{PB}} = (x_1' - a_1') : (b_1' - x_1')$$
$$= \{(\lambda' - 1)a_1 + \mu' b_1\} : \{-\lambda' a_1 + (1 - \mu')b_1\}$$

$$= \mu'(b_1 - a_1) : \lambda'(b_1 - a_1) = \mu' : \lambda',$$

同じように，

(8′)
$$\overrightarrow{\mathrm{AQ}} : \overrightarrow{\mathrm{QB}} = \mu'' : \lambda''.$$

(A, B ; P, Q) が調和点列ならば，（6）によって

$$\overrightarrow{\mathrm{AP}} : \overrightarrow{\mathrm{PB}} = -\overrightarrow{\mathrm{AQ}} : \overrightarrow{\mathrm{QB}}$$

となり，P, Q は A, B を同じ比に内外分する．逆に，P, Q が A, B を同じ比に内外分するならば，（8），(8′) によって $\mu' : \lambda' = -\mu'' : \lambda''$ となり，（6）が成り立つから，(A, B : P, Q) は調和点列をなす．　（証終）

問 2.　A, B, P, Q が有限遠点の場合を考え，A と B の中点を M とする．このとき，(A, B ; P, Q) が調和点列をなすことと，$\overrightarrow{\mathrm{MA}}^2 = \overrightarrow{\mathrm{MP}} \cdot \overrightarrow{\mathrm{MQ}}$ であることは同値であることを示せ．

定理 8.　調和点列 (A, B ; P, Q) で A, B が有限遠点の場合，P が A, B の中点であることと，Q が無限遠点であることとは同値である．

証明　A, B, P, Q の斉次座標をさきと同じ記号で表わすと，注意によって $a_0 = b_0 = 1$ としてよい．また，注意と（6），（7）から

$$x_0' = \lambda' + \mu', \quad x_1' = \lambda' a_1 + \mu' b_1, \quad x_2' = \lambda' a_2 + \mu' b_2,$$
$$x_0'' = -\lambda' + \mu', \quad x_1'' = -\lambda' a_1 + \mu' b_1, \quad x_2'' = -\lambda' a_2 + \mu' b_2.$$

P が A, B の中点ならば，そのデカルト座標は

（9）
$$x_1'/x_0' = (\lambda' a_1 + \mu' b_1)/(\lambda' + \mu'),$$
$$x_2'/x_0' = (\lambda' a_2 + \mu' b_2)/(\lambda' + \mu')$$

であるから，$\lambda' = \mu'$ でなければならない．このとき，$x_0'' = 0$ となり，Q は無限遠点である．逆に，Q が無限遠点ならば，$\lambda' = \mu'$ でなければならないから，P のデカルト座標（9）を考えると，$x_1'/x_0' = (a_1 + b_1)/2$, $x_2'/x_0' = (a_2 + b_2)/2$ となり，P は A, B の中点である．　（証終）

2.3　2 次曲線　平面上のデカルト座標 x, y に属する斉次座標を x_0, x_1, x_2 とする．いま，2 次曲線

(10)
$$a_{00} + 2a_{01}x + 2a_{02}y + a_{11}x^2 + 2a_{12}xy + a_{22}y^2 = 0$$

$(a_{ij}$: 定数$)$

を考えると，（1）によって，この 2 次曲線は x_0, x_1, x_2 の斉 2 次方程式

(11)
$$a_{00}x_0^2 + a_{11}x_1^2 + a_{22}x_2^2 + 2a_{01}x_0x_1 + 2a_{02}x_0x_2 + 2a_{12}x_1x_2 = 0$$

で表わされる．

この場合，a_{11}, a_{12}, a_{22} の少なくとも 1 つは 0 でないが，この条件が満たさ

れるか満たされないかにかかわらないで，(11) のような任意の斉2次方程式で表わされる曲線を，広義で，**2次曲線**という．(11) において $a_{11}=a_{12}=a_{22}=0$ の場合，それは

$$x_0(a_{00}x_0+2a_{01}x_1+2a_{02}x_2)=0$$

のように因子分解されるから，直線 $x_0=0$ と直線 $a_{00}x_0+2a_{01}x_1+2a_{02}x_2=0$ とを表わす．

行列

$$A=\begin{bmatrix}a_{00} & a_{01} & a_{02}\\ a_{10} & a_{11} & a_{12}\\ a_{20} & a_{21} & a_{22}\end{bmatrix}\quad (a_{ji}=a_{ij}),\quad \boldsymbol{x}=\begin{bmatrix}x_0\\ x_1\\ x_2\end{bmatrix}$$

を用いると，行列の乗法の形式で (11) は

(11′) $$^t\boldsymbol{x}A\boldsymbol{x}=0$$

と書き表わされる．

$\mathrm{P}(p_0, p_1, p_2)$, $\mathrm{Q}(q_0, q_1, q_2)$ をたがいに異なる任意の2点とするとき，直線 PQ の点 (x_0, x_1, x_2) は，(5) により，

$$x_i=\lambda p_i+\mu q_i \quad (0\leq i\leq 2),$$

すなわち

(12) $$\boldsymbol{x}=\lambda\boldsymbol{p}+\mu\boldsymbol{q}$$

として表わせる．ここに，$\boldsymbol{x}$ は上記のような1列行列で，

$$\boldsymbol{p}=\begin{bmatrix}p_0\\ p_1\\ p_2\end{bmatrix},\quad \boldsymbol{q}=\begin{bmatrix}q_0\\ q_1\\ q_2\end{bmatrix}$$

である．直線 PQ と2次曲線 (11) との共通点を求めるには，(12) を (11′) に代入し，

$$^t(\lambda\boldsymbol{p}+\mu\boldsymbol{q})A(\lambda\boldsymbol{p}+\mu\boldsymbol{q})=0$$

すなわち

(13) $$\lambda^2\,{}^t\boldsymbol{p}A\boldsymbol{p}+\lambda\mu({}^t\boldsymbol{p}A\boldsymbol{q}+{}^t\boldsymbol{q}A\boldsymbol{p})+\mu^2\,{}^t\boldsymbol{q}A\boldsymbol{q}^2=0$$

を満たす $\lambda:\mu$ を求めればよい．${}^t\boldsymbol{q}A\boldsymbol{p}={}^t({}^t\boldsymbol{q}A\boldsymbol{p})={}^t\boldsymbol{p}{}^tA^t({}^t\boldsymbol{q})={}^t\boldsymbol{p}A\boldsymbol{q}$ であるから，(13) は

(13′) $$\lambda^2\,{}^t\boldsymbol{p}A\boldsymbol{p}+2\lambda\mu\,{}^t\boldsymbol{p}A\boldsymbol{q}+\mu^2\,{}^t\boldsymbol{q}A\boldsymbol{q}=0$$

となる．つぎの2つの場合に分けて考える：

1°　${}^t\boldsymbol{p}A\boldsymbol{p}={}^t\boldsymbol{p}A\boldsymbol{q}={}^t\boldsymbol{q}A\boldsymbol{q}=0$ の場合．$\lambda:\mu$ がどうであっても (13′) は満たされるから，直線 PQ の点はすべて2次曲線 (11) の上にある．

2°　その他の場合．(13′) から $\lambda:\mu$ が2通り求まる．したがって，直線 PQ と2次曲線 (11) とは2点を共有する．ただし，比 $\lambda:\mu$ の値が虚数の場合には共通点の座標は虚数になる．このような点を**虚点**という．また，比 $\lambda:\mu$ の2通りの値が一致する場合，2つの共通点は一致する．このとき，直線 PQ はその点で2次曲線 (11) に**接する**という．

いま，$\mathrm{P}(p_0, p_1, p_2)$ を2次曲線 (11) の任意の点とし，これと点 (x_0, x_1, x_2) とを結ぶ直線が P において2次曲線 (11) と接するための条件を求めよう．(13′) によって，その条件は，

$$\lambda^2\,{}^t\boldsymbol{p}A\boldsymbol{p}+2\lambda\mu\,{}^t\boldsymbol{p}A\boldsymbol{x}+\mu^2\,{}^t\boldsymbol{x}A\boldsymbol{x}=0$$

から得られる2つの比 $\lambda:\mu$ が一致することである．P は2次曲線 (11) の点であるから ${}^t\boldsymbol{p}A\boldsymbol{p}=0$ であり，したがって，求める条件は，

$$(14)\qquad {}^t\boldsymbol{p}A\boldsymbol{x}=0$$

すなわち

$$(14')\qquad a_{00}p_0x_0+a_{11}p_1x_1+a_{22}p_2x_2 \\ +a_{01}(p_0x_1+p_1x_0)+a_{02}(p_0x_2+p_2x_0)+a_{12}(p_1x_2+p_2x_1)=0$$

となる．((14) の左辺は2次形式 ${}^t\boldsymbol{x}A\boldsymbol{x}$ の極化形式である．本文 2.9 参照．)

また，2つの場合に分けて考える：

(i)　(14) が x_0, x_1, x_2 のすべての値によって満たされる場合，それは

$$a_{i0}p_0+a_{i1}p_1+a_{i2}p_2=0 \quad (0\le i\le 2)$$

の場合である．定理 5.14 の系から，この場合は $\det A=0$ のとき，すなわち非正則2次曲線のときだけ起こり得る．P を曲線の**特異点**という．

(ii)　その他の場合．(14) は x_0, x_1, x_2 の斉1次方程式であり，点 (x_0, x_1, x_2) は P をとおる1つの直線をなす．これを2次曲線 (11) の P における**接線**という．

つぎに，$\mathrm{P}(p_0, p_1, p_2)$ を平面上の任意の点とするとき，方程式 (14) を考える．これも上記の (i)，(ii) の場合に分ける：

(i) は $\det A = 0$ のとき，すなわち非正則2次曲線のときにだけ起こり得る．そして P が特異点の場合である．

(ii) の場合，(14) が表わす直線を2次曲線 (11) に関する P の**極線**といい，P をこの直線の**極**という．特に，P が2次曲線 (11) の上にあるとき，P の極線は上記のように P における接線にほかならない．

さて，P が2次曲線 (11) の上にないとし，P をとおる任意の直線を考え，これが P の極線と交わる点を $Q(q_0, q_1, q_2)$ とし，2次曲線と交わる2点を $R(x_0', x_1', x_2')$, $S(x_0'', x_1'', x_2'')$ とする（付図1）．このとき，(14) から ${}^t\boldsymbol{p}A\boldsymbol{q} = 0$ であるから，さきの (13′) は

$$\lambda^2\,{}^t\boldsymbol{p}A\boldsymbol{p} + \mu^2\,{}^t\boldsymbol{q}A\boldsymbol{q} = 0$$

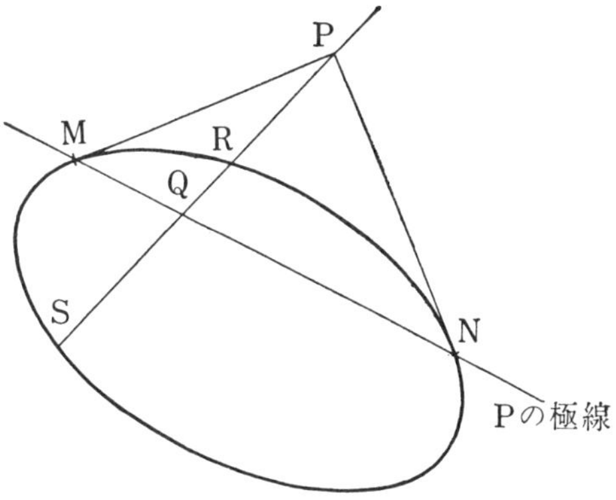

付図 1

となり，R, S に対する $\lambda : \mu$ の2通りの値をそれぞれ $\lambda' : \mu'$, $\lambda'' : \mu''$ とすると，$\lambda' : \mu' = -\lambda'' : \mu''$ となる．$\rho' x_i' = \lambda' p_i + \mu' q_i$, $\rho'' x_i'' = \lambda'' p_i + \mu'' q_i$ $(0 \le i \le 2)$ であるから，(P, Q ; R, S) は調和点列をなす．

注意　ここで $\lambda' : \mu'$, $\lambda'' : \mu''$ が虚数になる場合もあり得る．この場合，R と S は虚点となるが，$\lambda' : \mu' = -\lambda'' : \mu''$ であるから，前節の定義に準じ，やはり (P, Q ; R, S) は調和点列であるという．

問 3.　楕円，双曲線は無限遠直線とそれぞれ異なる2つの虚点，異なる2つの実点（座標が実数の点）を共有することを示せ．また，放物線は無限遠直線と重なる2つの実点を共有する（すなわち，無限遠直線に接する）ことを示せ．

問 4.　双曲線と無限遠直線との交点における接線は，双曲線の漸近線であることを示せ．

問 5.　2次曲線に関し，点 P の極線を p，点 Q の極線を q とする．このとき，Q が p の上にあれば，P は q の上にあり，そして，p と q の交点の極線は直線 PQ であることを示せ．

問 6.　付図1において，P の極線が2次曲線と交わる2点（虚点の場合もある）を M, N とする．このとき，M, N における接線はいずれも P を通ることを示せ．（前問を用いる．）

2.4　共役直径　　2次曲線において無限遠点の極線を**直径**といい，無限遠直線の極を**中心**という．前節問5によって，直径はいずれも中心を通ることがわかる．

問 7.　楕円 $x^2/a^2+y^2/b^2=1$，双曲線 $x^2/a^2-y^2/b^2=1$（いずれも標準方程式）において，上記の意味の中心は対称中心（原点）であり，それを通る直線が直径であることを確かめよ．

問 8.　放物線 $y^2=4px$（標準方程式）においては，中心は x 軸上の無限遠点であり，x 軸に平行な直線が直径であることを確かめよ．

2次曲線 (11) において p, q を2つの直径とする．それらの極をそれぞれ **P, Q** とすると，これらは無限遠点である（付図2）．いま，P が q の上にある場合を考える．前節問5によって，これは Q が p の上にある場合といっても同じである．このような場合，p と q とはたがいに**共役**であるという．

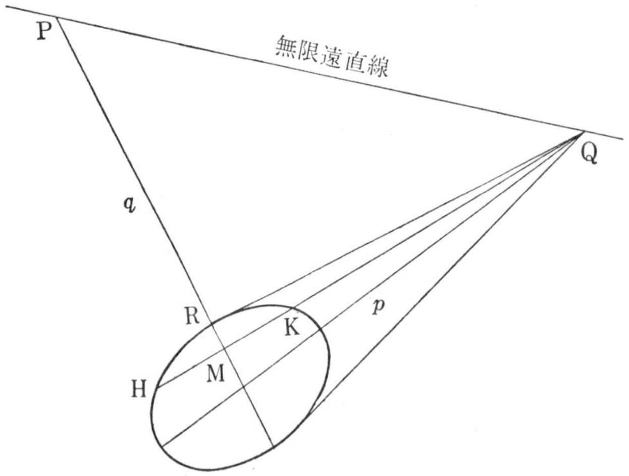

付図 2

このように p, q が共役のとき，p に平行な任意の弦 HK（H, K が有限遠点の場合）は q によって2等分される．なぜなら，HK と q との交点を M とすると，HK が Q をとおることと，定理8とから，M は HK の中点でなければならない．同じ理由で，q に平行な任意の弦は p によって2等分される．

問 9.　楕円 $x^2/a^2+y^2/b^2=1$ において，2つの直径 $y=mx$，$y=m'x$ が共役であ

るための条件は $mm' = -b^2/a^2$ である．また，双曲線 $x^2/a^2-y^2/b^2=1$ においては，その条件は $mm' = b^2/a^2$ である．これを証明せよ．

問 10. 楕円に外接する平行4辺形の2つの対角線は，たがいに共役な直径になることを証明せよ．

問 11. 楕円または双曲線の上の1つの点と1つの直径の両端（直径と曲線との2交点）とを結ぶ2つの直線は，1組の共役直径に平行になることを証明せよ．

問 12. 2次曲線において，p と q を1組の共役直径とし，q と2次曲線との交点の1つを R とする（付図2参照）．R が有限遠点の場合，R における接線は p に平行であることを示せ．

問 13. 放物線 $y^2=4dx$ において，任意の直径 p は有限遠では放物線とただ1点で交わることを示せ．また，この点における接線に平行な弦は p によって2等分されることを示せ．

2.5 焦点と準線

本節では，楕円，双曲線，放物線をいずれもその標準方程式

(15) $$x^2/a^2+y^2/b^2=1 \quad (a>b>0),$$

(16) $$x^2/a^2-y^2/b^2=1 \quad (a>0,\ b>0),$$

(17) $$y^2=4px \quad (p>0)$$

によって考える（付図3）．いずれの場合にも直交座標 x, y に属する斉次座標を x_0, x_1, x_2 とする．この斉次座標では楕円，双曲線，放物線の方程式はそれぞれつぎのようになる：

(15′) $$x_1{}^2/a^2+x_2{}^2/b^2=x_0{}^2,$$

(16′) $$x_1{}^2/a^2-x_2{}^2/b^2=x_0{}^2,$$

(17′) $$x_2{}^2=4px_0x_1$$

楕円では $e=\sqrt{a^2-b^2}/a$，双曲線では $e=\sqrt{a^2+b^2}/a$，放物線では $e=1$ とおき，この e を**離心率**という．楕円では $0<e<1$ であり，双曲線では $e>1$ である．また，楕円と双曲線では2点 $\mathrm{F}(ae, 0)$, $\mathrm{F}'(-ae, 0)$ を，そして放物線では点 $\mathrm{F}(p, 0)$ を**焦点**という．楕円は $\overline{\mathrm{FP}}+\overline{\mathrm{F'P}}=2a$ を満たす点 P の軌跡であり，双曲線は $\overline{\mathrm{FP}}-\overline{\mathrm{F'P}}=\pm 2a$ を満たす点 P の軌跡である．

焦点の極線を**準線**という．したがって，(14′) から，楕円と双曲線では準線は $x=\pm a/e$ である．2つの準線をそれぞれ d, d' と書き表わす．また，放物線では準線は $x=-p$ である．これを d と書き表わす．

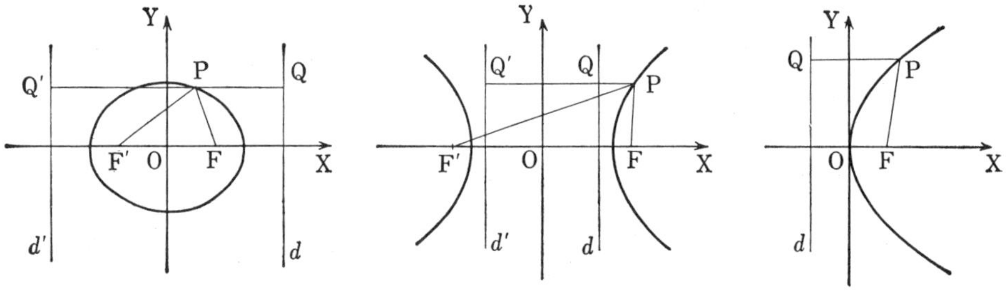

付図 3

楕円と双曲線では，曲線上の任意の点 P から d, d' への垂線の足をそれぞれ Q, Q′ とすると，つねに $\overline{\mathrm{FP}} = e\cdot\overline{\mathrm{PQ}}$, $\overline{\mathrm{F'P}} = e\cdot\overline{\mathrm{PQ'}}$ である．また，放物線では，曲線上の任意の点 P から d への垂線の足を Q とすると，つねに $\overline{\mathrm{FP}} = \overline{\mathrm{PQ}}$ $(=e\cdot\overline{\mathrm{PQ}})$ である．(各自で計算して確かめよ.)

問 14. 平面上で，1つの点 F とこれを通らない1つの直線 d とが与えられたとする．点 P から d への距離 $\overline{\mathrm{PQ}}$ と P から F への距離 $\overline{\mathrm{FP}}$ との比が一定になるとき，P の軌跡は楕円，双曲線，または放物線になり，F はその焦点，d は P に対応する準線，そして上の比の値は離心率になることを確かめよ．

焦点と準線とが極と極線の関係になっていることを応用して簡単に解ける例題を示そう．

例題 楕円，双曲線，または放物線において，M, N を曲線上の任意の2つの（有限遠）点とし，M と N とにおける接線が（有限遠）点 P で交わるとする（付図4）．このとき，直線 FP は角 MFN を2等分する．ここに，F は焦点である．

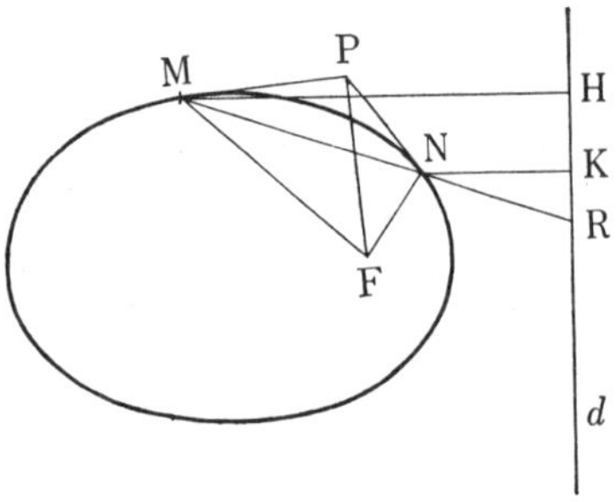

付図 4

F に対応する準線を d とする．直線 MN が d と平行な場合には，曲線の対称性から結論は自明であるから，平行でない場合だけ考える．このとき，直線 MN は d と有限遠点 R で交わる．また，2直線 MN, FP の交点を Q とし，M と N から d への垂線の足をそれぞれ H, K とする．前々節の問6から，直線 MN は P の極線であり，したがって，R の極線は P を通る（前々節問5）．また，F の

極線は d であるから，R の極線は F を通る．これで，直線 FP は R の極線であることがわかり，Q と R は MN を同じ比に内外分する（定理7）．すなわち $\overline{\mathrm{MQ}}:\overline{\mathrm{QN}}=\overline{\mathrm{MR}}:\overline{\mathrm{RN}}$. 他方，$\overline{\mathrm{MR}}:\overline{\mathrm{RN}}=\overline{\mathrm{MH}}:\overline{\mathrm{NK}}=(\overline{\mathrm{FM}}/e):(\overline{\mathrm{FN}}/e)=\overline{\mathrm{FM}}:\overline{\mathrm{FN}}$ であるから，これとさきの等式とから

$$\overline{\mathrm{MQ}}:\overline{\mathrm{QN}}=\overline{\mathrm{FM}}:\overline{\mathrm{FN}}$$

ゆえに，直線 FQ は角 MFN を 2 等分する．

問 15. 楕円，双曲線，または放物線において，1つの点 P の極線 p が焦点 F を通るとき，直線 FP は p に垂直であることを示せ．

問に対するヒント

1.

問 12. 問題の2直線をデカルト座標の x 軸・y 軸にとり，そのなす角を ω とする．OA, OB は x 軸，y 軸の上での符号つき距離と解釈すれば，$\mathrm{P}(x, y)$ に対し，$\mathrm{OA} = x + y\cos\omega$，$\mathrm{OB} = y + x\cos\omega$ となる．

問 13. 2直線 OA，OB をデカルト座標の x 軸・y 軸にとると，直線 OC は方程式 $y = mx$（m：定数）で表わされる．$\mathrm{M}(x_1, y_1)$，$\mathrm{N}(x_2, y_2)$，$\mathrm{P}(\xi, m\xi)$ とする（x_1, y_1, x_2, y_2：定数，ξ：助変数）．このとき，直線 QR の方程式は

$$\left(\frac{y_1 x}{y_1 - mx_1} - \frac{x_2 y}{y_2 - mx_2}\right) + \xi\left(\frac{mx}{y_1 - mx_1} - \frac{y}{y_2 - mx_2} + 1\right) = 0.$$

ゆえに，この直線はこれら2つの括弧内を0にする点（定点）を通る．（この点が無限遠点になることもある．付録 2.1，2.2 を参照せよ．）

問 21. 後半では，点P（4, 3, 2）からこの直線 g への垂線の足をQとし，直線上の点（1, 0, −1）をAとするとき，$\overline{\mathrm{PQ}}^2 = \overline{\mathrm{PA}}^2 - \overline{\mathrm{QA}}^2 = \overline{\mathrm{PA}}^2 - (\mathrm{pr}_g \overrightarrow{\mathrm{PA}})^2$．ここで (1.19) を用いよ．

3.

問 10. (i)

$$\begin{vmatrix} a_{11}\cdots a_{1n} & x_1 \\ \cdots & \\ a_{n1}\cdots a_{nn} & x_n \\ y_1 \cdots y_n & 0 \end{vmatrix} = \sum_{i=1}^{n} (-1)^{n+1+i} \left|\begin{array}{c} a_{11} \cdots a_{1n} \\ \cdots \\ \hline a_{n1} \cdots a_{nn} \\ y_1 \ \cdots \ y_n \end{array}\right| x_i$$

（最後の列による展開．よこ線はもとの第 i 行が削除されていることを示す．）

$$= \sum_{i=1}^{n} (-1)^{n+i-1} \left\{ \sum_{j=1}^{n} (-1)^{n+j} \left|\begin{array}{c|c} a_{11} \cdots & \cdots a_{1n} \\ \cdots & \\ \hline \cdots & \\ a_{n1} \cdots & \cdots a_{nn} \end{array}\right| y_j \right\} x_i$$

（最後の行による展開．よこ線は上記のこと，たて線はもとの第 j 列が削除されていることを，それぞれ示している）

(ii), (iii) はいずれも，第1列以外のすべての列を第1列に加えて考えよ．

(iv) 第2列に f をかける．つぎに，第3列と第4列にそれぞれ $-e, d$ をかけて第2列に加える．また，第2行に f をかける．ついで，第3行と第4行にそれぞれ $e, -d$ をかけて第2行に加える．このようにすると

$$\begin{vmatrix} 0 & a & b & c \\ -a & 0 & d & e \\ -b & -d & 0 & f \\ -c & -e & -f & 0 \end{vmatrix} = \frac{1}{f} \begin{vmatrix} 0 & af-be+cd & b & c \\ -a & 0 & d & e \\ -b & 0 & 0 & f \\ -c & 0 & -f & 0 \end{vmatrix}$$

$$= \frac{1}{f^2} \begin{vmatrix} 0 & af-be+cd & b & c \\ -af+be-cd & 0 & 0 & 0 \\ -b & 0 & 0 & f \\ -c & 0 & -f & 0 \end{vmatrix}.$$

問 14.　3点 (x_0, y_0, z_0), (a, b, c), $(a+\lambda, b+\mu, c+\nu)$ で決定される平面.

問 15.　3点 (a, b, c), $(a+\lambda, b+\mu, c+\nu)$, $(a+\lambda', b+\mu', c+\nu')$ で決定される平面.

4.

問 1.　(i)　例題2を左辺の行列式に適用せよ.

(ii)　$\begin{vmatrix} 0 & \sin\alpha_1 & \cos\alpha_1 \\ 0 & \sin\alpha_2 & \cos\alpha_2 \\ 0 & \sin\alpha_3 & \cos\alpha_3 \end{vmatrix} \cdot \begin{vmatrix} 0 & 0 & 0 \\ \cos\beta_1 & \cos\beta_2 & \cos\beta_3 \\ \sin\beta_1 & \sin\beta_2 & \sin\beta_3 \end{vmatrix}$ を考えよ.

問 7.　空間の直交座標で $\mathrm{P}_i(x_i, y_i, z_i)$ $(1 \leq i \leq 4)$ とすると，3.9 の公式から

$$36V^2 = \pm \begin{vmatrix} 1 & 0 & 0 & 0 & 0 \\ 0 & 1 & x_1 & y_1 & z_1 \\ 0 & 1 & x_2 & y_2 & z_2 \\ 0 & 1 & x_3 & y_3 & z_3 \\ 0 & 1 & x_4 & y_4 & z_4 \end{vmatrix} \cdot \begin{vmatrix} 0 & 1 & 1 & 1 & 1 \\ 1 & 0 & 0 & 0 & 0 \\ 0 & x_1 & x_2 & x_3 & x_4 \\ 0 & y_1 & y_2 & y_3 & y_4 \\ 0 & z_1 & z_2 & z_3 & z_4 \end{vmatrix}.$$

$x_ix_j+y_iy_j+z_iz_j = s_{ij}$ $(1 \leq i \leq 4,\ 1 \leq j \leq 4)$ とおくと，右辺の行列式の積をつくって

$$36V^2 = \pm \begin{vmatrix} 0 & 1 & 1 & 1 & 1 \\ 1 & s_{11} & s_{12} & s_{13} & s_{14} \\ 1 & s_{21} & s_{22} & s_{23} & s_{24} \\ 1 & s_{31} & s_{32} & s_{33} & s_{34} \\ 1 & s_{41} & s_{42} & s_{43} & s_{44} \end{vmatrix}.$$

第1列に $-\dfrac{1}{2}s_{11}$, $-\dfrac{1}{2}s_{22}$, $-\dfrac{1}{2}s_{33}$, $-\dfrac{1}{2}s_{44}$ をかけてそれぞれ第2・第3・第4・第5列に加え，さらに，第1行に $-\dfrac{1}{2}s_{11}$, $-\dfrac{1}{2}s_{22}$, $-\dfrac{1}{2}s_{33}$, $-\dfrac{1}{2}s_{44}$ をかけてそれぞれ第2・第3・第4・第5行に加えよ.

5.

問 3. 1° $\boldsymbol{M}+\boldsymbol{N}$ の任意のベクトル $\boldsymbol{x}_1+\boldsymbol{y}_1$, $\boldsymbol{x}_2+\boldsymbol{y}_2$ $(\boldsymbol{x}_1, \boldsymbol{x}_2\in\boldsymbol{M}; \boldsymbol{y}_1, \boldsymbol{y}_2\in\boldsymbol{N})$ と任意のスカラー c とに対して，$(\boldsymbol{x}_1+\boldsymbol{y}_1)+(\boldsymbol{x}_2+\boldsymbol{y}_2)=(\boldsymbol{x}_1+\boldsymbol{x}_2)+(\boldsymbol{y}_1+\boldsymbol{y}_2)$ および $c(\boldsymbol{x}_1+\boldsymbol{y}_1)=c\boldsymbol{x}_1+c\boldsymbol{y}_1$ は $\boldsymbol{M}+\boldsymbol{N}$ にふくまれる．なぜなら，$\boldsymbol{x}_1+\boldsymbol{x}_2, c\boldsymbol{x}_1$ は $\boldsymbol{M}$ に，そして $\boldsymbol{y}_1+\boldsymbol{y}_2, c\boldsymbol{y}_1$ は $\boldsymbol{N}$ にふくまれるから．

2° $\boldsymbol{M}\cap\boldsymbol{N}$ の任意のベクトル $\boldsymbol{x}, \boldsymbol{y}$ と任意のスカラー c とに対して，$\boldsymbol{x}+\boldsymbol{y}$ および $c\boldsymbol{x}$ は $\boldsymbol{M}\cap\boldsymbol{N}$ にふくまれる．なぜなら，$\boldsymbol{x}+\boldsymbol{y}, c\boldsymbol{x}$ は $\boldsymbol{M}$ にも $\boldsymbol{N}$ にもふくまれるから．

3° $\dim\boldsymbol{M}=r$, $\dim\boldsymbol{N}=s$, $\dim(\boldsymbol{M}\cap\boldsymbol{N})=t$ とする．$\boldsymbol{u}_1, \cdots, \boldsymbol{u}_t$ を $\boldsymbol{M}\cap\boldsymbol{N}$ の1組の基底とするとき，定理 5.9 から，$\boldsymbol{M}$ のベクトル $\boldsymbol{v}_1, \cdots, \boldsymbol{v}_{r-t}$ および $\boldsymbol{N}$ のベクトル $\boldsymbol{w}_1, \cdots, \boldsymbol{w}_{s-t}$ を適当にとると，$\boldsymbol{u}_i, \boldsymbol{v}_j$ が $\boldsymbol{M}$ の基底をなし，そして $\boldsymbol{u}_i, \boldsymbol{w}_k$ が $\boldsymbol{N}$ の基底をなすようにできる．このとき，$\boldsymbol{u}_i, \boldsymbol{v}_j, \boldsymbol{w}_k$ は独立であり，そして $\boldsymbol{M}+\boldsymbol{N}$ の各ベクトルは $\boldsymbol{u}_i, \boldsymbol{v}_j, \boldsymbol{w}_k$ の1次結合に等しいことが確かめられる．したがって，$\boldsymbol{u}_i, \boldsymbol{v}_j, \boldsymbol{w}_k$ は $\boldsymbol{M}+\boldsymbol{N}$ の基底をなし，$\dim(\boldsymbol{M}+\boldsymbol{N})=t+(r-t)+(s-t)=r+s-t$ である．

問 17. 最右欄の空白個所への記入事項： 3平面の2つずつがたがいに平行な直線で交わるか，3平面のうちの2つが平行であってそれらに第3の平面が交わるかのいずれかである．

6.

問 6. (6.15 a) の行列式を考えると，$1=\det E=\det({}^tL)\cdot\det L=(\det L)^2$.

問 7. ${}^tL=L^{-1}$ であるから，両辺の (k, j) 要素を考えて $l_{jk}=\hat{l}_{jk}/\det L$ ((4.6) 参照). ゆえに $\hat{l}_{jk}=\pm l_{jk}$.

7.

問 11. (7.32) が楕円であるとき，その標準方程式は $X^2/(-a'_{00}/\lambda_1)+Y^2/(-a'_{00}/\lambda_2)=1$ と書かれる．したがって，その面積は $\pi(a'_{00}{}^2/\lambda_1\lambda_2)^{1/2}=\pi\{(\det A_0)^2/(\det A)^3\}^{1/2}$ である．

問 12. 双曲線の場合，(7.32) は適当な直交座標変換で標準方程式 $\lambda_1X^2+\lambda_2Y^2+a'_{00}=0$ に変換される．このとき，漸近線は $\lambda_1X^2+\lambda_2Y^2+a'_{00}-a'_{00}=0$ であるから，もとの座標では問題に示された方程式で表わされる．

付録 1

問 6. $i\neq1$, $j\neq1$, $i\neq j$ のとき $(ij)=(1i)(1j)(1i)$. また，$i+1<j$ のとき $(ij)=(i, i+1)(i+1. i+2)\cdots(j-1, j)(j-1, j-2)(j-2, j-3)\cdots(i+1, i)$，これらを用いよ．

事 項 索 引

ア 行

カ 行

サ 行

タ 行

ナ 行

ハ 行

マ　行

ヤ　行

ラ　行

記 号 索 引

著者略歴

奥川光太郎（おくかわこうたろう）

1913 年　京都市に生れる
1935 年　京都帝国大学理学部卒業
現　在　京都大学名誉教授・理学博士

基礎数学シリーズ 7
線形代数学入門　　定価はカバーに表示

1966 年 9 月 10 日　初版第 1 刷
2004 年 12 月 1 日　復刊第 1 刷

著　者　奥　川　光　太　郎
発行者　朝　倉　邦　造
発行所　株式会社　朝　倉　書　店
東京都新宿区新小川町 6-29
郵便番号　162-8707
電　話　03(3260)0141
FAX　03(3260)0180
http://www.asakura.co.jp

〈検印省略〉

中央印刷・渡辺製本

ISBN 4-254-11707-8　C 3341　　Printed in Japan